职业教育示范专业规划教材

电机与电气控制线路

主　编　强高培
副主编　马小普
参　编　杨雪兰　陶先东

机 械 工 业 出 版 社

本书是根据职业教育机电类专业“电气控制技术”课程的大纲要求编写的。全书分为两篇：第1篇电机包括变压器和旋转电机两章；第2篇电气控制线路包括常用低压电器、三相异步电动机的基本控制电路、典型机床的电气控制、桥式起重机的电气控制及电气控制线路设计等5章内容。为了保证学好理论、掌握技能，除每章后面附有一定量的思考题与习题供读者练习外，还安排了小容量异步电动机单向旋转控制电路、正反转控制电路的安装；三相异步电动机减压起动和双速电动机控制电路的安装与检修及安排下厂参观等实训活动，为读者实现学校和工作岗位之间的顺利对接做了准备。

本书以电气控制技术为主线，简化了理论分析，贯穿重基础、重技能的理念，使理论、实践、应用得到有机结合。适合作为中等职业学校及技工学校电类和机电类专业教材，也可作为相关专业的岗前培训教材及在岗人员的自学用书。

图书在版编目（CIP）数据

电机与电气控制线路/强高培主编．—北京：机械工业出版社，2008.8（2013.3重印）

职业教育示范专业规划教材

ISBN 978-7-111-24454-7

Ⅰ.电… Ⅱ.强… Ⅲ.①电机学－专业学校－教材 ②电气控制－控制电路－专业学校－教材 Ⅳ.TM3 TM571.2

中国版本图书馆CIP数据核字（2008）第122596号

机械工业出版社（北京市百万庄大街22号 邮政编码100037）
策划编辑：高 倩 王 娟 责任编辑：高 倩 王 娟
版式设计：霍永明 责任校对：李秋荣 封面设计：鞠 杨
责任印制：杨 曦
北京机工印刷厂印刷（三河市南杨庄国丰装订厂装订）
2013年3月第1版第2次印刷
184mm×260mm ·12印张 ·295千字
4 001—6 000册
标准书号：ISBN 978-7-111-24454-7
定价：25.00元

凡购本书，如有缺页、倒页、脱页，由本社发行部调换

电话服务	网络服务
社服务中心：（010）88361066	教材网：http://www.cmpedu.com
销售一部：（010）68326294	机工官网：http://www.cmpbook.com
销售二部：（010）88379649	机工官博：http://weibo.com/cmp1952
读者购书热线：（010）88379203	**封面无防伪标均为盗版**

前　言

本书是根据教育部职业教育示范专业规划教材建设、机电技术应用专业的主干课程“电气控制技术”的大纲要求编写的，主要适用于中等职业学校和技工学校机电技术应用专业和电工电子技术应用类专业等相关专业的教学用书。

由于职业学校的培养目标和业务规格定位在“高素质劳动者”，本书的内容结合该专业毕业生可能从事岗位的特点，较好地解决了教学内容的深度和广度之间的矛盾，重点放在理论知识与工厂电气控制技术应用的结合点上，突出实用性和技能性。坚持理论够用、技能过硬、素质全面的教学理念，使理论、实践和应用得到有机的结合，注重培养理论联系实际的应用型技术人才，为学习者能很快适应工作岗位要求打好基础。

本书以工厂电气控制技术为主线，分为两篇。第1篇介绍电机、变压器的结构和工作原理，第2篇介绍电气控制线路。除讲述理论知识外，还安排了相应实践任务，进行电气控制线路的安装、调试与故障排除，并结合工厂参观，增加学习者的实践知识，提高实际操作技能。同时注重培养学生辨证思维能力和增强学生的职业道德观念，引导学生发展良好的思想品质，锻炼团队协作精神，养成发现问题、分析问题、解决问题和寻求解决问题途径方法的良好习惯。通过本书教学，让学生熟悉电机、变压器基础知识，掌握常用低压电器的基本结构、作用原理和实际应用，掌握常用电动机控制电路和典型生产机械电气控制电路的基本原理，具有一定的解决生产实际中电气控制电路一般问题的能力，让学习者的素质得到相应的提高。

本书由江苏省惠山职业教育中心校高级讲师强高培任主编并统稿。徐州机电工程学校高级讲师马小普任副主编，编写了第2篇第5、7章；山西华北机电学校讲师杨雪兰编写了第1篇第1、2章；安徽铜陵市工业学校讲师陶先东编写了第2篇第3章；其余章节由强高培编写。

在编写过程中，力求结合中职教育特点与当前电气控制技术的发展。但由于编者水平有限，书中难免存在错误、缺点和不妥之处，恳请使用本书的广大师生和读者批评指正。

编　者

目　　录

第1篇　电　　机

第1章　变　压　器

变压器是一种静止的电气设备，它利用电磁感应原理，把一种电压等级的交流电转换成同频率的另一种电压等级的交流电。变压器不仅在电力系统中电能的经济传输、灵活分配和安全使用上起着重要的作用，而且广泛应用于工业、农业及日常生活等各个领域。

1.1　变压器的基本结构

单相变压器主要由铁心和绕组两部分组成。在三相电力变压器中，目前使用最广泛的是三相油浸式电力变压器，它主要由铁心、绕组、油箱和冷却装置、保护装置等部件组成，其外形结构如图 1-1 所示。其中，铁心和绕组构成了变压器的主体部分，称为变压器的器身。

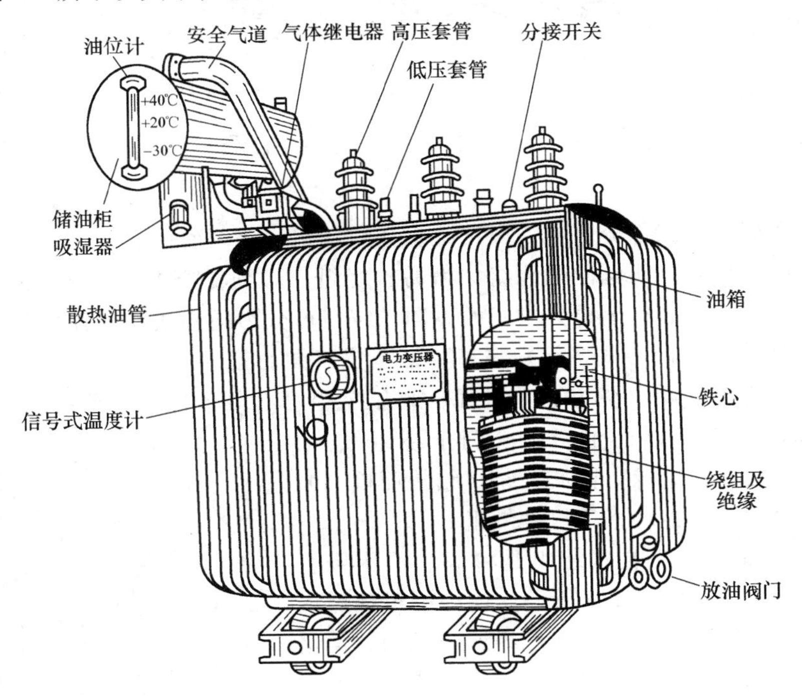

图 1-1　变压器外形结构

1. 铁心

铁心的作用一是构成变压器的磁路部分，二是作为变压器的机械骨架。铁心由铁心柱和铁轭两部分组成：铁心柱上套装变压器绕组，铁轭连接铁心柱使整个磁路构成闭合回路。

为了提高磁路的导磁性能和减少铁心中的磁滞和涡流损耗，铁心用0.35～0.5mm厚的硅钢片叠压而成。硅钢片有热轧硅钢片、冷轧无取向硅钢片、冷轧晶粒取向硅钢片等，目前国产低损耗变压器均采用冷轧晶粒取向硅钢片，其铁损耗低、铁心叠装系数高。随着科学技术的发展，目前已开始采用铁基、铁镍基、钴基等非晶带材料制作的变压器铁心，它们具有体积小、效率高、节能等优点，极有发展前途。

根据变压器铁心的结构形式可分为心式变压器和壳式变压器两大类。心式变压器的铁心被绕组包围着，如图1-2所示。心式变压器结构简单，绕组装配和绝缘比较容易，国产电力变压器主要采用此种结构形式。壳式变压器是在中间的铁心柱上放置绕组，绕组被铁心包围，如图1-3所示。壳式变压器的机械强度高，但制造复杂、铁心材料消耗多，只在一些特殊变压器（如电炉变压器）中使用。

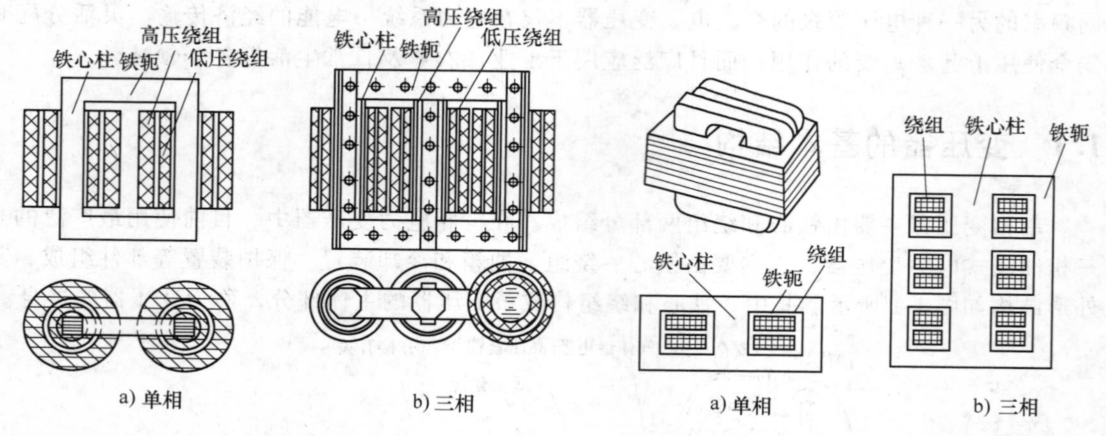

图1-2　心式变压器绕组和铁心装配示意图

图1-3　壳式变压器结构示意图

2. 绕组

绕组是变压器的电路部分，它一般用绝缘铜线或铝线绕制而成。

在变压器中，接到高压电网的绕组称为高压绕组，接到低压电网的绕组称为低压绕组。根据高、低压绕组在铁心柱上排列方式的不同，绕组可分为同心式和交叠式两种。

（1）同心式绕组　同心式绕组是将高、低压绕组同心地套在铁心柱上，如图1-2所示。为了便于绝缘，通常把低压绕组套在里面，高压绕组套在外面。高、低压绕组之间留有空隙，可作为油浸式变压器的油道，既利于绕组散热，又可作为两绕组之间的绝缘。同心式绕组结构简单、制造方便，国产电力变压器均采用这种绕组。

（2）交叠式绕组　交叠式绕组是将高、低压绕组交替地套在铁心柱上，如图1-4所示。这种绕组都做成饼形，高、低压绕组的间隙较大、绝缘比较复杂，但这种绕组漏抗小、机械强度高、引线方便，主要用在电炉和电焊等特种变压器中。

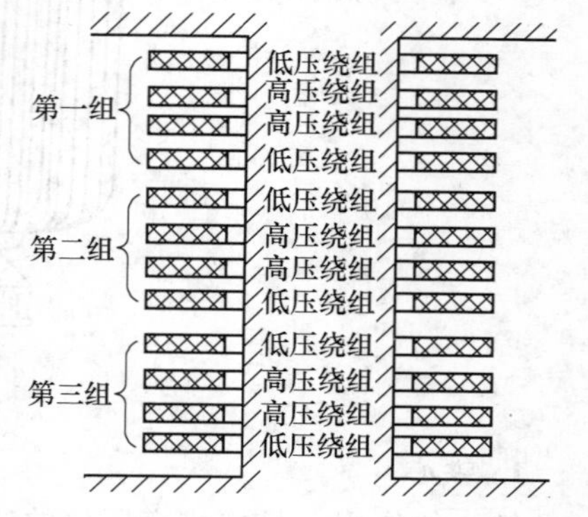

图1-4　交叠式绕组

3. 油箱和冷却装置

油浸式变压器的器身浸在装满变压器油的油箱内。变压器油既是绝缘介质，又是冷却介质。为了增加散热面积，一般在油箱四周加装冷却装置，电力变压器常利用油箱四周加焊散热油管散热，如图1-1所示。油箱冷却装置还有片式散热器和波纹式散热器。大容量的电力变压器采用风吹冷却或强迫油循环冷却装置。

4. 保护装置

（1）气体继电器 在油箱和储油柜的连接管中装有气体继电器，它的作用是当变压器内部发生故障（如绝缘击穿、匝间短路等）产生气体时发出信号或使开关跳闸。

（2）安全气道 又称防爆管，它装于油箱顶部，是一个长的圆形钢筒，上端用酚醛纸板密封，下端与油箱连通。当变压器内部发生故障而使箱内压力骤增时，油气流可以冲破酚醛纸板，避免造成箱壁破裂。

1.2 变压器的工作原理

变压器是利用电磁感应原理工作的，对于普通的单相双绕组变压器，两个绕组匝数是不同的，如图1-5所示。其中，接于电源侧的绕组称为一次绕组，接于负载侧的绕组称为二次绕组。一次绕组和二次绕组之间只有磁的耦合而没有电的联系。下面通过变压器的空载运行与负载运行来说明变压器变换电压、变换电流及变换阻抗的原理。

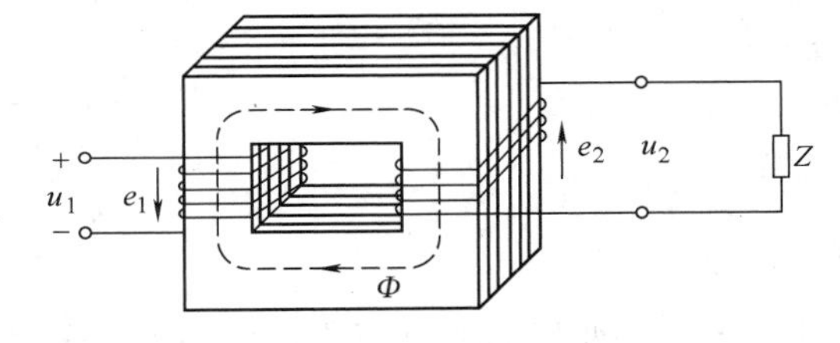

图1-5 变压器的工作原理

1. 变压器的空载运行

如图1-6所示，变压器一次绕组接额定电压，二次绕组开路，此时变压器的工作状态称作空载运行。空载运行时，二次绕组电流 $i_2=0$，一次绕组电流用 i_0 表示，i_0 称作空载电流。

设一次绕组匝数为 N_1，二次绕组匝数为 N_2，当一次绕组接交流电压 u_1 时（假定其正方向为上正下负），一次绕组电流为空载电流 i_0。在空载电流 i_0 的作用下，产生空载磁通势 $F_0=N_1I_0$，在铁心中产生交变磁通 Φ（称为主磁通）。主磁通 Φ 同时交链一次和二次绕组，根据电磁感应原理，分别在其中产生感应电动势 e_1 和 e_2，则

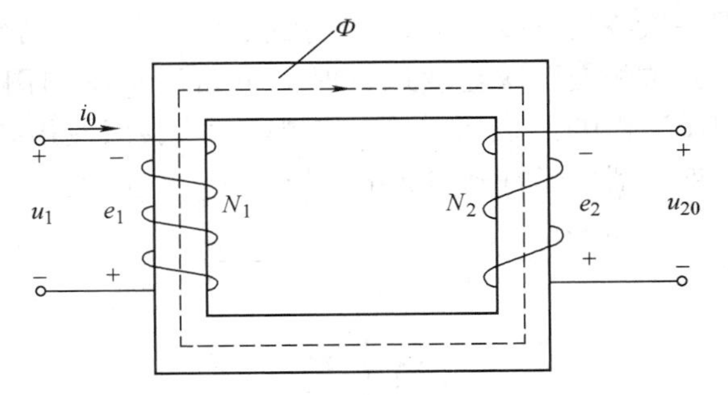

图1-6 单相变压器空载运行

$$e_1=-N_1\frac{\mathrm{d}\Phi}{\mathrm{d}t}$$

$$e_2=-N_2\frac{\mathrm{d}\Phi}{\mathrm{d}t}$$

设 $\Phi=\Phi_{\mathrm{m}}\sin\omega t$，则

$$\begin{aligned}e_1&=-N_1\frac{\mathrm{d}\Phi}{\mathrm{d}t}=-N_1\frac{\mathrm{d}}{\mathrm{d}t}(\Phi_{\mathrm{m}}\sin\omega t)=-\omega N_1\Phi_{\mathrm{m}}\cos\omega t\\&=2\pi fN\Phi_{\mathrm{m}}\sin(\omega t-90°)=E_{\mathrm{m}}\sin(\omega t-90°)\end{aligned}$$

可见，e 在相位上滞后 Φ 90°；在数值上，其有效值为

$$E_1 = \frac{E_m}{\sqrt{2}} = \frac{2\pi N_1 f\Phi_m}{\sqrt{2}} = 4.44N_1 f\Phi_m$$

同理

$$E_2 = 4.44N_2 f\Phi_m$$

则

$$\frac{E_1}{E_2} = \frac{N_1}{N_2}$$

由于空载电流 i_0 很小，在一次绕组中产生的电压降可以忽略不计，则外加电压 U_1 与一次绕组中的感应电动势 E_1 可近似看作相等，即

$$U_1 \approx E_1$$

在空载情况下，由于二次绕组开路，所以端电压 U_2 与电动势 E_2 相等，即

$$U_2 = E_2$$

因此有

$$U_1 \approx E_1 = 4.44N_1 f\Phi_m \tag{1-1}$$

$$U_2 = E_2 = 4.44N_2 f\Phi_m \tag{1-2}$$

及

$$\frac{U_1}{U_2} \approx \frac{E_1}{E_2} = \frac{N_1}{N_2} = k_u = k \tag{1-3}$$

式中　k_u——变压器的电压比，也可用 k 来表示，是变压器重要的参数之一。

由式（1-3）可见：变压器一次、二次绕组之间的电压与一次、二次绕组之间的匝数成正比，即变压器有变换电压的作用。

由式（1-1）可见：对某台变压器而言，当 f 及 N_1 均为常数时，$U_1 \propto \Phi_m$，因此当变压器一次绕组所接电压 U_1 保持额定值不变时，则变压器铁心中的主磁通 Φ_m 基本上保持不变。

单相变压器空载运行时的电路原理图如图 1-7 所示，其中一次绕组的两个接线端用“U1”、“U2”表示，二次绕组的两个接线端用“u1”、“u2”表示。最新国家标准规定的单相变压器图形符号和文字符号如图 1-8 所示。

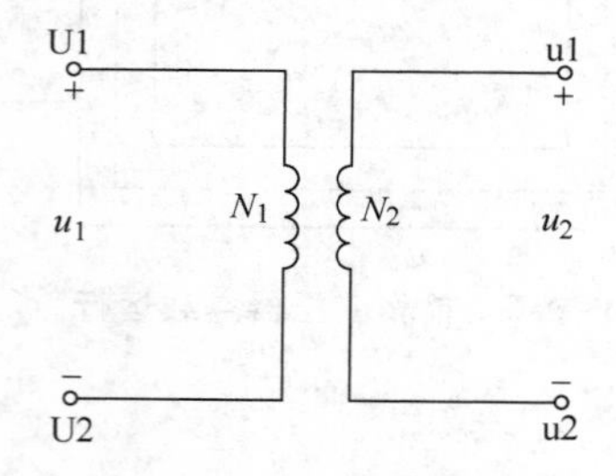

图 1-7　单相变压器电路原理图

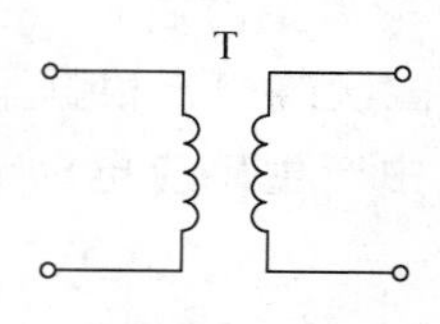

图 1-8　变压器电气符号

例 1-1　图 1-7 所示低压照明变压器中，已知一次绕组匝数 $N_1 = 800$ 匝，一次绕组电压 $U_1 = 220\text{V}$，若要求二次绕组输出电压 $U_2 = 36\text{V}$，求二次绕组匝数 N_2 及电压比 k_u。

解：由式（1-3）可得

$$N_2 = \frac{U_2}{U_1}N_1 = \frac{36}{220} \times 800\ \text{匝} = 131\ \text{匝}$$

$$k_u = \frac{U_1}{U_2} = \frac{220}{36} = 6.1$$

通常把 $k_u > 1$，即 $U_1 > U_2$、$N_1 > N_2$ 的变压器称为降压变压器；把 $k_u < 1$ 的变压器称为升压变压器。

2. 变压器的负载运行

变压器一次绕组接额定电压，而二次绕组外接负载的运行状态，称作变压器的负载运行，如图 1-9 所示。负载运行时，二次绕组中有电流 I_2 流过负载，同时一次绕组电流相应增加，由空载电流 I_0 变为负载电流 I_1。

变压器负载运行时，二次绕组的电流 I_2 也会产生磁通势 $F_2 = N_2 I_2$，同时在铁心中产生交变磁通 Φ_2，它力图改变铁心中的主磁通 Φ 大小，但由于加在一次绕组所接电压 U_1 保持额定值不变，所以变压器铁心中的磁通 Φ 基本上保持不变。故依据电磁感应原理，一次绕组电流相应增加，由空载电流 I_0 增加到负载电流 I_1。一次绕组的磁通势也相应增加，由 $F_0 = N_1 I_0$ 增加到 $F_1 = N_1 I_1$，它所增加的部分正好与磁通势 $F_2 = N_2 I_2$ 相抵消，以维持铁心中的磁通 Φ 基本上保持不变。由此可得变压器负载运行时磁通势平衡方程式为

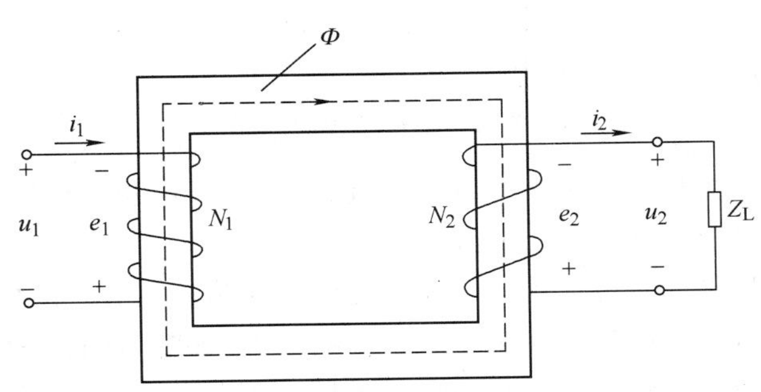

图 1-9　变压器负载运行

$$N_1 I_1 - N_2 I_2 = N_1 I_0$$

由于变压器的空载电流 I_0 很小，其产生空载磁通势 $F_0 = N_1 I_0$ 也很小，故可忽略不计，于是可得变压器一次、二次绕组磁通势的数值关系为

$$N_1 I_1 \approx - N_2 I_2$$

即

$$\frac{I_1}{I_2} \approx \frac{N_2}{N_1} = \frac{1}{k} = k_i \tag{1-4}$$

式中　k_i——变压器的变流比。

式（1-4）表明：变压器一次、二次绕组的电流与一次、二次绕组的匝数成反比，即变压器有变换电流的作用。

由式（1-4）可得：变压器的高压绕组匝数多，而通过的电流小，因此绕组所用的导线可以较细；反之低压绕组匝数少，而通过的电流大，因此绕组所用的导线较粗。

3. 变压器的阻抗变换

变压器不但具有变换电压、电流的作用，还具有变换阻抗的作用，如图 1-10 所示。当变压器二次绕组接上阻抗为 Z 的负载后，则

$$Z = \frac{U_2}{U_1} = \frac{\frac{N_2}{N_1}U_1}{\frac{N_1}{N_2}I_1} = \left(\frac{N_2}{N_1}\right)^2 \frac{U_1}{I_1} = \frac{1}{k^2}Z'$$

式中，$Z'=\frac{U_1}{I_1}$，相当于直接接在一次绕组上的等效阻抗，如图 1-11 所示，故

$$Z' = k^2 Z \tag{1-5}$$

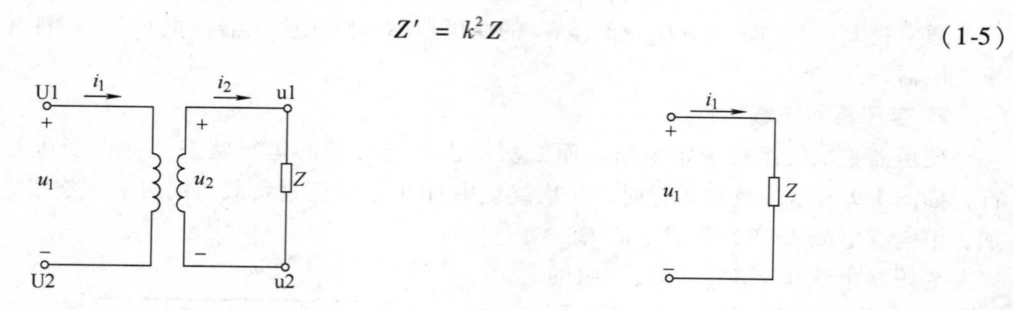

图 1-10 经变压器接电源的阻抗　　图 1-11 接电源的等效阻抗

可见，接在变压器二次绕组上的负载阻抗 Z 为不经过变压器直接接在电源上的等效阻抗 Z'的 $1/k^2$ 倍。

在电子电路中，为了获得较大的功率输出，往往对输出电路的输出阻抗与所接的负载阻抗有一定的要求。例如，对音响设备来讲，为了能在扬声器中获得最好的音响效果，要求音响设备的输出阻抗与扬声器的阻抗尽量相等。但实际上扬声器的阻抗往往只有几欧到几十欧，而音响设备等信号的输出阻抗却很大，在几百欧、几千欧以上，为此通常在两者之间加接输出变压器来达到阻抗匹配的目的。

例 1-2 接入 25W 扬声器的输出电路输出阻抗 $Z'=500\Omega$，扬声器的阻抗 $Z=8\Omega$。现加接输出变压器来实现阻抗匹配，求该变压器的电压比 k；若变压器一次绕组匝数 $N_1=500$ 匝，问二次绕组匝数 N_2 为多少？

解： 由式（1-5）可得

$$k = \sqrt{\frac{Z'}{Z}} = \sqrt{\frac{500}{8}} = 7.9$$

$$N_2 = \frac{N_1}{k} = \frac{500}{7.9}\text{匝} = 63\text{匝}$$

1.3 变压器绕组极性的测定方法

1. 变压器绕组的极性

变压器一次、二次绕组绕在同一个铁心柱上，在交变主磁通 Φ 作用下，两个绕组中都产生交变的感应电动势。在任一瞬间，一次绕组产生的感应电动势使某一端点电位为正时，在二次绕组产生的感应电动势必使某一端点电位也为正，这两极性相同的端点称为同名端或同极性端，通常用符号“·”表示。

当两个绕组绕行方向已知且首末端标记确定时，如图 1-12 所示，若电流从两个绕组的同名端同时流入或流出，它们在铁心中产生磁通的方向是一致的。通入绕组的电流方向与其所产生磁通的方向符合右手螺旋定则，设线圈的电流方向就是绕组的绕行方向，因此变压器绕组的同名端与绕组的绕行方向有关。图 1-12a 所示为绕组绕行方向相同时的同名端；图 1-12b 所示为绕组绕行方向相反时的同名端。

对于已出厂的变压器，绕组封装在油箱中，无法确认其绕行方向，因此无法辨认同名端，此时可用实验的方法进行测定。

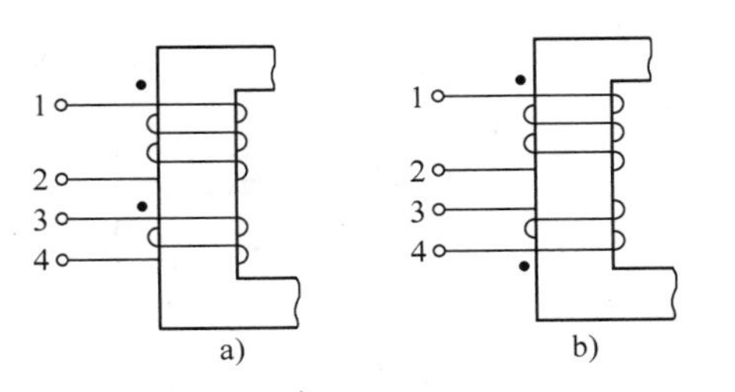

图1-12　变压器绕组的同名端

2. 变压器极性的测定方法

变压器极性的测定方法有交流法和直流法两种。

（1）交流法　如图1-13所示，将一、二次绕组各取一个接线端，如图中的2和4，连接在一起，并在一个绕组上加一个较低的交流电压 u_{12}，然后用交流电压表分别测量 U_{12}、U_{13}、U_{34}。如果 $U_{13}=U_{12}-U_{34}$，说明 N_1、N_2 绕组为反极性串联，故1和3为同名端；如果测量结果为 $U_{13}=U_{12}+U_{34}$，说明 N_1、N_2 绕组为同极性串联，故1和4为同名端。

（2）直流法　如图1-14所示，把1.5V或3V的直流电源接在高压绕组上，把直流毫伏表接在对应的低压绕组两端。当开关合上的一瞬间，若毫伏表指针向正方向摆动，则说明接直流电源正极的端子与接直流毫伏表正极的端子为同名端；若毫伏表指针向反方向摆动，则接直流电源正极的端子与接直流毫伏表负极的端子为同名端。

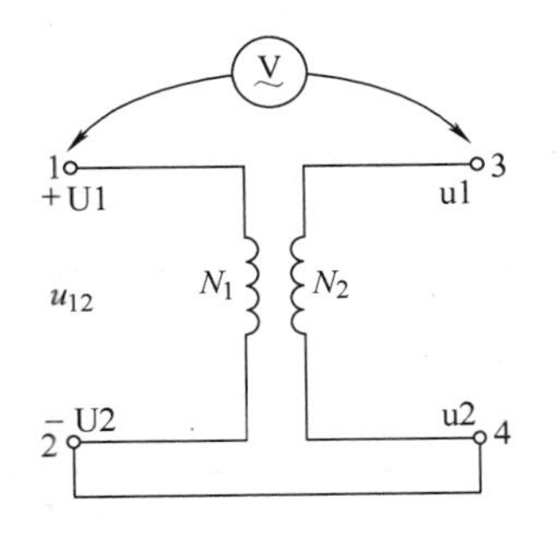

图1-13　交流法测定同名端

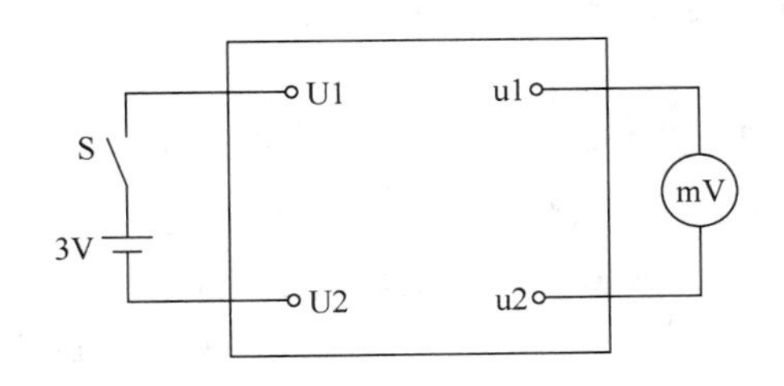

图1-14　直流法测定同名端

1.4　三相变压器

由于目前电力系统都是三相制，故应用最广泛的是三相变压器。三相变压器在对称运行情况下，除各个电量在相位上依次相差120°外，各相运行情况完全是一样的。本节主要对三相变压器的几个特殊问题加以讨论。

1. 三相变压器的磁路系统

三相变压器按铁心结构不同，可分为三相变压器组和三相心式变压器。

（1）三相变压器组　三相变压器组是由三个完全相同的单相变压器组成的，如图1-15所示。它的磁路特点是三相磁通各有自己的独立磁路，互不关联。当一次侧外加三相对称电压时，各相的主磁通必然对称，显然，产生磁通的三相空载电流也是对称的。

（2）三相心式变压器　三相心式变压器每相有一个铁心柱，三个铁心柱用铁轭连接起来，构成三相铁心，如图1-16所示。这种磁路的特点是三相互为闭合磁路，彼此相关。

三相心式变压器可以看成是由三相变压器组演变而来的。如果把三台单相变压器的铁心合并成如图1-16a所示的形式，在三相一次侧绕组外加三相对称电压时，产生的主磁通是对称的，中

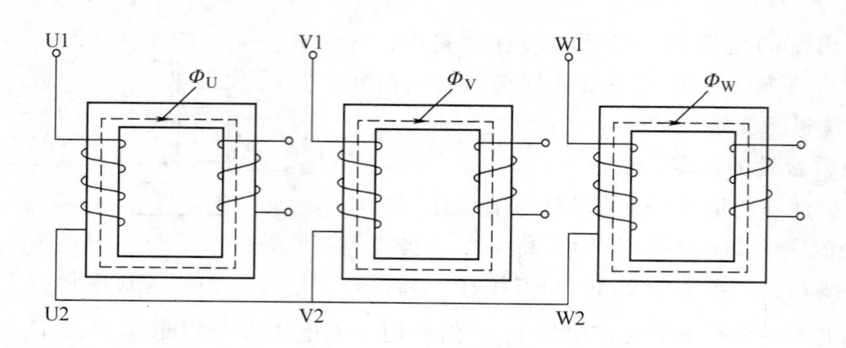

图 1-15　三相变压器组

间铁心柱的磁通 $\dot{\Phi}_U+\dot{\Phi}_V+\dot{\Phi}_W=0$，即中间铁心柱无磁通通过，因此可将其省去，如图 1-16b 所示。为制造方便和降低成本，把 V 相铁轭缩短，并把三个铁心柱置于同一平面，便得到三相心式变压器铁心结构，如图 1-16c 所示。

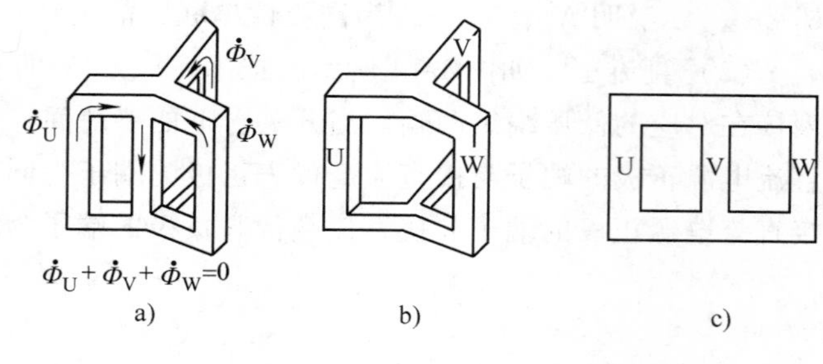

图 1-16　三相心式变压器

2. 三相变压器的电路系统

（1）三相绕组的首、末端标记　为了在使用时能正确连接，变压器绕组的每个出线端都有一个标志，三相变压器绕组首、末端标志见表 1-1。

表 1-1　绕组的首端和末端的标记

绕组名称	首端	末端	中性点
高压绕组	U1、V1、W1	U2、V2、W2	N
低压绕组	u1、v1、w1	u2、v2、w2	n
中压绕组	$U1_m$、$V1_m$、$W1_m$	$U2_m$、$V2_m$、$W2_m$	N_m

（2）三相绕组的联结形式　三相变压器绕组主要采用星形和三角形两种联结形式，如图 1-17 所示。把三相绕组的三个末端联结在一起，将三个首端引出，成为星形联结，如图 1-17a 所示。用字母 Y 和 y 分别表示一次和二次绕组为星形联结。若把中点引出，则用 YN 或 yn 表示，如图 1-17b 所示。

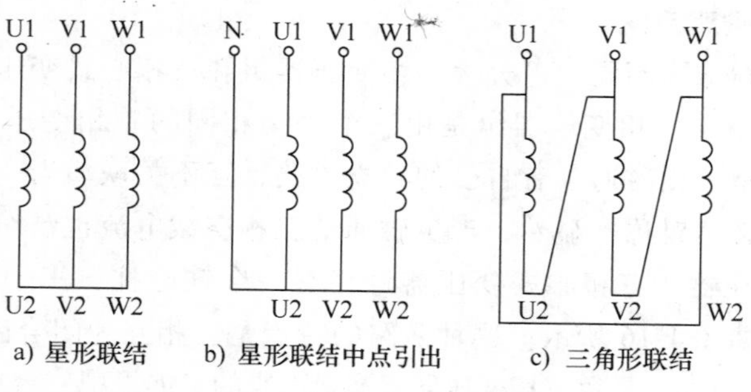

图 1-17　绕组的联结方式

三角形联结是将三相变压器各相绕组的首、末端依次相连，构成一个封闭三角形，其连接顺序是U1U2—V1V2—W1W2—U1，最后从首端引出，连成一个三角形，如图1-17c所示。三角形联结用字母D或d表示。

（3）三相变压器的联结组标号　三相变压器一、二次绕组均可采用星形或三角形两种联结形式，因此，三相变压器的联结形式有多种，我国生产的电力变压器常用的有Yyn、Yd、YNd、Dyn等4种联结形式，其中，大写字母表示一次绕组的联结形式，小写字母表示二次绕组的联结形式。

由于三相绕组可以采用不同联结，三相变压器一、二次绕组的线电动势之间出现不同的相位差，因此，按一、二次绕组线电动势的相位关系对变压器绕组的联结进行不同的联结组标号。

三相变压器的联结组标号不仅与绕组的绕行方向及首末端有关，还与三相绕组的联结形式有关，但无论怎样，一、二次绕组线电动势的相位差总是30°的整数倍。因此采用时钟表示法刚好能表示一、二次电动势的相位差。

时钟表示法是把一次绕组线电动势的相量作为分针，始终指向“0”点数字位置，而将二次绕组线电动势的相量作为时针，看时针指在哪个钟点，就把这个钟点数作为联结组标号。例如Yd11表示一次绕组星形联结、二次绕组三角形联结，且二次绕组线电动势滞后相应的一次绕组线电动势 $11\times30^\circ=330^\circ$。

为了制造和使用上的方便，国家规定三相双绕组电力变压器的标准联结组为Yyn0、YNy0、Yy0、Yd11、YNd11等。其中Yyn0、Yd11、YNd11最为常用。

1.5　变压器的铭牌

每台变压器的油箱上都有一块铭牌，说明其型号和主要参数，为选用变压器提供依据，如图1-18所示。

电力变压器

分接开关	高压	
	电压V	电流A
Ⅰ	10500	
Ⅱ	10000	4.6
Ⅲ	9500	

低压	
电压V	电流A
400	115.5
阻抗电压	4.05%

产品型号	S9—80/10
额定容量	80kV·A
额定频率	50Hz
冷却方式	ONAN
使用条件	户外式
联结组标号	Dyn11
相数	3
标准代号	
出产序号	

中华人民共和国　　×××变压器厂

图1-18　变压器的铭牌

（1）型号　变压器的型号表示一台变压器的结构、额定容量、电压等级、冷却方式等内容。例如

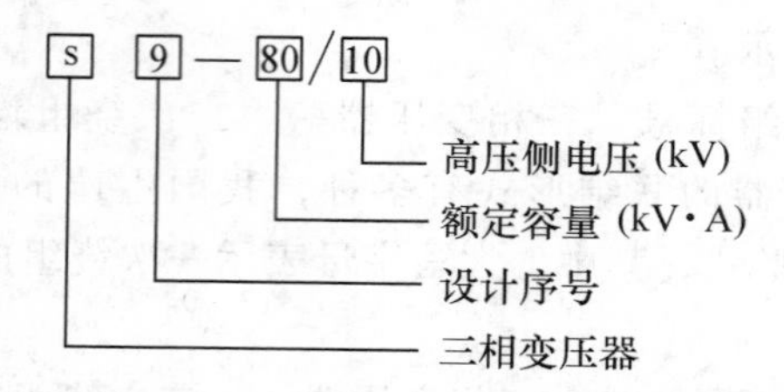

（2）额定电压 U_{1N} 和 U_{2N}　指变压器长时间运行时所能承受的工作电压。一次绕组额定电压 U_{1N} 是指加在一次绕组上的正常工作电压值。一次侧标出三个电压值，可以根据供电电压的实际情况在额定值的 ±5% 范围内加以选择：当供电电压偏高时，U_{1N} 可调至 10500V，偏低时可调至 9500V，以保证二次额定电压在 400V 左右。

二次绕组额定电压 U_{2N} 是指变压器二次侧空载、一次侧加额定电压时，二次绕组两端的电压值。在三相变压器中，额定电压指的都是线电压。

（3）额定电流 I_{1N} 和 I_{2N}　指变压器在额定容量下，一、二次绕组允许长期通过的电流。同样，三相变压器的额定电流也指的是线电流。

（4）额定容量 S_N　指变压器在额定工作态下二次绕组输出的视在功率，单位为 kV · A。

单相变压器的额定容量

$$S_N = U_{2N}I_{2N}$$

三相变压器的额定容量

$$S_N = \sqrt{3}U_{2N}I_{2N}$$

（5）额定频率 f_N（Hz）　我国规定标准工频为 50Hz。

（6）联结组标号　联结组标号是指三相变压器一、二次绕组之间的连接方式。

（7）阻抗电压　阻抗电压又称短路电压，是指变压器低压绕组短路且电流为额定值时对应的高压绕组所加电压，一般用它与高压绕组额定电压的百分比来表示。

1.6 自耦变压器

1. 结构特点及用途

自耦变压器的结构特点是一、二次绕组共用一个绕组，如图 1-19 所示。因此一、二次绕组之间既有电的联系，又有磁的耦合。经分析可知，自耦变压器能节省铜和铁的用量，从而减少变压器的体积、重量，降低制造成本的同时有利于大型变压器的运输和安装。在高压输电系统中，自耦变压器主要用来连接两个电压等级相近的电力网，作联络变压器之用。在实验室常用具有滑动接触的自耦调压器获得可任意调节的交流电压。此外，自耦变压器还常用作异步电动机的起动补偿器，在电动机进行减压起动时使用。

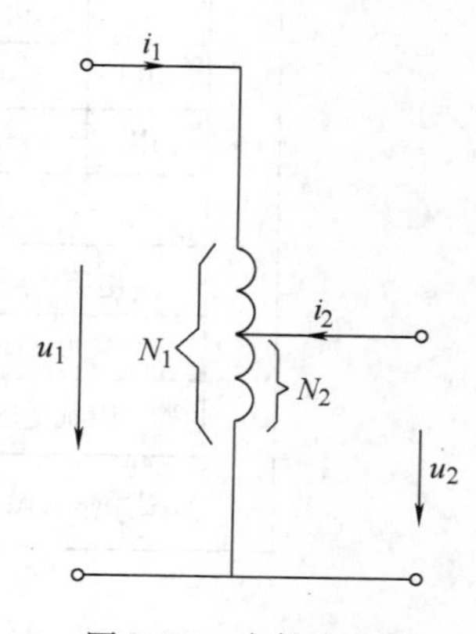

图 1-19　自耦变压器

2. 电压、电流及容量关系

自耦变压器也是利用电磁感应原理工作的，如图 1-19 所示，当一次绕组外接交流电压 U_1 时，在铁心中产生交变的磁通 Φ，并分别在一、二次绕组产生感应电动势 E_1 和 E_2，且它们有下述关系

$$U_1 \approx E_1 = 4.44fN_1\Phi_m$$
$$U_2 \approx E_2 = 4.44fN_2\Phi_m$$

故自耦变压器的电压比 k 为

$$k = \frac{E_1}{E_2} = \frac{N_1}{N_2} \approx \frac{U_1}{U_2} \tag{1-6}$$

当自耦变压器二次绕组加上负载后，由于外加电源电压不变，故主磁通近似不变，因此总的励磁磁通仍等于空载磁通势，即

$$N_1\dot{I}_1 + N_2\dot{I}_2 = N_1\dot{I}_0 \tag{1-7}$$

若忽略空载磁通势，则

$$N_1\dot{I}_1 + N_2\dot{I}_2 = 0$$

即

$$\dot{I}_1 = -\frac{N_2}{N_1}\dot{I}_2 = -\frac{\dot{I}_2}{k} \tag{1-8}$$

式（1-8）说明：自耦变压器一、二次绕组中的电流与匝数成反比，在相位上互差 180°。因此，流经公共绕组中的电流 I 的大小为

$$I = I_2 - I_1 \tag{1-9}$$

可见流经公共绕组中的电流总是小于输出电流 I_2。当电压比 k 接近于 1 时，I_1 与 I_2 的数值不大，即公共绕组中的电流 I 很小，因而这部分绕组可用截面积较小的导线来绕制，以节约用铜量，并减小自耦变压器的体积与重量。

自耦变压器输出的视在功率为

$$S_2 = U_2I_2$$

将式（1-9）中的 I_2 代入上式，可得

$$S_2 = U_2(I + I_1) = U_2I + U_2I_1 \tag{1-10}$$

从式（1-10）可看出，自耦变压器的输出功率由两部分组成，其中 U_2I 部分是依据利用电磁感应原理从一次绕组传递到二次绕组的视在功率，而 U_2I_1 则是通过电路的直接联系从一次绕组传递到二次绕组的视在功率。由于只在一部分绕组的电阻上产生铜损耗，因此自耦变压器的损耗比普通变压器要小，效率较高，因而较为经济。

例 1-3 在一台容量为 15kV · A 的自耦变压器中，已知 $U_1 = 220\text{V}$，$N_1 = 150$ 匝。（1）如果要使输出电压 $U_2 = 210\text{V}$，应该在绕组的什么地方抽头？满载时 I_1 和 I_2 各是多少？此时一、二次绕组公共部分的电流是多少？（2）如果输出电压 $U_2 = 110\text{V}$，那么公共部分的电流又是多少？

解：（1）由公式$\frac{U_1}{U_2} = \frac{N_1}{N_2}$可知抽头处的匝数为

$$N_2 = \frac{U_2}{U_1}N_1 = \frac{210}{220} \times 150\text{ 匝} = 143\text{ 匝}$$

由于自耦变压器的效率很高，可以认为

$$U_1I_1 = U_2I_2 = S_N = 15 \times 10^3 \text{V} \cdot \text{A}$$

所以满载时的电流为

$$I_1 = \frac{15 \times 10^3}{220}\text{A} = 68.2\text{A}$$

$$I_2 = \frac{15 \times 10^3}{220 \times \frac{143}{150}}\text{A} = \frac{15 \times 10^3}{209}\text{A} = 71.8\text{A}$$

而一、二次绕组公共部分的电流按式（1-9）计算得

$$I = I_2 - I_1 = 71.8\text{A} - 68.2\text{A} = 3.6\text{A}$$

可见自耦变压器一、二次绕组公共部分的电流比普通变压器二次绕组在相应情况下的电流小得多。

（2）如果输出电压 $U_2 = 110\text{V}$，则有

$$I_2 = \frac{15 \times 10^3}{110}\text{A} = 136.4\text{A}$$

此时公共部分的电流为

$$I = I_2 - I_1 = 136.4\text{A} - 68.2\text{A} = 68.2\text{A}$$

上述例子表明，当一、二次绕组的电压较接近时，自耦变压器绕组公共部分的电流是很小的，因此这一部分绕组的导线可以用细一些的，而此时公共部分的匝数几乎就是绕组的全部匝数，同时小电流引起的损耗也小，因此经济效益显著。

理论分析和实践都证明：当一、二次绕组电压之比接近于1时，或者说不大于2时，自耦变压器的优点是显著的，当电压比大于2时，好处就不多了。所以实际应用的自耦变压器，其电压比一般在1.2～2.0的范围内。自耦变压器的缺点在于：一、二次绕组的电路直接连在一起，造成高压侧的电气故障会波及到低压侧，这是很不安全的，因此要求自耦变压器在使用时必须正确接线，且外壳必须接地，并规定安全照明变压器不允许采用自耦变压器的形式。

1.7 仪用互感器

仪用互感器是一种测量用设备，分电流互感器和电压互感器两种，它们的工作原理与变压器相同。

使用仪用互感器有两个目的：一是为了设备和测量人员的安全，使测量电路与高压电网相互隔离；二是可以扩大电压表与电流表的测量范围，用来测量高电压与大电流。

1. 电流互感器

电流互感器相当于一台小容量的单相升压变压器，一次绕组匝数很少，一般只有一匝或几匝，它串联在被测的交流线路中，流过的是被测电流 I_1；二次绕组匝数较多，与交流电流表或功率表相接，如图1-20所示。

由变压器工作原理可得

$$\frac{I_1}{I_2} = \frac{N_2}{N_1} = k_i$$

故

$$I_1 = k_i I_2 \tag{1-11}$$

式中 k_i 为电流互感器的额定电流比，标在电流互感器的铭牌上。只要读出接在电流互感器二次侧电流表的读数，则一次侧电路的待测电流就可通过式(1-11)求出。一般二次侧电流表的量程为5A，而一次侧被测电流的范围可以很大，从几十到几千安培。只要改变电流互感器的电流比，就可测量不同大小的一次电流。

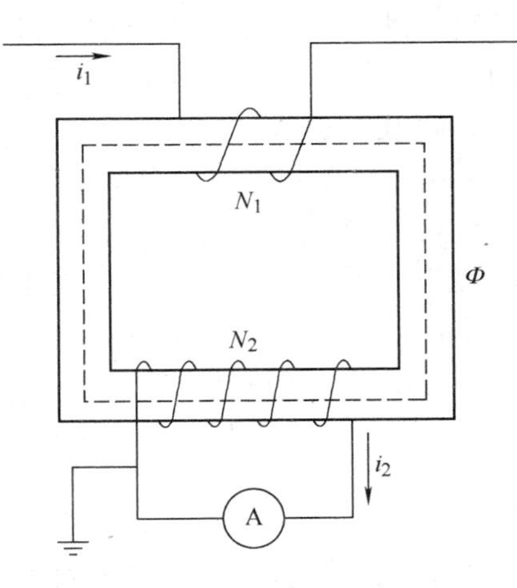

图 1-20 电流互感器原理图

实际应用中，与电流互感器配套使用的电流表读数已换算成一次电流值，即其标度尺按一次电流刻度，可以直接读数，不必再进行换算。电流互感器的额定电流等级有100A/5A、500A/5A、2000A/5A 等。

使用电流互感器时须注意以下事项：

1）电流互感器运行时二次绕组绝对不允许开路。若二次绕组开路，则电流互感器处于空载运行状态，一次绕组中流过的大电流全部成为励磁电流，使铁心中磁通急剧增加，铁心严重饱和。一方面使铁心损耗增大，造成铁心过热而烧坏绕组绝缘；另一方面，二次绕组因匝数很多，将感应出很高的电压，可能将绝缘击穿，危及二次绕组中的仪表和操作人员的安全。为此，电流互感器的二次绕组中绝不允许装熔断器。在运行中若要拆下电流表，应先将二次绕组短路后再进行。

2）电流互感器的铁心和二次绕组的一端必须可靠接地，以免绝缘损坏时，高压侧电压传到低压侧，危及仪表和人身安全。

3）连接时必须注意端子的极性。

2. 钳形电流表的使用

为了在现场不切断电路的情况下测量电流，可以利用互感器原理制造成便携式钳形电流表，其结构如图1-21所示。它的闭合铁心可以张开，使用时只要张开钳口，将被测电流的一根导线放入钳中，然后将铁心闭合，便携式钳形电流表就会显示读数。

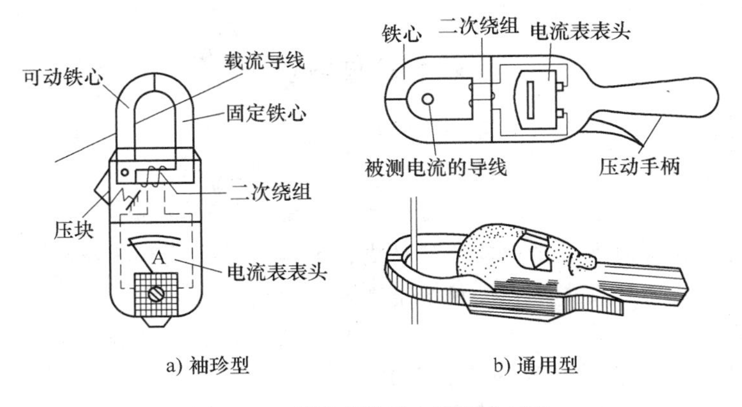

a) 袖珍型　b) 通用型

图 1-21 便携式钳形电流表的结构

使用便携式钳形电流表时要注意应使被测导线处于窗口中央，否则会增加测量误差；不知电流大小时，应将选挡开关置于大量程上，以防损坏电流表；如果被测电流过小，可将被测导线在钳口内多绕几圈，然后将读数除以所绕匝数；使用时还要注意安全，保持与带电部分的安全距离，并应戴绝缘手套和使用绝缘垫。

3. 电压互感器

电压互感器相当于一台单相降压变压器，其一次绕组匝数 N_1 很多，直接并联在被测的高压线路上，二次绕组匝数 N_2 较少，与交流电压表并联，如图1-22所示。

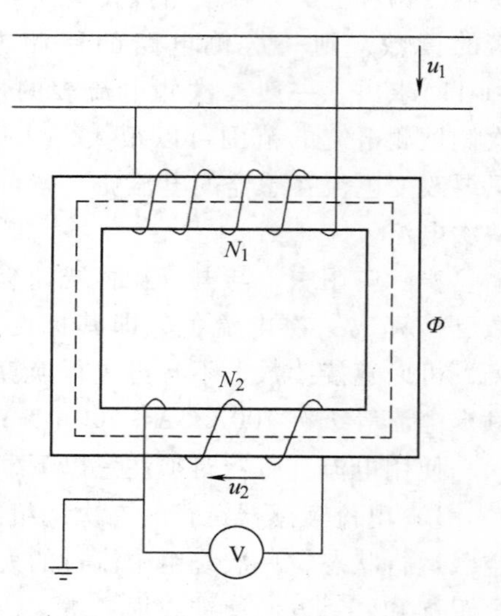

图 1-22 电压互感器原理图

由变压器工作原理可得

$$\frac{U_1}{U_2}=\frac{N_1}{N_2}=k_u$$

故

$$U_1=k_uU_2 \tag{1-12}$$

式中，k_u 称为电流互感器的额定电压比，标在电压互感器的铭牌上。只要读出接在电压互感器二次绕组的读数，则一次绕组的待测电压就可通过式(1-12)求出。一般二次绕组电压表的量程为100V，而一次绕组的被测电压范围可以很大，从几百伏到几百千伏。只要改变电压互感器的电压比，就可测量高低不同的电压。

实际应用中，与电压互感器配套使用的电压表已换算成一次绕组侧的电压，即其标度尺按一次电压刻度，可以直接读数，不必再进行换算。电压互感器的额定电压等级有3000V/100V、10000V/100V等。

使用电压互感器时须注意以下事项：

1）电压互感器运行时二次绕组绝对不允许短路。否则短路电流很大将烧坏互感器。为此，电压互感器的二次绕组中应串联熔断器作短路保护。

2）电压互感器的铁心和二次绕组的一端必须可靠接地，以防一次绕组绝缘损坏时铁心和二次绕组带上高电压而致使操作者触电。

3）连接时必须注意端子的极性。

思考题与习题

1.1 变压器的作用是什么？它可分为哪些类别？

1.2 变压器主要是由哪几部分组成？各部分的作用是什么？

1.3 为什么在叠装变压器铁心时，接缝处的空气隙越小越好？

1.4 为什么变压器的铁心要由硅钢片叠成，用钢板或铸铁行不行？

1.5 在电能的输送过程中为什么都采用高电压输送？

1.6 变压器的工作原理是什么？它能否变换直流电压？如在变压器的一次绕组上加额定电压值的直流电压，将产生什么后果？为什么？

1.7 一台单相变压器，额定容量 $S_N=100\text{kV}\cdot\text{A}$，额定电压 $U_{1N}/U_{2N}=10\text{kV}/0.4\text{kV}$，试求一、二次绕组的额定电流 I_{1N}、I_{2N}。

1.8 一台三相变压器，额定容量 $S_N = 5000\text{kV}\cdot\text{A}$，额定电压 $U_{1N}/U_{2N} = 10.5\text{kV}/6.3\text{kV}$，联结组标号为 Yd11，试求一、二次绕组的额定电流 I_{1N}、I_{2N}。

1.9 某低压照明变压器，$U_1 = 380\text{V}$，$I_1 = 0.263\text{A}$，$N_1 = 1010$ 匝，$N_2 = 103$ 匝，求二次绕组对应的输出电压 U_2 及输出电流 I_2。问该变压器能否给一个功率为60W、电压为 U_2 的低压照明灯供电？

1.10 有一台单相照明变压器，额定容量 $S_N = 2\text{kV}\cdot\text{A}$，额定电压 $U_{1N}/U_{2N} = 380\text{V}/36\text{V}$，现在低压侧接上 $U = 36\text{V}$，$P = 40\text{W}$ 的白炽灯，问若变压器工作在额定状态，能接多少盏此种规格的白炽灯？此时的 I_1、I_2 各为多少？

1.11 某晶体管扩音机的输出阻抗为 360Ω（即负载阻抗为 360Ω 时能输出最大功率），接阻抗为 8Ω 的扬声器，求所接输出变压器的电压比。

1.12 图 1-13 所示为变压器出厂前的“极性”试验。在 U1—U2 间加电压，将 U2—u2 相连，测 U1、u1 间的电压。设定电压比为 220V/110V，如果 U1、u1 为同名端，则电压表的读数是多少？如果 U1、u1 为异名端，电压表的读数又应是多少？

1.13 什么叫变压器的同极性端？如何判定变压器的同极性端？

1.14 什么叫三相变压器的联结组，我国常用的三相变压器的联结组标号有哪几种？

1.15 自耦变压器的结构特点是什么？自耦变压器的优点有哪些？

1.16 在一台容量为 $5\text{kV}\cdot\text{A}$ 的自耦变压器中，已知 $U_1 = 220\text{V}$，$N_1 = 560$ 匝。(1) 如果要使输出电压 $U_2 = 200\text{V}$，应在绕组的什么地方抽头？满载时 I_1 和 I_2 各是多少？此时流过一、二次绕组公共部分的电流是多少？(2) 如果输出电压 $U_2 = 110\text{V}$，那么公共部分的电流又是多少？

1.17 电流互感器的作用是什么？能否在直流电路中使用？为什么？

1.18 使用电流互感器进行测量时应注意哪些事项？

1.19 电压互感器的作用是什么？能否在直流电路中使用？为什么？

1.20 使用电压互感器进行测量时应注意哪些事项？

第2章　旋转电机

旋转电机有直流电机与交流电机两大类，此外还有步进电机、伺服电机等控制电机。交流电机可分为同步电机与异步电机，异步电机按用途来分可分为异步发电机和异步电动机。异步电动机又有三相异步电动机和单相异步电动机。其中三相异步电动机结构简单、制造方便、价格便宜、运行可靠，是各种电动机中应用最广、需求量最大的电动机。

2.1　三相异步电动机的基本结构

三相异步电动机主要由两部分组成：一是固定不动的部分，称为定子；二是旋转部分，称为转子。图2-1所示为一台三相异步电动机的结构示意图。

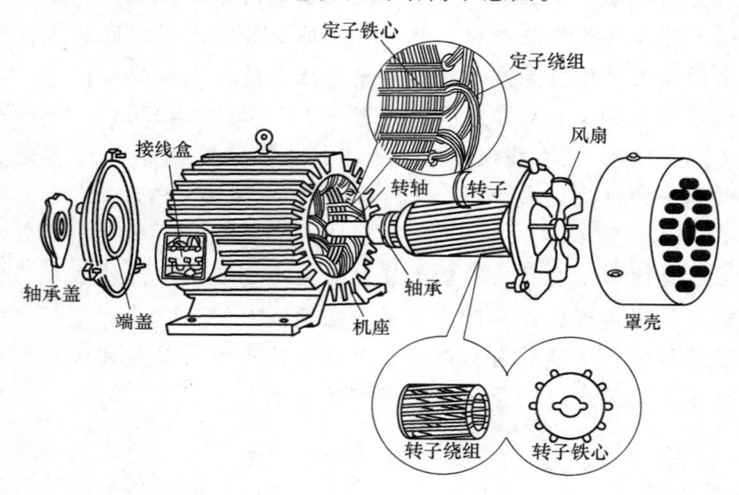

图2-1　三相异步电动机的结构示意图

1. 定子

定子主要包括定子铁心、定子绕组、机座、端盖、罩壳等部件。

（1）定子铁心　定子铁心有两个作用：一是用来嵌放定子绕组；二是作为电动机磁通通路。因此，定子铁心一般用0.35～0.5mm厚的硅钢片叠成，其目的就是增加铁心的导磁性能，减少铁心中的磁滞和涡流损耗。

在定子铁心内圆上冲有均匀分布的槽，如图2-2所示，在槽内嵌放三相定子绕组。

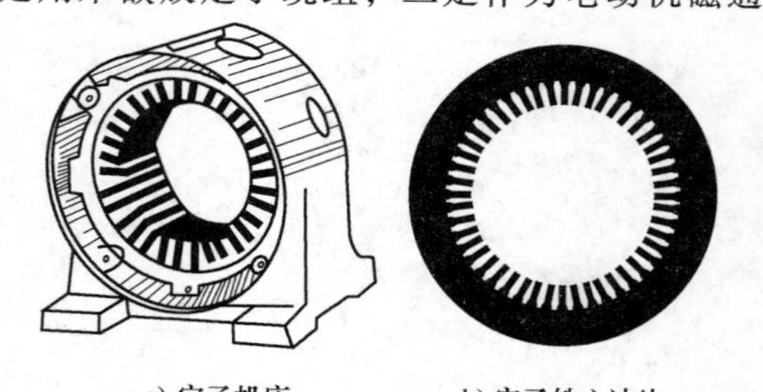

a) 定子机座　　b) 定子铁心冲片

图2-2　定子机座与定子铁心

（2）定子绕组　定子绕组是定子的电路部分，一般采用漆包铜线绕制而成，共分三组，分布在定子铁心槽内，它们在定子内圆周空间上彼此相隔120°，构成对称的三相绕组。三相绕组共有6个出线端，并分别引出接在置于电动机外壳上的接线盒中，三个绕组的首端分别用U1、V1、W1表示，其对应的末端分别用U2、V2、W2表示。通过上6个端头的不同连接，可将三相定子绕组接成星形或三角形，如图2-3所示。

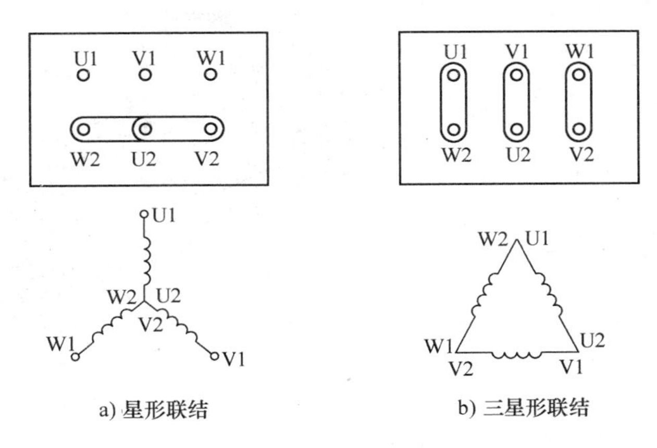

a) 星形联结　　b) 三星形联结

图2-3　三相定子绕组接线盒与原理接线

（3）机座　机座的作用是固定定子铁心和定子绕组，并通过两侧的端盖和轴承来支撑电动机转子，同时起保护整台电动机的电磁部分以及发散电动机在运行过程中产生的热量。

机座通常为铸铁件，大型异步电动机机座一般用钢板焊成，而有些微型电动机的机座则采用铸铝件以降低电动机的重量。

2. 转子

转子包括转子铁心、转子绕组、风扇、转轴等。

（1）转子铁心　转子铁心也有两个作用：一是用来安置转子绕组；二是作为电动机磁路的一部分。因此，转子铁心一般也用0.35～0.5mm厚的硅钢片叠成，并在硅钢片外圆上冲有均匀分布的槽，如图2-4所示，槽内放置转子绕组。

（2）转子绕组　转子绕组有笼型和绕线转子两种结构。笼型转子绕组是由嵌在转子铁心槽内的铜或铝质导条组成，如图2-4所示。导条两端分别与两个短接的端环相连，如果去掉铁心，转子绕组外形酷像一个笼子，故称笼型转子。目前中小型异步电动机大都在转子铁心槽中浇注铝液，铸成笼型绕组，并在端环上铸出许多叶片，作为冷却用的风扇。

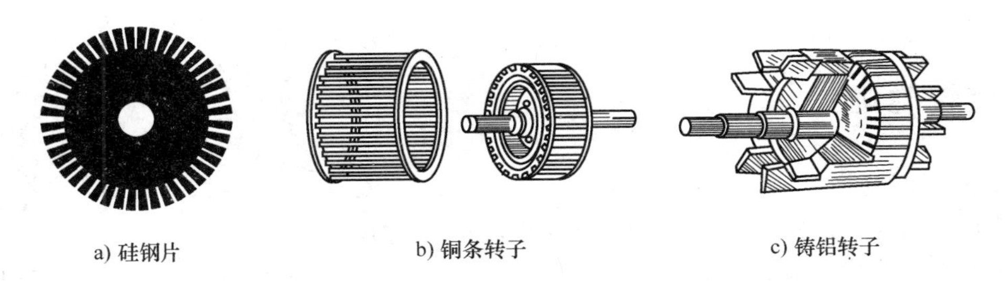

a) 硅钢片　　b) 铜条转子　　c) 铸铝转子

图2-4　笼型转子结构示意图

绕线转子异步电动机的转子绕组与定子绕组相似，是在转子铁心槽中嵌放的三相对称绕组，作星形联结，如图2-5所示。将三相绕组的末端连在一起，三个首端分别接到装在转轴上的三个铜质圆环上，通过电刷与外电路的可变电阻相连接，供起动与调速用。

3. 其他附件

（1）轴承　用来连接转动部分与固定部分，目前都采用滚动轴承以减小摩擦阻力。

（2）轴承端盖　用来保护轴承，使轴承内的润滑脂不至于溢出，并防止灰、砂、脏物等浸入润滑脂内。

（3）风扇　用于冷却电动机。

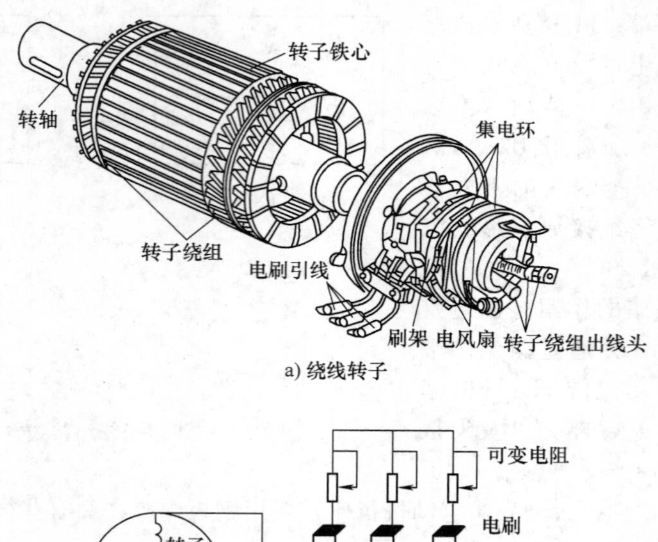

a) 绕线转子

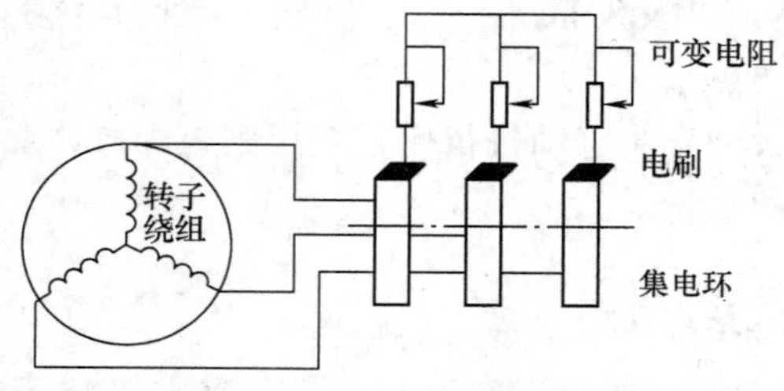

b) 绕线转子回路接线示意图

图 2-5 三相绕线转子异步电动机

4. 气隙

为了保证电动机的正常运转，在定子与转子之间留有一定的空气隙。气隙的大小对三相异步电动机的性能影响极大。气隙大则磁阻大，由电源提供的励磁电流大，使电动机运行的功率因数低。但气隙过小时，将使装配困难，容易造成运行中定子与转子铁心相碰，一般空气隙约为 0.2～1.5mm。

2.2 旋转磁场

1. 旋转磁场的产生

图 2-6 所示为三相异步电动机的定子绕组结构示意图。

当三相对称的定子绕组外接三相对称的交流电源时，在三相绕组中将流过三相对称的电流，从而在电动机内产生一个旋转磁场。如图 2-7a 所示，i_U、i_V、i_W 为三相对称的交流电流，在电动机内产生的磁场选择几个特殊时刻分析如下：

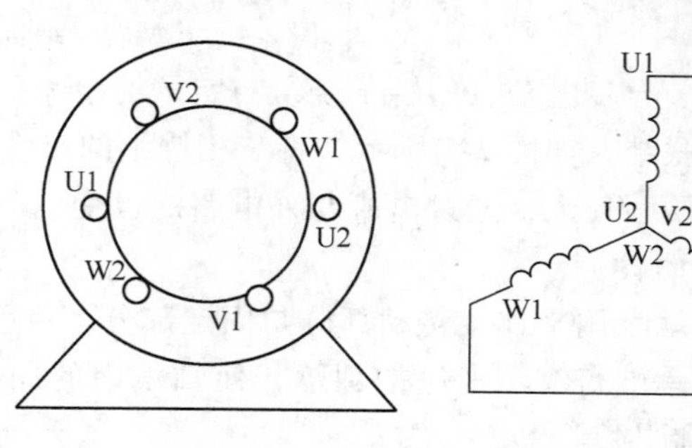

图 2-6 定子绕组结构示意图

1）在 $\omega t=0$ 的瞬间，$i_U=0$，故 U 相绕组中无电流；i_V 为负，假定电流从绕组末端 V2 流入，从首端 V1 流出；i_W 为正，则电流从绕组首端 W1 流入，从末端 W2 流出。绕组中电流

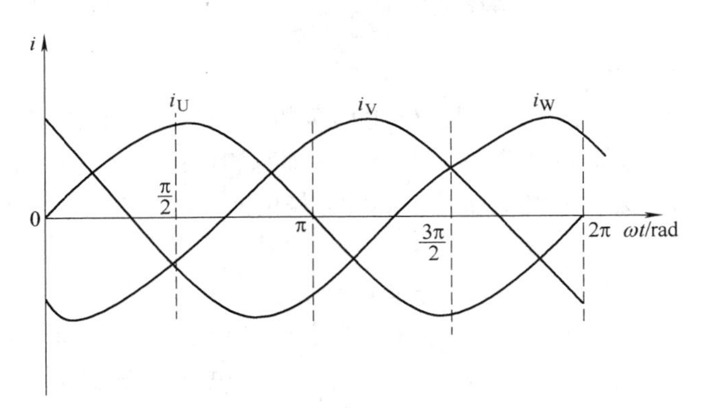

a) 三相对称电流波形图

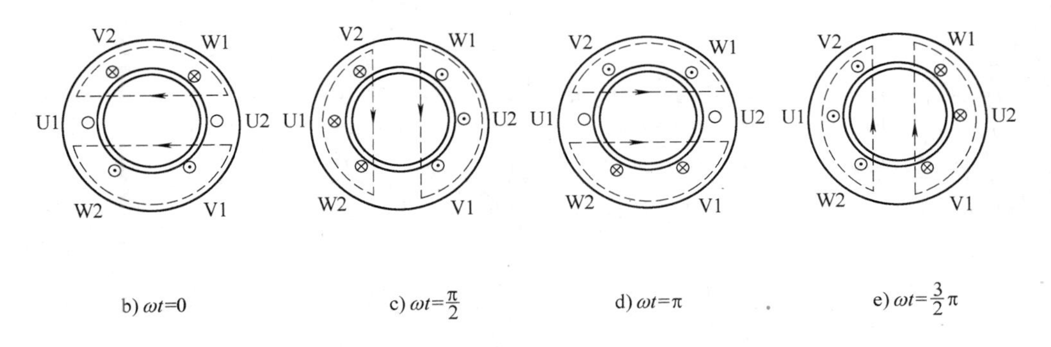

b) $\omega t=0$　c) $\omega t=\frac{\pi}{2}$　d) $\omega t=\pi$　e) $\omega t=\frac{3}{2}\pi$

图 2-7　两极定子绕组旋转磁场图

产生的合成磁场如图 2-7b 所示。

2）在 $\omega t=\frac{\pi}{2}$ 的瞬间，i_U 为正，则电流从 U 相绕组首端 U1 流入，从末端 U2 流出；i_V 为负，电流从 V 相绕组末端 V2 流入，从首端 V1 流出；i_W 为负，电流从绕组末端 W2 流入，从首端 W1 流出。绕组中电流产生的合成磁场如图 2-7c 所示，合成磁场顺时针转过了 90°。

3）在 $\omega t=\pi$、$\frac{3\pi}{2}$ 的瞬间，继续按上法分析 $\omega t=\pi$、$\frac{3\pi}{2}$ 时刻三相交流电在三相绕组中产生的合成磁场，可得图 2-7d、e。观察这些图中合成磁场的分布规律可知：合成磁场按顺时针方向旋转了一周。

由上述分析可得：在三相对称的定子绕组中，通入三相对称的交流电流，电动机内将产生一个旋转磁场。

2. 旋转磁场的旋转方向

在图 2-7 中，三相交流电的相序为 U→V→W→U，从三相绕组的结构来看，三相相序为顺时针方向，而据此分析出旋转磁场的方向也为顺时针方向。如将三相交流电的相序改为 U→W→V→U，则旋转磁场的方向将变为逆顺时针方向（可自行分析）。

由此可得出结论：旋转磁场的旋转方向取决于通入定子绕组的三相交流电源的相序，且与三相交流电源的相序方向一致。只要任意调换电动机两相绕组所接交流电源的相序，旋转磁场即反转。

3. 旋转磁场的旋转速度

（1）极对数 $p=1$ 时　以上讨论的是 $p=1$ 即2极三相异步电动机定子绕组所产生的磁场，由分析可知，当三相交流电变化一个周期后（即每相经过360°电角度），其所产生的旋转磁场也正好旋转一周。故在两极电动机中旋转磁场的速度等于三相交流电的变化速度，即 $n_1=60f_1=3000\text{r/min}$。

（2）极对数 $p=2$ 时　当 $p=2$ 时，$2p=4$ 即为4极三相异步电动机，采用与前面相似的分析方法可知：当三相交流电变化一个周期（即每相经过360°电角度）时，4极电机的合成磁场只旋转了半周（即转过180°机械角度），所以在4极电机的旋转磁场的转速等于三相交流电的变化速度的一半，即 $n_1=\frac{60}{2}f_1=1500\text{r/min}$。

同上分析可知，当磁场极对数为 p 时，旋转磁场的转速为

$$n_1=\frac{60f_1}{p} \tag{2-1}$$

式中　f_1——交流电的频率，单位为Hz，我国工频频率 $f_1=50\text{Hz}$；

p——电动机的磁极数；

n_1——旋转磁场的转速，单位为r/min（转/分钟）。

旋转磁场的转速 n_1 又称为同步转速。

当 $p=1$ 时，$n_1=\frac{60f_1}{p}=\frac{60\times50}{1}\text{r/min}=3000\text{r/min}$

当 $p=2$ 时，$n_1=\frac{60f_1}{p}=\frac{60\times50}{2}\text{r/min}=1500\text{r/min}$

当 $p=3$ 时，$n_1=\frac{60f_1}{p}=\frac{60\times50}{3}\text{r/min}=1000\text{r/min}$

当 $p=4$ 时，$n_1=\frac{60f_1}{p}=\frac{60\times50}{4}\text{r/min}=750\text{r/min}$

……

可见：当供电频率和磁极对数一定时，同步转速为定值。

2.3　三相异步电动机的基本工作原理

1. 异步电动机的旋转原理

图2-8所示为一台三相异步电动机结构示意图。图中，U1U2、V1V2、W1W2为定子的三相对称绕组，转子（最内圈）上的6个小圆圈表示自成闭合回路的转子导体。

1）当在三相对称的定子绕组中通入三相对称的交流电流后，电动机内将产生一个旋转磁场，其转速为同步转速 n_1，方向为顺时针方向。

2）旋转磁场切割转子导体，根据电磁感应定律，转子导体中将产生感应电动势；由于转子导体自成闭合回路，因此该电动势将在转子导体中形成电流；其电动势、电流方向可用右手定则判定。

3）依据安培定律，有电流流过的转子导体在旋转磁场中将受到电磁力 $\boldsymbol{F}$ 的作用，其方向可用左手定则判定，如图中箭头所示，该电磁力 $\boldsymbol{F}$ 对转轴形成电磁转矩，带动异步电动机转子以转速 n 旋转。

由图2-8分析可知：电动机转子的旋转方向与旋转磁场的旋转方向一致。因此，要改变三相异步电动机的旋转方向只需改变旋转磁场的转向即可，即只要任意调换电动机两相绕组所接交流电源的相序，旋转磁场就会反转，电动机跟着反转。

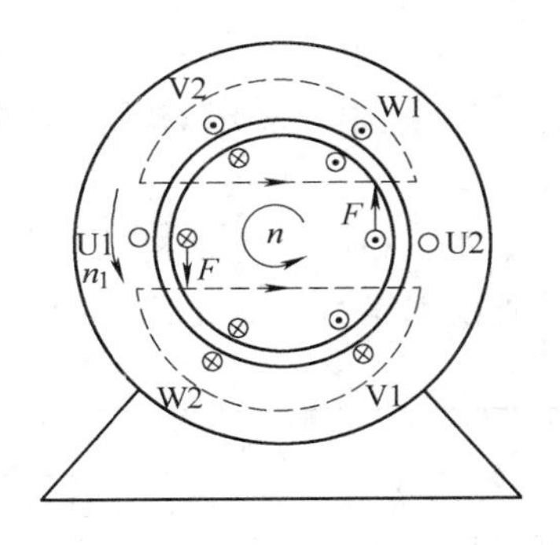

图2-8　三相异步电动机工作原理

2. 转差率 s

电动机转子的旋转方向虽然与旋转磁场的旋转方向一致，但转子的转速 n 一定小于旋转磁场的同步转速 n_1，这是因为若转子转速与旋转磁场转速相等，则转子导体与旋转磁场就是同转速同方向运动，它们之间无相对运动，转子导体中就不再产生感应电动势和感应电流，电磁力 $\boldsymbol{F}$ 将为零，转子就将减速。由此可知，转子总是以 $n<n_1$ 的转速运行，旋转方向与旋转磁场一致，因此，把这种交流电动机称作“异步”电动机；又因为异步电动机的转子电流是由电磁感应而产生的，因此，又称作“感应”电动机。

把异步电动机旋转磁场的转速，即同步转速 n_1 与电动机转速 n 之差称为转速差；转速差与旋转磁场转速 n_1 之比称为异步电动机的转差率，用 s 表示，即

$$s=\frac{n_1-n}{n_1} \tag{2-2}$$

转差率是表征异步电动机特性的一个重要参数。

1）当转子静止，即 $n=0$ 时，$s=1$。一般电动机刚开始起动的瞬间或电动机被堵转时，$n=0$。

2）当转子转速等于同步转速，即 $n=n_1$ 时，$s=0$。

3）电动机在正常状态下运行，即 $0<n<n_1$ 时，$0<s<1$。

4）当异步电动机在额定状态下运行时，其额定转速 n_N 与同步转速 n_1 较为接近，额定转差率 s_N 较小，约在0.01～0.06之间。

5）当异步电动机空载运行时，由于电动机只需克服空气阻力与摩擦阻力，故转速 n 与同步转速 n_1 相差甚微，转差率 s 很小，约为0.004～0.007。

例2-1　已知Y2—160M—4三相异步电动机的额定转速 $n_N=1460\text{r/min}$，电源频率 $f_1=50\text{Hz}$，求该电动机的同步转速 n_1 与额定转差率 s_N。

解： $2p=4$ 则电动机极对数 $p=2$，

由式（2-1）可得

同步转速 $$n_1=\frac{60f_1}{p}=\frac{60\times50}{2}\text{r/min}=1500\text{r/min}$$

再由式（2-2）可得额定转差率

$$s_N=\frac{n_1-n_N}{n_1}=\frac{1500-1460}{1500}=0.027$$

2.4 三相异步电动机的铭牌

在三相异步电动机的机座上均装有一块铭牌，见表 2-1。铭牌上标有该电动机的型号及主要技术参数，是正确选择、使用和检修电动机的依据。

表 2-1　三相异步电动机的铭牌

三相异步电动机			
型号 Y2—180L—8		功率 11kW	电流 25.1A
频率 50Hz	电压 380V	接法△	转速 746r/min
防护等级 IP44	效率 86.5%	功率因数 0.77	重量 184kg
工作制 SI	绝缘等级 F	标准编号	出厂年月
×××电机厂			

现将名牌内容分别说明如下。

1. 型号

三相异步电动机型号的表示方法采用大写英文字母和阿拉伯数字组成，用以表示电动机的种类、规格和用途等。型号含义如下：

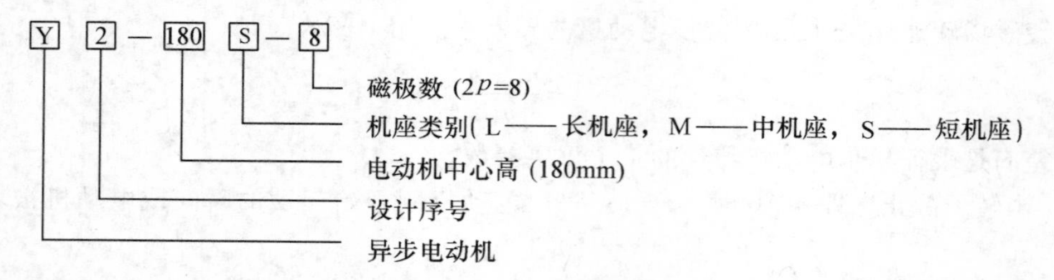

中心高越大，电动机的容量越大。其中，中心高为 80～315mm 的电动机为小型电动机；中心高为 315～630mm 的电动机为中型电动机；中心高在 630mm 以上的电动机为大型电动机。在同一中心高下，机座越长即铁心越长，电动机容量越大。

目前我国生产的异步电动机主要产品系列有：

Y 系列：一般用途的小型笼型全封闭自冷式三相异步电动机。

YR 系列：三相绕线转子异步电动机。

YD 系列：变极多速三相异步电动机。

YQ 系列：高起动转矩三相异步电动机，用在起动负载较大的机械上，如压缩机、粉碎机等。

YB 系列：防爆式笼型异步电动机。

2. 额定电压 U_N

电动机在铭牌上所规定的额定值和工作条件下运行称为额定运行。额定电压 U_N 表示电动机在额定工作状态下运行时，加在电动机定子绕组上的线电压，单位为 V。

3. 额定电流 I_N

指在额定状态下运行时，流入电动机定子绕组中的线电流，单位为 A。

4. 额定功率 P_N

指电动机在额定状态下运行时，转子轴上输出的机械功率，单位为kW。对于三相异步电动机，其额定功率为

$$P_N = \sqrt{3}U_N I_N \eta_N \cos\varphi_N \times 10^{-3} \tag{2-3}$$

式中 η_N——电动机的额定效率；

$\cos\varphi_N$——电动机的额定功率因数。

对于380V的低压三相异步电动机，其 $\cos\varphi_N$ 和 η_N 的乘积大致在0.8左右，代入式(2-3)中计算可得

$$I_N \approx 2P_N \tag{2-4}$$

由此可估算电动机的额定电流，即额定功率为1kW的三相异步电动机的额定电流约为2A。

5. 额定频率 f_N

在额定状态下运行时，电动机定子绕组所接电源的频率。

6. 额定转速 n_N

在额定状态下运行时电动机的转速，单位为r/min。

7. 接法

电动机定子三相绕组的连接方法，有星形（Y）和三角形（△）两种接法。

8. 防护等级

电动机外壳防护的方式。IP11是开启式，IP22、IP23是防护式，IP44是封闭式。IP后面第一个数字表示防尘等级，第二个数字表示防水等级，且数字越大表示防护能力越强。

9. 绝缘等级

电动机各绕组及其他绝缘部件所用绝缘材料的等级。绝缘材料按耐热性能可分为7个等级，见表2-2，常用的有B、F、H、C 4个等级。

表2-2 绝缘材料耐热性能等级

绝缘等级	Y	A	E	B	F	H	C
最高允许温度/℃	90	105	120	130	155	180	>180

10. 定额工作制

电动机在额定状态下运行时，按可以持续运行的时间和顺序，电动机定额分连续、短时和断续三种，分别用S1、S2、S3表示。

1）连续定额S1：表示电动机按铭牌规定的额定值工作时可以长期连续运行。

2）短时定额S2：表示电动机按铭牌规定的额定值工作时只能在规定的时间内短时运行。我国规定的短时运行时间分为10min、30min、60min及90min 4种。

3）断续定额S3：表示电动机按铭牌值工作时，运行一段时间就要停止一段时间，按一定周期重复运行。每一周期为10min，我国规定的负载持续率为15%、25%、40%及60% 4种（如标明60%则表示电动机工作6min就需休息4min）。

2.5 三相异步电动机的起动

电动机的起动是指接通电源后电动机由静止状态加速到稳定运行状态的过程。对三相异

步电动机起动性能的要求主要有以下两点。

1）起动电流要小，以减小对电网的冲击。

2）起动转矩要大，以加快起动过程、缩短起动时间。

笼型异步电动机的起动方法有两种：直接起动和减压起动。这里介绍直接起动。

所谓直接起动也称为全压起动。起动时，电动机定子绕组直接接入额定电压。这是一种最简单的起动方法，不需要复杂的起动设备，但是存在以下不足。

1）起动电流 I_{st}大。对于普通三相笼型异步电动机，起动电流倍数 $k_i = I_{st}/I_N = 4 \sim 7$。起动电流大的原因是在起动时 $n=0$、$s=1$，转子产生的感应电动势很大，所以转子电流很大，定子电流也必然很大。起动电流大的危害是：① 在电网上造成较大的电压降从而使供电电压下降，影响在同一电网上其他用电设备的正常工作；② 造成正在起动的电动机起动转矩减小、起动时间延长甚至无法起动。

2）起动转矩 T_{st}不大。普通三相笼型异步电动机，起动转矩倍数 $k_{st} = T_{st}/T_N = 1 \sim 2$。三相异步电动机起动时，虽然起动电流很大，但由于起动时功率因数很低，因此电动机的起动转矩并不大。

可见，异步电动机起动的主要问题是起动电流大而起动转矩并不大。这样的起动性能是不理想的，因此，直接起动一般只在小功率电动机中使用，如 7.5kW 以下的电动机可采用直接起动。如果电网容量很大，也可允许功率较大的电动机直接起动，否则应采用减压起动，这将在后面的章节介绍。

2.6 单相异步电动机

单相异步电动机是利用单相交流电源供电的一种小容量交流电机。由于它结构简单、成本低廉、运行可靠、维护方便，并且可以直接在单相 220V 交流电源上使用，因此被广泛用于办公场所、家用电器等方面，在工、农业生产及其他领域中的应用也越来越广泛，如电风扇、洗衣机、电冰箱、吸尘器、电钻、小型鼓风机、小型机床、医疗器械等均需要单相异步电动机驱动。

单相异步电动机可分为两大类：一类是由单相交流电源供电的单相异步电动机，这是目前应用最为广泛的单相电动机；另一类是串励电动机，它可在相同电压的单相交流电源或直流电源上使用，因此又称为交直流两用电动机。交直流两用电动机的结构与直流电动机相似，最大特点是转速高（可高达 20000 ~ 25000r/min）、机械特性软（随着负载转矩增加，其转速下降显著），因此特别适用于手电钻、电动吸尘器、小型机床等方面。

单相异步电动机的不足之处是与同容量的三相异步电动机相比，它的体积较大、运行性能较差、效率较低。因此一般只制成小型和微型系列，容量在几十瓦到几百瓦之间，千瓦级的单相异步电动机较少见。

1. 单相异步电动机的结构和工作特点

单相异步电动机的结构和三相异步电动机大体相似，即由定子和转子两大部分组成，其工作原理是载流导体在磁场中受力而旋转。但由于单相异步电动机往往与它所拖动的设备组合成一个整体，因此其结构各异。最典型的结构是它的转子为笼型结构，定子采用在定子铁心槽内嵌放单相定子绕组的方式，如图 2-9 所示。

下面首先来分析在单相定子绕组中通入单相交流电后产生磁场的情况。

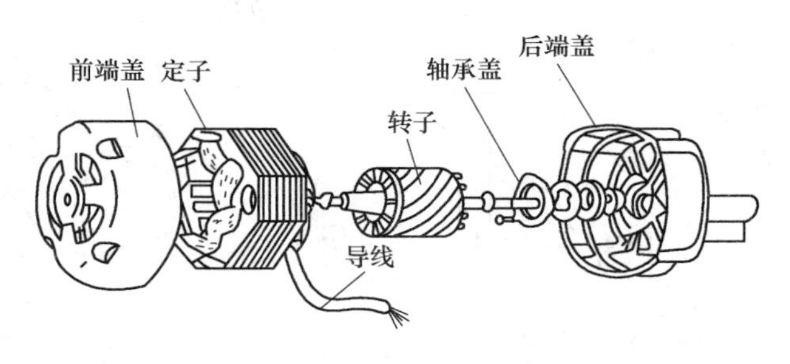

图 2-9 单相异步电动机的结构

如图 2-10 所示，假设在单相交流电的正半周时电流从单相定子绕组的左半侧流入、右半侧流出，则由电流产生的磁场如图 2-10b 所示。该磁场的大小随电流的大小而变化，方向保持不变。当电流过零时，磁场也为零；当电流变为负半周时，则产生的磁场方向也随之发生变化。由此可见向单相异步电动机定子绕组通入单相交流电后，产生的磁场大小及方向在不断变化，但磁场的轴线却固定不变，这种磁场称为脉动磁场。

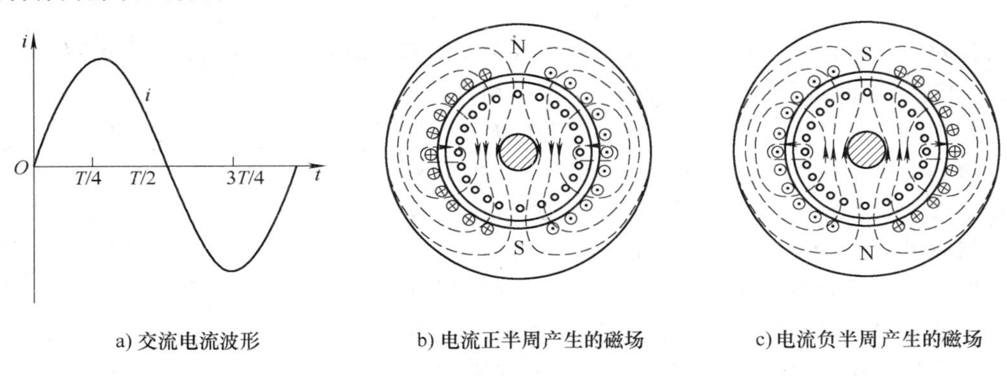

a) 交流电流波形　　b) 电流正半周产生的磁场　　c) 电流负半周产生的磁场

图 2-10 单相脉动磁场的产生

由于磁场只是脉动而不旋转，单相异步电动机的转子如果原来静止不动，则在脉动磁场作用下转子导体与磁场之间没有相对运动，从而不会产生感应电动势和电流，也就不存在电磁力的作用，因此转子仍然静止不动，即单相异步电动机没有起动转矩，不能自行起动。这是单相异步电动机的一个主要缺点。如果用外力拨动一下电动机的转子，转子导体就会切割定子脉动磁场，从而有感应电动势和感应电流产生，并将在磁场中受到电磁力的作用，与三相异步电动机转动原理一样，转子将顺着拨动的方向转动起来。因此要使单相异步电动机具有实际使用价值，就必须解决起动问题。根据起动方法的不同，单相异步电动机一般可分为电容分相式、电阻分相式和罩极式。下面介绍电容分相式单相异步电动机。

2. 电容分相式单相异步电动机

如图 2-11 所示，向在空间相差一定电角度（一般为 90°）的两相定子绕组通入在时间上相差一定电角度的两相交流电，由分析可以得出其合成磁场也是旋转磁场。电容分相式单相异步电动机就是根据这个原理工作的。在电动机定子铁心上嵌放有两套绕组，即工作绕组 U1、U2（又称主绕组）和起动绕组 Z1、Z2（又称副绕组）。它们的结构相同，但在空间的嵌放位置相差 90°电角度。在起动绕组中串入电容器 C 后与工作绕组并联接在单相交流电源上，适当选择电容器 C 的容量，使流过工作绕组中的电流 I_U 与流过起动绕组中的电流 I_Z 在时间上相差约 90°电角度，就满足了旋转磁场的产生条件，在定子、转子及气隙间产生一个旋转磁场。单相异步电动机的笼型转子在该旋转磁场的作用下，获得起动转矩而旋转。

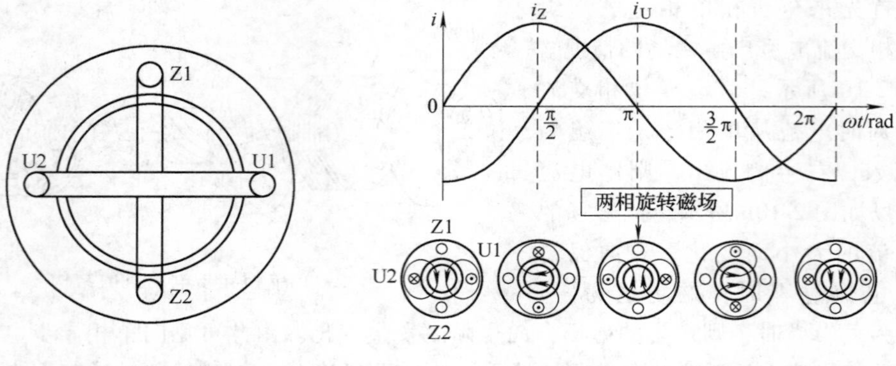

a) 两相定子绕组　　　　b) 电流波形及两相旋转磁场

图 2-11　两相旋转磁场的产生

电容分相式单相异步电动机可根据起动绕组是否参与运行而分成三类，即电容运转单相电动机、电容起动单相电动机和双电容单相电动机。

（1）电容运转单相电动机　前已叙述在单相异步电动机的单相定子绕组中通入单相交流电所产生的磁场是脉动磁场，如果转子绕组原来静止，则转子导体不会切割磁感线，就没有感应电流及起动转矩产生，单相异步电动机不能自行起动。如用外力拨动转子使之旋转，则转子导体将切割磁感线而按拨动的方向继续旋转。因此电容分相单相异步电动机中的起动绕组与电容器支路只在电动机起动瞬间起作用，当电动机一旦转起来以后，它的存在与否就不重要了。电容运转单相电动机是指起动绕组及电容器始终参与工作的电动机，其电路图如图 2-12 所示。

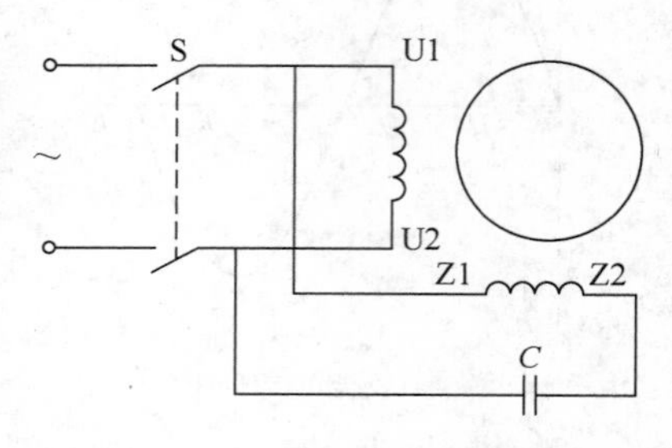

图 2-12　电容运转单相电动机

电容运转单相电动机结构简单、使用维护方便，只要任意改变起动绕组（或工作绕组）首端和末端与电源的接线，即可改变其旋转方向，从而实现电动机的反转。电容运转单相电动机常用于电风扇、电冰箱、洗衣机、空调器、通风机、录音机、复印机、电子仪表仪器及医疗器械等各种空载或轻载起动的设备上。

电容运转单相电动机是应用最广泛的单相异步电动机。

（2）电容起动单相电动机　这类电动机的起动绕组和电容器只在电动机起动时起作用，当电动机起动即将结束时，起动绕组和电容器将从电路中切除。

起动绕组的切除可以在电路中串联离心开关 S 来实现，如图 2-13 所示。电动机静止时，离心开关 S 是闭合的，这样就使起动绕组与电源接通，电动机开始起动。当电动机转速达到一定数值后，离心开关 S 断开，起动绕组从电源上切除，电动机起动结束，投入正常运行。

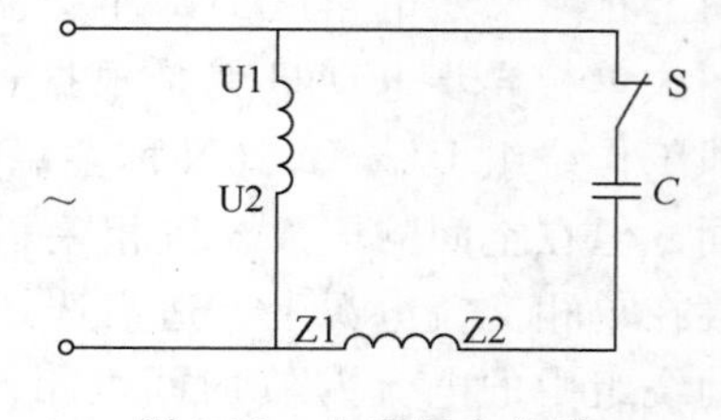

图 2-13　电容起动单相异步电动机

电容起动单相电动机与电容运转单相电动机相比较，前者的起动转矩较大，起动电流也相应较大，因此适用于小型空气压缩机、电冰箱、磨粉机、医疗机械、水泵等满载起动的设备中。

（3）双电容单相电动机　为了综合电容运转单相电动机和电容起动单相电动机各自的优点，近来又出现了一种电容起动、电容运转单相电动机（简称双电容单相电动机），即在起动绕组上接有两个电容 C_1 及 C_2，如图2-14所示。其中电容 C_1 仅在起动时接入，电容 C_2 则在运转的全过程中接入。这类电动机主要用于要求起动转矩大、功率因数较高的设备上，如电冰箱、空调器、水泵、小型机车等。

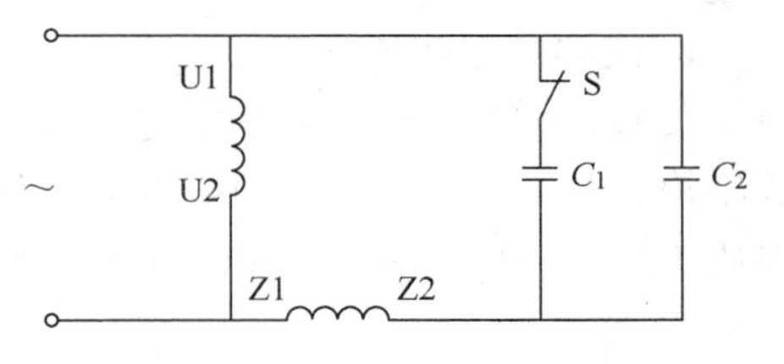

图2-14　双电容单相电动机

2.7　步进电机

步进电机是用电脉冲信号控制并将电脉冲信号转换成相应角位移或线位移的控制电机。它的运动形式与普通匀速旋转的电动机有一定差别：输入一个电脉冲，它就移进一步，所以称步进电机；又因其绕组上所加的为脉冲电源，因此又称为脉冲电动机。步进电机能快速起动、反转和制动，有较宽的调速范围，不受电压、负载及环境条件变化的影响，在数控技术、自动绘图设备、自动计量设备、工业设施的自动控制、家用电器等许多领域都得到了广泛的应用。

2.7.1　步进电机的类型

步进电机的种类很多，常见的分类方式有以下几种。

1. 按力矩产生的原理分

1）反应式步进电机：其定子由铁心及励磁绕组构成，转子无励磁绕组，靠定子绕组励磁后产生的反应力矩来实现转子的步进运动。

2）励磁式步进电机：定子及转子均有励磁绕组（或转子用永久磁铁），靠定子与转子之间的电磁力矩来实现转子的步进运动。

3）混合式步进电机：定子由铁心及励磁绕组构成，转子由两段相差一定齿距的永久磁铁组成，靠定、转子的共同作用实现转子的步进运动。

2. 按运动方式分

1）旋转型步进电机：电动机作旋转运动。

2）直线型步进电机：电动机作直线运动。

3. 按输出力矩的大小分

1）伺服型步进电机：只用来驱动较小的负载，一般需与液压机构配合使用才能驱动机床工作台等较大负载。

2）功率型步进电机：输出功率较大，可直接用于驱动较大负载。

此外步进电机还可按定子绕组相数的不同分三相、四相、五相、六相步进电机等。

2.7.2　反应式步进电机

反应式步进电机是利用磁阻转矩使转子转动的，是我国目前生产及使用最广泛的步进电机之一。

1. 三相单三拍运行

如图 2-15 所示，反应式步进电机的定子及转子铁心均由硅钢片叠成。其中定子为凸极式结构，在 6 个均匀分布的磁极上分别安装有三相励磁绕组（称控制绕组），三相励磁绕组接成三角形联结；转子有 4 个均匀分布的齿，上面无绕组。

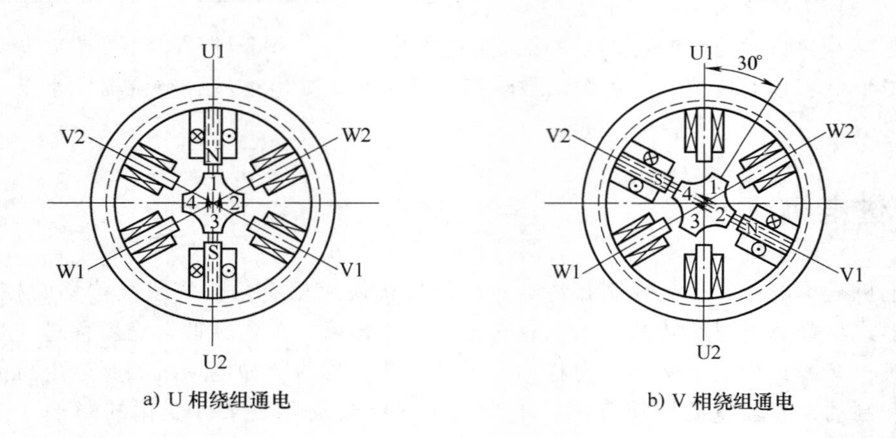

图 2-15　反应式步进电机工作原理图

步进电机工作时，定子各相绕组轮流通电（即轮流输入脉冲电压）。假设向图 2-15a 所示电动机的 U 相绕组通入电脉冲时，气隙中产生一个沿 U1U2 轴线方向的磁场。由于磁通总是沿磁阻最小的路径闭合，磁场产生的磁拉力使转子铁心齿 1、3 与 U 相绕组轴线 U1U2 对齐。如将电脉冲由 U 相绕组转换到 V 相绕组，则根据同样的原理，磁拉力将使转子铁心齿 2、4 与 V 相绕组轴线 V1V2 对齐，即转子按顺时针方向转过 30°。如果将电脉冲加到 W 相绕组上，按同样的分析方法，转子又将按顺时针方向转过 30°。由此可以得到如下规律：如定子三相绕组按 U→V→W→U→……的顺序轮流通电，则转子就按顺时针方向一步一步地转动，且每一步转过 30°。每一步转过的角度称为步距角 θ，从一相通电转换到另一相通电称为一拍，可见每一拍转子转过一个步距角。如果通电的顺序改为 U→W→V→U→……，则步进电机将反方向一步步转动。电动机转速取决于通入电脉冲的频率，频率越高转速越快。

上述通电方式称为三相单三拍运行。“单”是指每次只有一相绕组通电，“三拍”是指一个循环只换三次。这种运行方式在实际应用中，由于切换时在一相控制绕组断电而另一相控制绕组通电的交替时刻容易造成失步，另外由单一控制绕组通电吸引转子也容易造成转子在平衡位置附近产生振荡，故运行稳定性较差，实际中很少应用。

2. 三相双三拍运行

为了克服三相单三拍运行的缺点，可将其改为三相双三拍，即通电方式按 UV→VW→WU→UV 顺序进行，每次有两相绕组同时通电，如图 2-16a、c 所示。当 UV 两相同时通电时，磁场轴线与未通电的 W 相绕组 W1W2 对齐，此时转子齿 1、2（及齿 3、4）间的槽轴线与 W1W2 轴线对齐，如图 2-16a 所示。当 VW 两相同时通电时，转子齿 2、3（及齿 4、1）间的槽轴线与 U1U2 轴线对齐，如图 2-16b 所示。可见双三拍运行与单三拍运行相同，步距角仍为 30°。

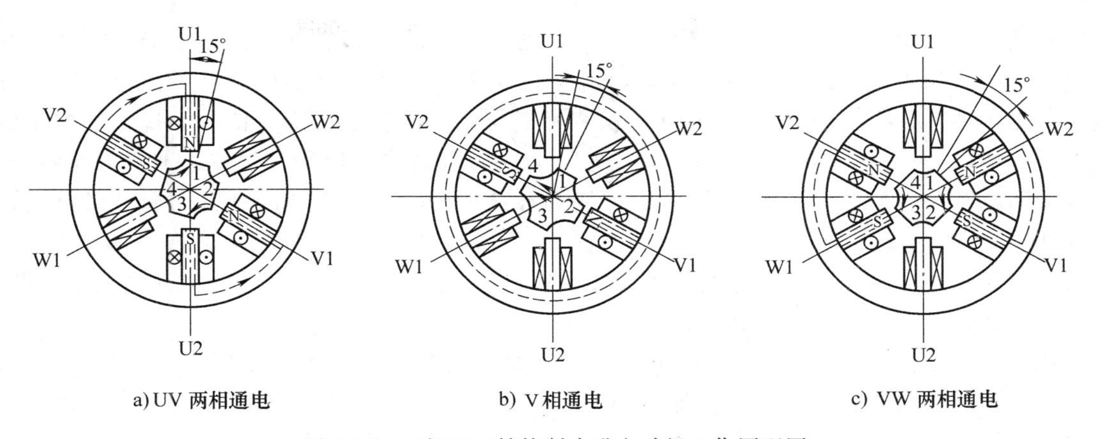

图 2-16 三相双三拍控制步进电动机工作原理图

3. 三相六拍运行

图 2-16b 所示为反应式步进电机三相六拍运行的工作原理图。它的通电顺序为 U→UV→V→VW→W→WU→U→……，即每一循环共六拍，其中三拍为单相通电，三拍为两相通电。单相通电时的情况与前面叙述的三相单三拍控制一样，而当 UV 两相通电时，转子齿 3、4 间的槽轴线与 W1W2 轴线对齐，即一拍转过 15°。同理当 V 相通电时，转子齿 2、4 间的槽轴线与 V1V2 轴线对齐，转子又转过 15°，故三相六拍通电时步距角为 15°。

上面讨论的步进电机其步距角都比较大，往往不能满足传动设备对精度的要求。为了减小步距角，步进电机的实际结构是将定子的每一个极分成许多小齿，转子也由许多小齿组成，如图 2-17 所示为最常用的一种具有小步距角结构形式的三相反应式步进电机。其定子上有 6 个极，上面装有控制绕组且连成 U、V、W 三相。转子上均匀分布 40 个齿。定子每个极面上也各有 5 个齿，而且齿距都相同。当 U 相控制绕组通电时，电动机中产生沿 U 极轴线方向的磁场，转子受到磁阻转矩的作用而转动，直至转子齿和定子 U 极面上的齿对齐为止。因转子上共有 40 个齿，每个齿的齿距为 9°，而每个定子磁极的极距为 60°，所以每一个极距所占的齿距数不是整数。从图 2-17b 给出的步进电机定、转子展开图中可以看出，当 U 极面下的定、转子齿对齐时，V 极和 W 极极面下的齿就分别和转子齿相错$\frac{1}{3}$的转子齿距，即 3°。

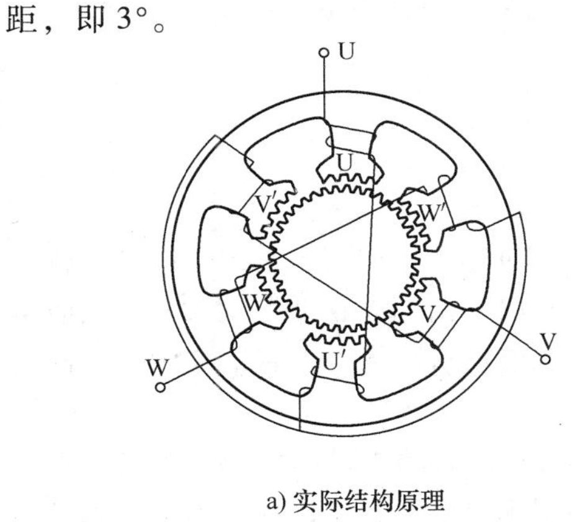

a) 实际结构原理

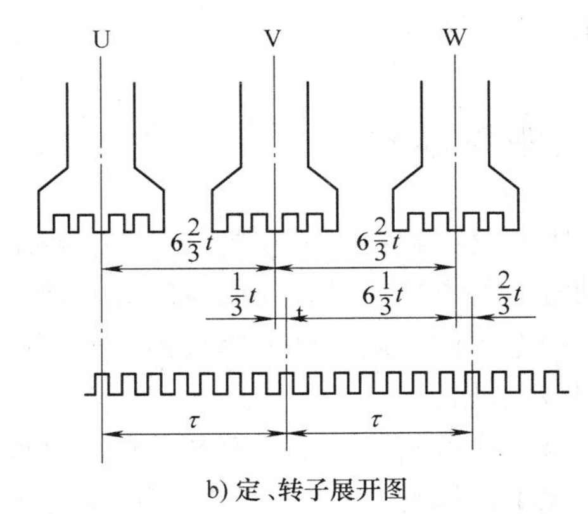

b) 定、转子展开图

图 2-17 小步距角的三相反应式步进电机

若断开 U 相绕组而 V 相绕组通电，这时电机中产生沿 V 极轴线方向的磁场。同理，在磁阻转矩的作用下，转子按顺时针方向转过 3°，使定子 V 极面下的齿和转子齿对齐，相应定子 U 极和 W 极面下的齿又分别和转子齿相错三分之一的转子齿距。依次类推，当控制绕组按照 U→V→W→U 的顺序循环通电时，转子就沿顺时针方向以每一拍转过 3°的方式转动。若改变通电顺序，即按 U→W→V→U 的顺序循环通电，转子便沿逆时针方向同样以每拍转过 3°的方式转动。

若采用三相六拍通电方式进行，即按 U→UV→V→VW→W→WU→U 的顺序循环通电，步距角也将减小一半，即每拍转子仅转过 1.5°。

从上面的分析可看出，无论是三相单三拍还是三相双三拍，都是转子走三步前进一个齿距角，每走一步前进三分之一步距角（即齿距角）；三相六拍时，则转子走六步才前进一个步距角，而每走一步前进六分之一步距角。可见，步进电机的步距角可按下式计算

$$\theta = \frac{360°}{mZ}$$

式中　Z——转子的齿数；

　　m——运行的拍数。

如上面分析的步进电机，$Z=40$，采用单三拍或双三拍运行，则

$$\theta = \frac{360°}{3 \times 40} = 3°$$

当采用六拍运行时，则

$$\theta = \frac{360°}{6 \times 40} = 1.5°$$

如果脉冲频率为 f，则步进电机的转速为

$$n = 60\,\frac{\theta f}{2\pi} = \frac{60f}{mZ}$$

式中　f——脉冲频率，单位为 Hz；

　　θ——步距角，单位为 rad；

　　n——转速，单位为 r/min。

步进电机除了三相的以外，也可以制成两相、四相、五相、六相或更多相的。相数越多，步距角越小，但脉冲电源也越复杂，成本也越高。另外还有励磁式、混合式步进电机，这里就不再一一介绍了。

2.8　伺服电动机

伺服电动机又称执行电动机，在自动控制系统中作为执行元件使用。它的作用是将输入伺服电动机中的电压信号转换成电动机转轴上的速度及转向输出，以驱动控制对象。伺服电动机按使用电源的不同可分为交流伺服电动机和直流伺服电动机两大类。目前应用较广泛的是直流伺服电动机。

近年来，随着电子技术的发展及自动化程度的不断提高，伺服电动机的应用范围日益扩大，要求也不断提高，出现了许多新的结构形式，如印制绕组电枢直流伺服电动机、无刷直流伺服电动机、无槽电枢直流伺服电动机等。

伺服电动机虽然种类繁多，用途也日益广泛，但自动控制系统对它的基本要求可归结如下：

1）较宽的调速范围：即要求伺服电机的转速在较宽的范围内能随着控制电压的改变而可连续调节。

2）线性的机械特性和调节特性：要求伺服电动机的转速随转矩的变化或控制电压的变化呈线性关系。

3）快速响应：要求伺服电动机的转速能随着控制电压的变化而迅速变化。

4）无“自转”现象：要求控制电压消失，伺服电动机立刻停转。

下面介绍交流伺服电动机。

交流伺服电动机又称两相伺服电动机，它的结构与电容运行单相异步电动机相似，也有在空间互差90°的两相绕组：一组为励磁绕组f，它与电容C串联后接至交流励磁电源u_f；另一组为控制绕组c，外加的控制电压作为其输入信号，如图2-18所示。加在控制绕组上的电压u_c必须与励磁电源电压u_f的频率相同。选择适当的电容C的数值，使两个绕组中的电流i_c和i_f相位差接近90°，这两相电流就在电动机定子内部空间产生一个旋转磁场。在该旋转磁场作用下，产生转矩而驱使交流伺服电动机的转子转动。

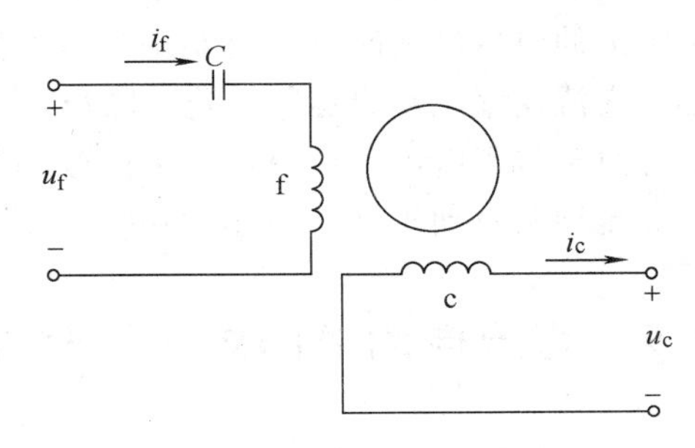

图2-18 交流伺服电动机

对交流伺服电动机的要求是控制快速、灵敏、准确，且无自转现象。具体来讲就是当加上控制电压u_c时，电动机立即旋转并迅速达到稳定状态运行。当取消控制电压u_c时，电动机立即停转。要达到这两个要求必须尽量减小转子的转动惯量和增大转子的电阻。因此虽然交流伺服电动机的定子结构与电容运行单相异步电动机相似，但转子结构形式却不同。交流伺服电机转子目前主要有下列两种结构形式：一种是笼型转子结构，其转子细而长，而且导条和端环均采用高电阻材料（如青铜）制成；另一种形式是采用铝合金或铜等非磁性材料制成空心杯转子，如图2-19所示。空心杯转子结构的交流伺服电动机定子有内外两个铁心，均用硅钢片叠成；定子绕组装在外定子上，内定子铁心上一般不放绕组，只作为闭合磁路的一部分，用以减小磁路的磁阻；薄壁型的空心杯转子位于内、外定子之间，用转子支架固定在转轴上。由于转子质量小，转动惯量也小，所以这种交流伺服电动机能迅速而灵敏地起动和停转，反应迅速。

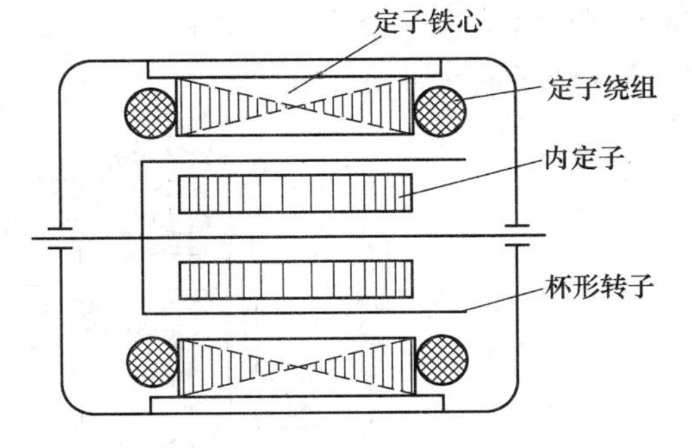

图2-19 空心杯转子

当负载转矩一定时，可以通过调节加在控制绕组c上的信号电压的大小及相位来改变交流伺服电动机转速。因此，交流伺服电动机的控制方式可分类以下三种。

（1）幅值控制　这种控制方式通过调节u_c的大小来改变电动机的转速，而控制电压u_c与励磁电压u_f之间始终保持90°的相位差。当控制电压$u_c=0$时电动机停转，控制电压越大电动机转速越高。

（2）相位控制　这种控制方式通过调节控制电压的相位（即控制电压与励磁电压之间的相位差）来改变电动机的转速，在控制过程中控制电压的幅值保持不变。当相位差为零时，电动机停转，相位差增大，则电磁转矩增大，从而使电动机转速增加。这种控制方式一般很少用。

（3）幅值—相位控制　这种控制方式是将励磁绕组串联电容 C 以后接到稳压电源上，通过调节控制电压 u_c 的幅值来改变电动机的转速，同时励磁电压和控制电压之间的相位差也随之改变，称为幅值—相位控制。这种控制方式设备简单、成本较低，因此是应用最广泛的一种控制方式。

伺服电动机转向的改变是靠改变加在控制绕组上控制电压的相位来实现的。当加在控制绕组上的电压反向时（保持励磁电压不变），由于旋转磁场的转向改变，电动机反转。

交流伺服电动机运行平稳、噪声小、反应迅速、灵敏，但由于其机械特性是非线性的，而且由于转子电阻大使得损耗大、效率低，一般只用于 0.5～100W 小功率控制系统中。国产交流伺服电动机型号为 SL 系列和 ADP 系列。

2.9 直流电动机的结构、分类及工作原理

2.9.1 直流电动机的结构

直流电动机按其输出功率的大小及使用场合的不同可分普通标准系列和微型系列两大类。

图 2-20 所示分别为普通系列一般用途的 Z2 和 Z4 系列直流电动机外形图，其中 Z4 系列直流电动机上边部分为给电动机进行冷却用的骑式鼓风机。就其结构而言，直流电动机也由定子和转子两大部分组成。

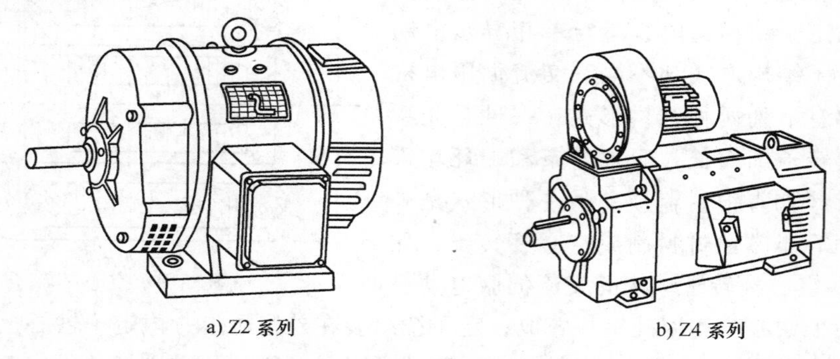

a) Z2 系列　　b) Z4 系列

图 2-20　直流电动机的外形图

直流电动机各主要部件的结构与作用如下。

1. 定子

电动机中静止不动的部分称为定子，包括机座、前端盖、后端盖、主磁极、换向磁级、电刷装置等部分，如图 2-21 所示。

（1）机座　一方面机座作为电动机的磁路，另一方面在其上安装主磁极、换向磁极和前后端盖等部件，起到固定、支撑的作用。机座一般为铸钢件，小功率直流电动机的机座也可以用无缝钢管加工而成。

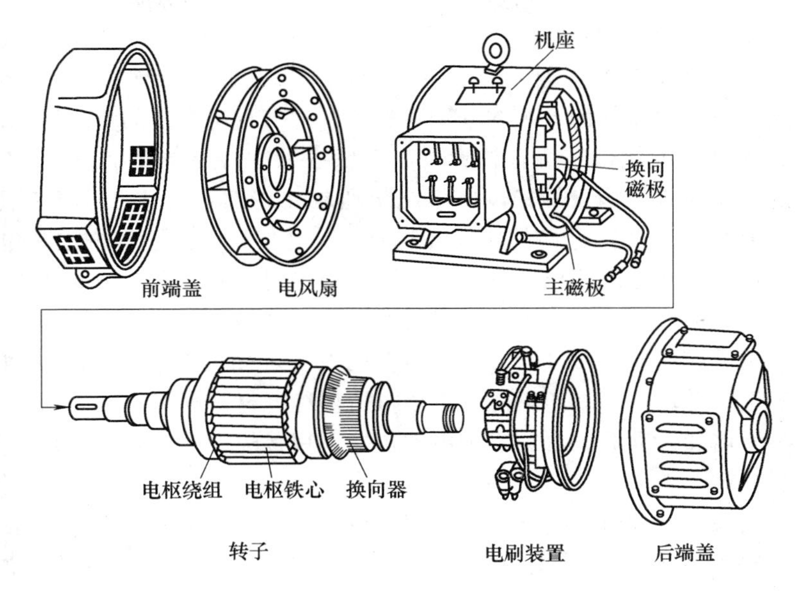

图 2-21　直流电动机的结构示意图

（2）主磁极　其作用是产生主磁场。永磁电动机的主磁极直接由不同极性的永久磁体组成，励磁电动机的主磁极则由主磁极铁心和主磁极绕组两部分组成。

1）主磁极铁心。主磁极铁心是电动机磁路的一部分。由于电枢旋转时其铁心上的槽与齿相对于主磁极铁心在不断地变化，因此磁路的磁阻也在不断变化，从而在主磁极铁心中将引起涡流产生涡流损耗。为减小此损耗，主磁极铁心一般用 1 ~ 1.5mm 薄钢板冲制成型后，再用铆钉铆紧成为一个整体，最后用螺钉将其固定在机座上。

2）主磁极绕组。将主磁极绕组通入直流电流，可产生励磁磁通势。小型电动机的主磁极绕组用绝缘漆绝缘的铜线绕制而成，大中型电动机的主磁极绕组则用扁铜线绕制。主磁极绕组在专用设备上绕好并经过绝缘处理后，安装于主磁极铁心上。

（3）换向磁极。换向磁极用来产生换向磁场以改善直流电动机的换向性能。换向是一个相当复杂的过程，在换向时将在电刷与换向器的接触面上产生火花，给电动机的运行带来不利，因此在一般的直流电动机上大都加装换向磁极来减小火花，改善电动机的换向性能。换向磁极由换向磁极铁心和换向磁极绕组组成。

（4）前、后端盖。用来安装轴承和支撑整个转子的重量，一般为铸钢件。

（5）电刷装置。通过电刷与换向器表面之间的滑动接触，将电枢绕组中的电流引入或引出。

电刷装置一般由电刷、刷握、刷杆、刷杆座等部分组成。对电刷的要求是既要有良好的导电性能，又要有良好的耐磨性，因此电刷一般用石墨粉压制而成。电刷放置在电刷盒内，并用弹簧把电刷压紧在换向器上。刷握固定在刷杆上，电刷盒是刷握的主要部分，刷杆则固定于刷杆座上，构成一个整体部件。

2. 转子

转子通称为电枢，是电动机的旋转部分，由电枢铁心、电枢绕组、换向器、风扇等部分组成。

（1）电枢铁心　电枢铁心是磁路的一部分，在其槽内嵌放电枢绕组。电枢铁心不断地在N极和S极下旋转，使通过电枢铁心中的磁通大小及方向都在不断地变化，因此在电枢铁心中将产生磁滞及涡流损耗。为了减小磁滞及涡流损耗，电枢铁心一般选用0.5mm厚、表面涂有绝缘层的硅钢片叠压而成。在硅钢片的外圆冲有均匀分布的槽，用以嵌放电枢。

（2）电枢绕组　电枢绕组是所有放置在电枢铁心槽中线圈的总称，它用来产生感应电动势并通过电流，实现机电能量转换。电枢绕组通常是用圆形（用于小容量电动机）或矩形（用于大、中容量电动机）截面的导线绕制而成，并按一定的规律嵌放在电枢铁心槽内，同时利用绝缘材料进行线匝之间以及整个电枢绕组与电枢铁心之间的绝缘。为了防止电枢旋转时离心力的作用而使绕组飞散出来，槽口处用绝缘材料做成槽楔将绕组压紧。伸出槽外的绕组端接部分，用无纬玻璃丝带绑紧。绕组端头则按一定规则嵌放在换向器铜片（换向片）靠近绕组一端的槽，并用锡焊焊牢。随着电动机所用绝缘材料耐热等级的提高，电动机允许的发热温度也不断增加，因此，目前不少电动机已不用锡焊而改用氩弧焊焊接（一般对于F级以上绝缘材料）。

由直流电动机工作原理可以知道，为了使电枢绕组中每一个线圈的两个有效边产生最大的电磁转矩，应将两个有效边分别置于不同的磁极之下，亦即两个有效边的间距应等于（或接近等于）一个磁极的距离。

（3）换向器　换向器的作用是将电枢绕组中的交流电动势和电流转换成电刷间的直流电动势和电流。换向器由铜片和云母片一片隔一片均匀地排成圆形，再压装而成。

（4）转轴　转轴用来传递转矩。为了使直流电动机能安全、可靠地运行，转轴一般用合金钢锻压加工而成。

（5）风扇　风扇是用来降低电动机在运行中的温升。

2.9.2 直流电动机的工作原理

直流电动机是依据载流导体在磁场中受力而旋转的原理制造的。通常磁场由主磁极产生，是固定不动的，而电枢绕组通过换向器与电刷相接触，如图2-22所示。电枢绕组以线圈ab边和cd边表示，分别与两个互相绝缘的半圆形铜环即换向器相连，而电刷A和B用弹簧压在换向器上。电刷A、B固定不动，并分别与外电源的正极和负极相连。对应于图2-22a所示的位置，导体ab通过换向器与电刷A（+）接触，而导体cd则通过换向器与电刷B（-）接触，导体中的电流方向如图中的箭头所示。根据左手定则，可以判断出导体将受电磁力的作用，而使整个线圈abcd绕轴旋转。当转过180°到达图2-22b所示位置时，导体ab处于S极下，而导体cd则处于N极下，与导体cd相接的换向器与电刷A（+）接触，与导体ab相连的换向器与电刷B（-）接触。对照图2-22a和b可以看出，位于相同磁极下的导体虽然发生了变化，但由于电刷及换向器的作用使磁极下导体中的电流方向保持不变，即作用力的方向不变，因此线圈将继续沿顺时针方向旋转，故电动机能连续运转。由此可以归纳出直流电动机的工作原理：直流电动机在外加直流电源的作用下，在可绕轴转动的导体中产生电流，载流导体在磁场中受到电磁力的作用而旋转，借助于电刷和换向器的作用，使电动机连续运转，从而将电能转换为机械能。

由此分析可知，在位于磁极下的导体ab和cd上产生电磁转矩，这两个导体通常称为有效边；而线圈的另外两条边，即bc和ad在磁极的两端，不产生电磁转矩，只起连接的作用，通常称为端接。

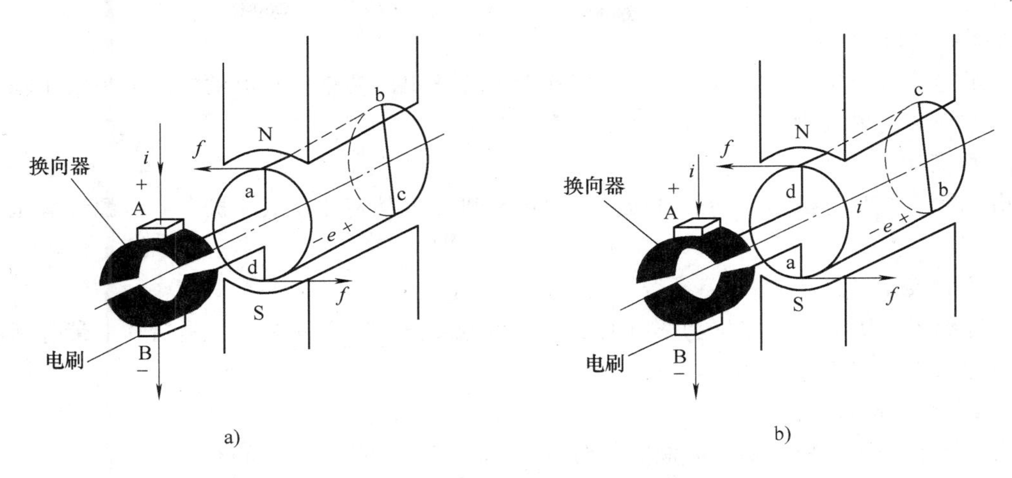

图 2-22 直流电动机工作原理示意图

根据物理学中的电磁感应原理，若用外力使导体 abcd 绕轴旋转，则导体 abcd 将切割磁感线而产生感应电动势，并通过电刷 A、B 向外电路提供直流电能，这就是直流发电机的工作原理。

由以上分析可见，直流电机的运行是可逆的，即一台直流电机既可作为直流发电机运行，又可作为直流电动机运行。输入机械转矩使电机旋转而产生感应电动势，是将机械能转变为直流电能输出，直流电机作为直流发电机运行。反之，当输入直流电能，产生电磁转矩而使电动机旋转时，则是将电能转变为机械能输出，此时直流电机即作为直流电动机运行。

2.9.3 直流电动机的铭牌和分类

每台直流电动机的机座上都有一块铭牌，见表 2-3。铭牌上标注的数据称为额定值，额定值是正确使用和选择直流电动机的依据。

表 2-3 直流电动机的铭牌

直流电动机		
型号 Z4—200—21	功率 75kW	电流 180A
电压 440V	额定转速 1500r/min	励磁方式 他励
励磁功率 1170W	重量 515kg	定额 S1
绝缘等级 F	标准编号	出厂年月
×××电机厂		

1. 型号

型号各代码含义如下。

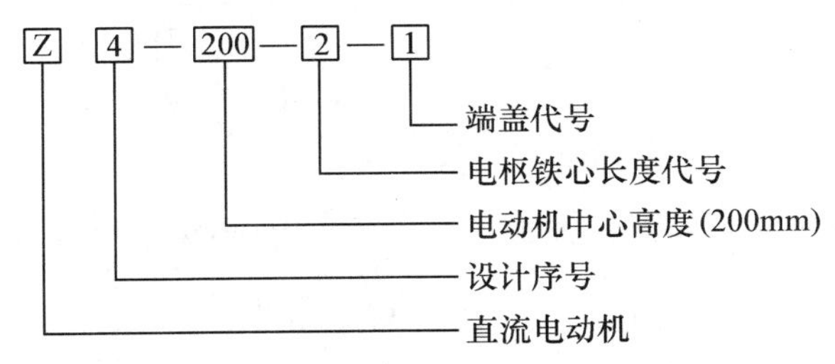

2. 额定功率 P_N

表示电机按规定方式在额定状态下工作时所能输出的功率。对电动机而言是指其轴上输出的机械功率，单位为 W 或 kW。

3. 额定电压 U_N

指正常工作时电机出线端的电压值。对电动机而言是指加在电动机上的电源线电压，单位为 V。

4. 额定电流 I_N

对应额定电压、额定输出功率时的定子绕组电流值。对电动机而言是指轴上带有额定负载时的输入电流，单位为 A。

5. 额定转速 n_N

指电压、电流和输出功率为额定值时电动机的转速，单位为 r/min。

6. 励磁方式及直流电动机分类

励磁方式指直流电动机主磁场产生的方式。直流电动机主磁场的获得通常有两种方式：一种是用永久磁铁产生主磁场；另一种是通过给励磁绕组通入直流电产生主磁场，并根据主磁极绕组与电枢绕组连接方式的不同，直流电动机可分为他励、并励、串励、复励电动机。

1）永磁电动机。最初永磁电动机仅为功率很小的电动机。20 世纪 80 年代起，钕硼永磁材料的发现使永磁电动机的功率从毫瓦级发展到 1000kW 以上。目前制作永磁电动机的永磁材料主要有铝镍钴、铁氧体及稀土等三类。用永磁材料制作的直流电动机又可分为有刷和无刷两类。永磁电动机具有体积小、结构简单、质量轻、损耗低、效率高、节约能源、温升低、可靠性高、使用寿命长、适应性强等突出优点。使得其应用越来越广泛。它在军事应用上占绝对优势，几乎取代了绝大部分电磁电动机；其他方面的应用包括汽车用永磁电动机、电动自行车用永磁电动机、直流变频空调用永磁电动机等。

2）他励电动机。其励磁绕组由单独的直流电源供电，如图 2-23a 所示。

3）并励电动机。其励磁绕组与电枢绕组并联，如图 2-23b 所示。此时加在这两个绕组上的电压相等，而流过电枢绕组的电流 I_a 和流过励磁绕组的电流 I_f 则不同，总电流 $I = I_a + I_f$。

4）串励电动机。励磁绕组与电枢绕组串联，如图 2-23c 所示。此时流过两个绕组中的电流相等。

5）复励电动机。励磁绕组有两组，一组与电枢绕组串联，另一组与电枢绕组并联，如

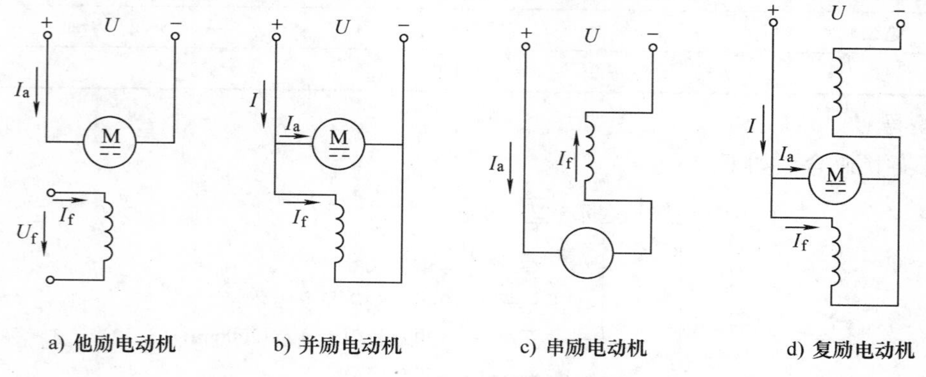

图 2-23 直流电动机的励磁方式

图2-23d所示。

若复励电动机的两组励磁绕组产生的磁通方向一致，则该电动机称为积复励电机；若产生的磁通方向相反，则该电动机称为差复励电机。

思考题与习题

2.1 从转子结构来分，异步电动机可分为哪几类？

2.2 笼型异步电动机与绕线转子异步电动机结构上的主要区别是什么？

2.3 三相异步电动机主要由哪些部分组成？各部分的作用是什么？

2.4 为什么三相异步电动机定子铁心和转子铁心均由硅钢片叠压而成？能否用钢板或整块钢制作？为什么？

2.5 什么叫旋转磁场？它是怎样产生的？

2.6 三相异步电动机旋转磁场的转速由什么决定？对于工频下的2、4、6、8、10极异步电动机的同步转速是多少？

2.7 旋转磁场的旋转方向是由什么决定？如何改变旋转磁场的方向？

2.8 简述三相异步电动机的工作原理，并解释“异步”的含义。

2.9 三相异步电动机为什么又称作三相“感应”电动机？

2.10 什么叫三相异步电动机的转差率？额定转差率一般是多少？起动瞬间的转差率是多少？

2.11 一台三相异步电动机的额定转速 $n_N = 1460\text{r/min}$，$f_1 = 50\text{Hz}$，$2p = 4$，求额定转差率 s_N。

2.12 Y2—100L2—4型三相异步电动机额定功率 $P_N = 3.0\text{kW}$，额定电压 $U_1 = 380\text{V}$，额定转速 $n_N = 1430\text{r/min}$，功率因数 $\cos\varphi = 0.82$，效率 $\eta = 81\%$，频率 $f = 50\text{Hz}$。试计算三相异步电动机的额定电流 I_N、额定转差率 s_N。

2.13 三相异步电动机对起动的要求是什么？

2.14 三相笼型异步电动机的起动方法分为哪两大类？其适用范围是什么？

2.15 单相异步电动机主要分为哪几种类型？各适用于什么场合？

2.16 一台吊扇采用电容运转单相异步电动机，通电后无法起动，而用手拨动风叶后即能运转。问可能是由哪些故障造成的？

2.17 如何改变单相异步电动机的旋转方向？

2.18 步进电机按力矩产生的原理可分为哪几类？并简单说明其原理。

2.19 反应式步进电机的运行特点是什么？请简单说明。

2.20 在反应式步进电机中，什么叫三相单三拍运行、什么叫三相双三拍运行，它们各有何特点？

2.21 交流伺服电动机有哪几种控制方式？

2.22 什么叫“自转”现象，交流伺服电动机是怎样克服“自转”现象的？

2.23 简单叙述直流电动机的工作原理。

2.24 直流电动机主要由哪几部分组成？各部分的作用是什么？

2.25 直流电动机按其励磁方式的不同可分为哪几类？

2.26 什么叫永磁式直流电机？它的主要优点是什么？

第2篇　电气控制线路

第3章　常用低压电器

3.1　概述

1. 低压电器的概念和分类

低压电器通常是指工作在交流1200V及以下、直流1500V及以下的电路中，起到通断、保护、控制或调节作用的电器设备。低压电器的用途广泛、功能多样、种类繁多、结构各异，下面是几种常见分类方式。

（1）按动作方式分类

1）手动电器。用手或依靠机械力进行操作的电器，如手动开关、控制按钮、行程开关等主令电器。

2）自动电器。借助于电磁力或某个物理量的变化自动进行操作的电器，如接触器、各种类型的继电器等。

（2）按用途分类

1）控制电器。用于各种控制电路和控制系统的电器，例如接触器、继电器、电动机起动器等。

2）主令电器。用于自动控制系统中发送动作指令的电器，例如按钮、行程开关、万能转换开关等。

3）保护电器。用于保护电路及用电设备的电器，如熔断器、热继电器等。

4）执行电器。指用于完成某种动作或传动功能的电器，如电磁铁、电磁离合器等。

5）配电电器。用于电能的输送和分配的电器，例如断路器、转换开关、刀开关等。

（3）按工作原理分类

1）电磁式电器。依据电磁感应原理来工作的电器，如接触器、各种类型的电磁式继电器等。

2）非电量控制电器。依靠外力或某种非电物理量的变化而动作的电器，如刀开关、行程开关、按钮、速度继电器等。

（4）按触点类型分类

1）有触点电器。利用触点的接通和分断来切换电路，如接触器、刀开关、按钮等。

2）无触点电器。无可分离的触点，主要利用电子元件的开关效应，即导通和截止来实现电路的通、断控制，如接近开关、霍尔开关、电子式时间继电器、固态继电器等。

2. 低压电器的作用

在电力拖动控制系统中，低压电器主要用于对电动机进行控制、调节和保护。在低压配电电路或动力装置中，低压电器主要用于对电路或设备进行保护以及通断、转换电源或负载。

3. 低压电器的基本结构

由电磁机构和触点系统组成。

（1）电磁机构

1）电磁机构的结构形式。电磁机构由电磁线圈、铁心和衔铁三部分组成。电磁机构又称为磁路系统，其主要作用是将电磁能转换为机械能并带动触头动作从而接通或断开电路；电磁线圈分为直流线圈和交流线圈两种，其中直流线圈须通入直流电，而交流线圈须通入交流电。

2）电磁机构的工作特性。① 交流电磁机构的吸力特性：在交流电磁机构中，由于交流电磁线圈的电流 I 与气隙 δ 成正比，所以在线圈通电而衔铁尚未闭合时，电流可能达到额定电流的5～6倍。如果衔铁卡住不能吸合或频繁操作，线圈可能因过热而烧毁，所以在可靠性要求较高或操作频繁的场合，一般不采用交流电磁机构。② 直流电磁机构的吸力特性：在直流电磁机构中，电磁吸力 F 与气隙 δ 的平方成反比，所以衔铁闭合前后电磁吸力变化较大，但由于电磁线圈中的电流不变，所以直流电磁机构适用于动作频繁的场合。直流电磁机构的通电线圈断电时，由于磁通的急剧变化，在线圈中会感应出很大的反电动势，而线圈电阻较小，形成很大电流容易将线圈烧毁。所以在线圈的两端要并联一个放电回路，其电阻值为线圈电阻值的5～6倍。

3）交流电磁机构中短路环的作用。当线圈中通入交流电时，铁心中出现交变磁通，这样会在衔铁与固定铁心之间因吸引力变化而产生振动和噪声。加上短路环之后，交变磁通分为两部分：一部分 Φ_1 将通过短路环；另一部 Φ_2 不通过短路环。根据电磁感应定律，在环内将产生感应电动势和感应电流。此感应电流产生的感应磁通使 Φ_1 比 Φ_2 在相位上滞后，且由 Φ_1 和 Φ_2 分别产生的吸力 F_1 和 F_2 也有相位差，作用在磁铁上的力为 F_1+F_2，只要合力大于弹簧反向吸力，即可消除振动。

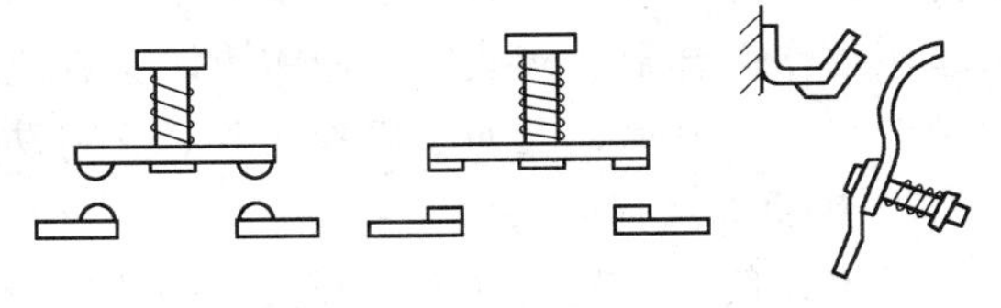

图3-1　触点的结构形式

（2）触点系统　触点是有触点电器的执行部分，通过触点的闭合、断开控制电路的通、断。按其接触情况可分为点接触式、线接触式和面接触式。按其结构形式可分为桥式触点和指形触点两种，如图3-1所示。

3.2　刀开关

刀开关是一种结构最简单且应用最广泛的手动低压电器之一，主要用来隔离、接通和分断电路，有时也可用来控制小容量电动机的起动、停止和正、反转。刀开关的种类很多，常用的刀开关有以下几种。

1. 开启式负荷开关

开启式负荷开关旧称瓷底胶盖闸刀开关。由于它结构简单、价格便宜、使用及维修方便，故得到广泛应用。该开关主要用作电气照明电路、电热电路和小容量电动机电路的不频繁控制开关，也可用作分支电路的配电开关。图 3-2 所示为 HK 系列开启式负荷开关的外形和结构图及电气符号。

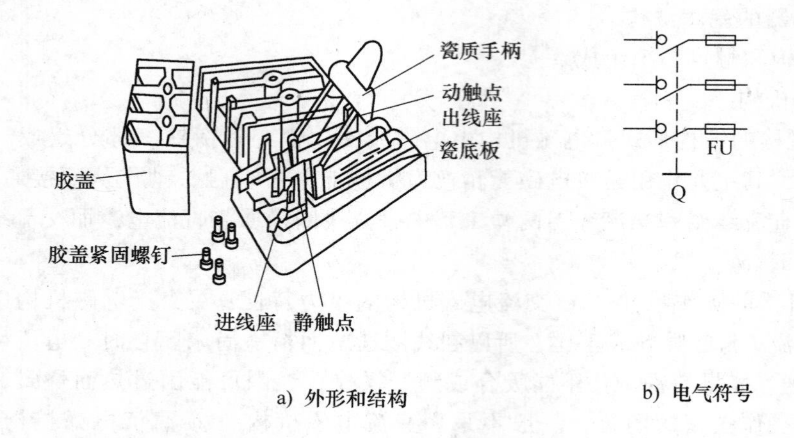

a) 外形和结构　　b) 电气符号

图 3-2　HK 系统开启式负荷开关

开启式负荷开关由刀开关和熔断器组成，均装在瓷底板上。刀开关装在上部，由进线座和静触点组成。熔断器装在下部，由出线座、熔丝和动触点组成。动触点上端装有瓷质手柄以便于操作，上、下两个胶盖以紧固螺钉固定，并将开关零件罩住以防止电弧或触及带电体而伤人。刀开关在安装时，手柄要向上，不得倒装或平装，以避免由于重力手柄自动下落而引起误动作而合闸。接线时，应将电源接在进线端，负载接在出线端，这样拉闸后刀开关的动触点与电源隔离，既便于更换熔丝，又可防止可能发生的意外事故。

2. 封闭式负荷开关

封闭式负荷开关旧称铁壳开关。一般用于小型电力排灌、电热器、电气照明线路的配电设备中，用来不频繁地接通与分断电路，也可以直接用于异步电动机的非频繁起动控制。图 3-3 所示为 HH 系列封闭式负荷开关的外形、结构图及电气符号。

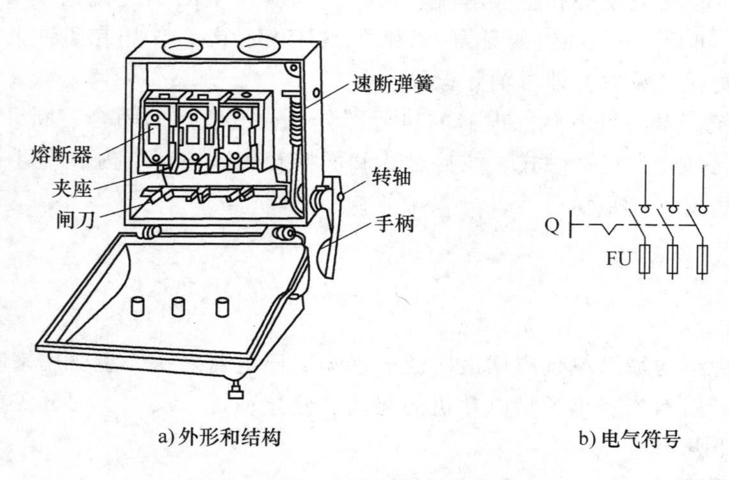

a) 外形和结构　　b) 电气符号

图 3-3　HH 系列封闭式负荷开关

封闭式负荷开关的手柄转轴与底座之间装有一个速断弹簧，用钩子扣在转轴上。当扳动手柄分闸或合闸的开始阶段 U 形双刀片并不移动，只拉伸了弹簧，储存了能量。当转轴转到一定角度时，弹簧弹力使 U 形双刀片快速从夹座拉开或将刀片迅速嵌入夹座，电弧被很快熄灭。封闭式负荷开关上装有机械联锁装置，以保证当箱盖打开时不能合闸，闸刀合闸后箱盖不能打开。

3. 组合开关

组合开关又称转换开关，控制容量比较小、结构紧凑，常用于空间比较狭小的场所，如机床和配电箱等。组合开关一般用于电气设备的非频繁操作、切换电源和负载以及控制小容量感应电动机和小型电器。图 3-4 所示为 HZ 系列组合开关的外形和结构图及电气符号。

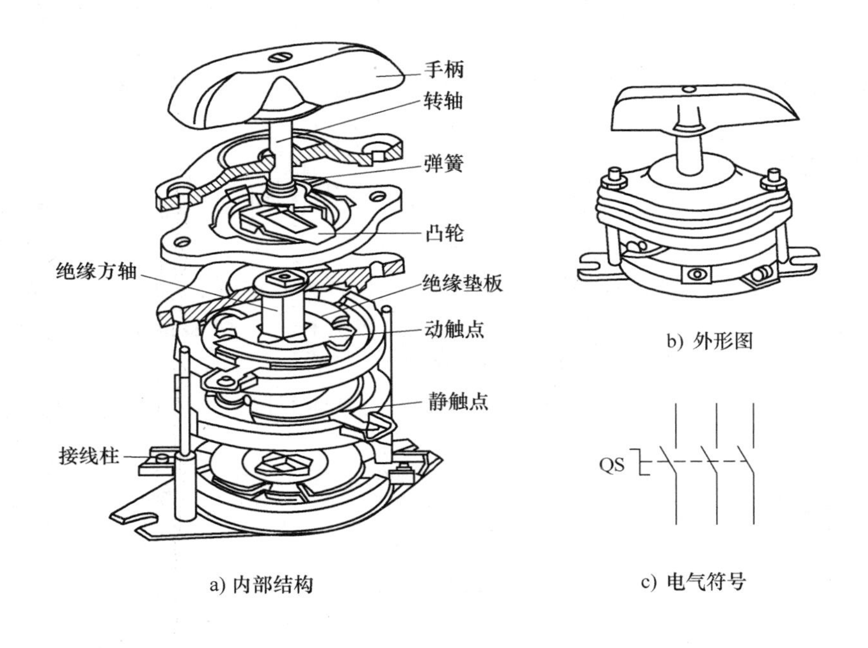

图 3-4 组合开关的外形结构图

组合开关的特点是通过动触点的左右旋转来代替闸刀的推合和拉开，结构较为紧凑。三极组合开关共有 6 个静触点和三个动触点。静触点的一端固定在胶木边框内，另一端伸出盒外，以便和电源及用电器连接。三个动触点装在绝缘垫板上，并套在绝缘方轴上，通过手柄可使绝缘方轴作正、反向转动，从而使动触点与静触点保持闭合或分断。开关的顶部还装有扭簧储能机构，使开关能快速闭合或分断。常用的产品有 HZ5、HZ10 和 HZ15 系列。

4. 刀开关的选用原则

1）根据使用场合，选择刀开关的类型、极数及操作方式。

2）刀开关的额定电压应大于或等于电路电压。

3）刀开关的额定电流应大于或等于电路的额定电流。对于电动机负载，开启式刀开关额定电流可取电动机额定电流的 3 倍，封闭式刀开关额定电流可取为电动机额定电流的 1.5 倍。

3.3 熔断器

熔断器是一种简单而有效的保护电器，在电路中主要起短路保护作用。熔断器具有结构简单、体积小、重量轻、使用及维护方便、价格低廉、分断能力较高、限流能力良好等优点，在电路中得到广泛应用。

1. 熔断器的结构和工作原理

熔断器由熔体和安装熔体的绝缘底座（或称熔管）组成。熔体由易熔金属材料如铅、锌、锡、铜、银及其合金制成，形状常为丝状或网状。由铅锡合金和锌等低熔点金属制成的熔体，因不易灭弧，多用于小电流电路；由铜、银等高熔点金属制成的熔体，易于灭弧，多用于大电流电路。熔断器在使用时，熔体与被保护电路串联。当电路流过正常电流时熔体温度较低；当电路发生短路故障时，熔体温度急剧上升使其熔断，从而分断电路，起到保护作用。

2. 常用的熔断器

（1）插入式熔断器　插入式熔断器如图 3-5a 所示。常用的产品有 RC1A 系列，主要用于低压分支电路的短路保护。因其分断能力较小，多用于照明电路和小型动力电路中。

（2）螺旋式熔断器　螺旋式熔断器如图 3-5b 所示。熔芯内装有熔丝，并填充石英砂，用于熄灭电弧，这种熔断器分断能力强。熔体的上端盖有一个熔断指示器，一旦熔体熔断，指示器马上弹出，可透过瓷帽上的玻璃孔观察到。常用产品有 RL6、RL7 和 RLS2 等系列，其中 RL6 和 RL7 多用于机床配电电路中；RLS2 为快速熔断器，主要用于保护半导体元件。

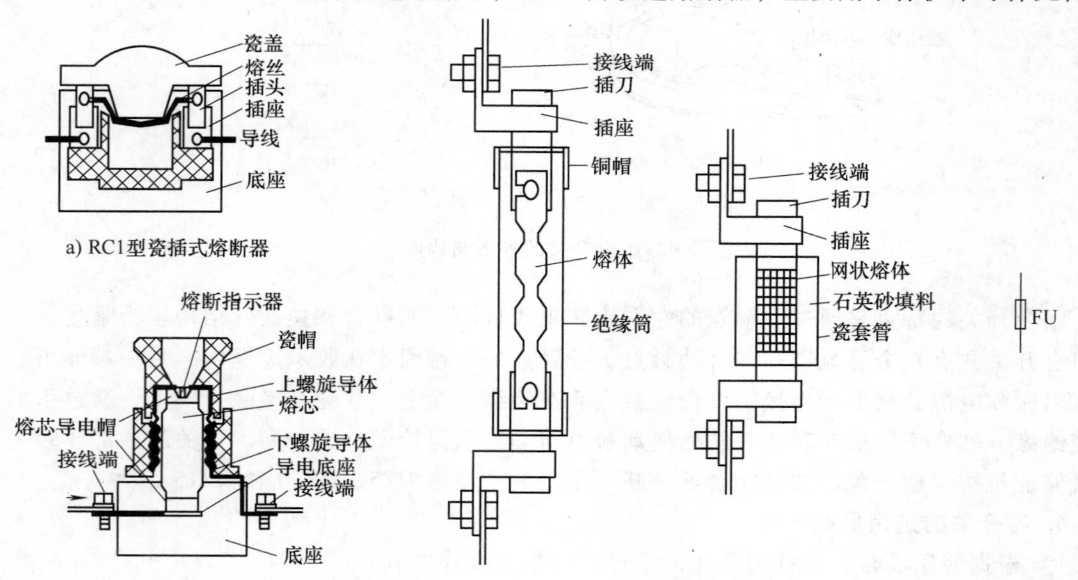

图 3-5　熔断器类型及图形文字符号

（3）RM10 型密封管式熔断器　RM10 型密封管式熔断器为无填料管式熔断器，如图 3-5c所示，主要用于供配电系统线路的短路保护及过载保护。它采用变截面片状熔体和密封纤维管的结构形式，在短路电流通过时，因熔体较窄处产生的热量最大而先熔断，因而可产生多个熔断点使电弧分散，利于灭弧。短路时因电弧燃烧密封纤维管中会产生高压气体，可以将电弧迅速熄灭。

（4）RT型有填料密封管式熔断器　RT型有填料密封管式熔断器如图3-5d所示。熔断器中装有石英砂，用来冷却和熄灭电弧；熔体为网状，短路时可使电弧分散。由石英砂冷却电弧，可使电弧在短路电流达到最大值之前迅速熄灭，从而限制短路电流。此为限流式熔断器，常用于大容量电力网或配电设备中，常用产品有RT12、RT14、RT15等系列。图3-5e所示为熔断器的图形文字符号。

（5）快速熔断器　它主要用于半导体整流元件或整流装置的短路保护。由于半导体元件的过载能力很低，只能在极短时间内承受较大的过载电流，因此要求短路保护具有快速熔断的能力。快速熔断器的结构和有填料密封管式熔断器基本相同，但熔体材料和形状不同，其熔体是用银片冲制的、有V形深槽的变截面熔体。

（6）自复熔断器　这种熔断器采用金属钠作熔体，在常温下具有很高电导率。当电路发生短路故障时，短路电流产生高温使钠迅速气化，气态钠呈现高阻态，从而限制了短路电流。当短路电流消失后，温度下降，金属钠恢复原来良好的导电性能。自复熔断器只能限制短路电流，不能真正分断电路。其优点是不必更换熔体，能重复使用。

3. 熔断器的主要技术参数

熔断器的主要技术参数包括额定电压、熔体额定电流、熔断器额定电流、极限分断能力等。

1）额定电压。指保证熔断器能长期正常工作的电压。

2）熔体额定电流。指熔体长期通过而不会熔断的电流。

3）熔断器额定电流。指保证熔断器能长期正常工作的电流。

4）极限分断能力。指熔断器在额定电压下所能断开的最大短路电流。在电路中出现的最大电流一般是指短路电流值，所以极限分断能力也反映了熔断器分断短路电流的能力。

4. 熔断器的选择

熔断器的选择包含熔断器类型的选择和熔体、熔断器额定电流的选择。

（1）熔断器类型的选择　主要依据负载的保护特性和短路电流的大小选择熔断器的类型。对于容量小的电动机和照明支线，通常选用以铅锡合金作为熔体的RC1系列熔断器；对于较大容量的电动机和照明干线，则应着重考虑短路保护和分断能力，通常选用具有较高分断能力的RM10和RL6系列的熔断器；当短路电流很大时，宜采用具有限流作用的RT0和RT12系列的熔断器。

（2）熔体、熔断器电流的选择

1）保护无起动过程的平稳负载如照明线路、电阻、电炉等时，熔体额定电流应略大于或等于负荷电路中的额定电流。

2）保护单台长期工作的电机熔体电流可按最大起动电流选取，也可按下式选取

$$I_{RN} \geq (1.5 \sim 2.5)\ I_N \tag{3-1}$$

式中　I_{RN}——熔体额定电流；

I_N——电动机额定电流。

如果电动机频繁起动，式中系数可适当加大至3～3.5，具体应根据实际情况而定。

3）保护多台长期工作的电机（供电干线）

$$I_{RN} \geqslant (1.5 \sim 2.5)\ I_{N\max} + \sum I_N \tag{3-2}$$

式中 $I_{N\max}$——容量最大单台电机的额定电流；

$\sum I_N$——其余电动机额定电流之和。

当熔体电流确定后，熔断器的电流应按大于熔体电流来确定。

3.4 控制按钮和行程开关

控制系统中，主令电器是一种专门发布命令、直接或通过电磁式电器间接作用于控制电路的电器，常用来控制电力拖动系统中电动机的起动、停车、调速及制动等。常用的主令电器有控制按钮、行程开关等。

1. 控制按钮

控制按钮是一种结构简单、应用非常广泛的主令电器，一般情况下它不直接控制主电路的通断，而在控制电路中发出“指令”去控制接触器、断电器等电器，再由它们去控制主电路。控制按钮的触点允许通过的电流很小，一般不超过5A。

（1）控制按钮的结构和工作原理　如图3-6所示，控制按钮由按钮帽、复位弹簧、桥式触点和外壳等组成，通常做成复合式，即具有常闭触点（动断触点）和常开触点（动合触点）。

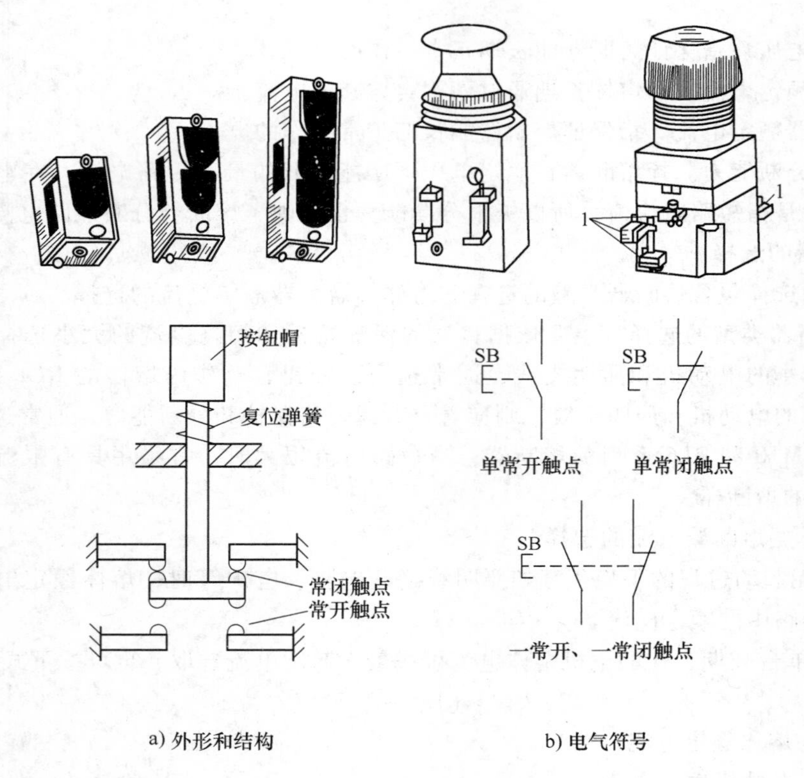

a) 外形和结构　　b) 电气符号

图3-6　控制按钮外形和结构及电气符号

按下按钮时，先断开常闭触点，后接通常开触点；按钮释放后，在复位弹簧的作用下，按钮触点自动复位的先后顺序与按下按钮时相反，即常开触点先恢复断开，常闭触点后恢复闭合。通常，在无特殊说明的情况下，有触点电器的触点动作顺序均为“先断后合”。

在电气控制电路中，常开按钮一般用来起动电动机，也称起动按钮；常闭按钮常用于控制电动机停车，也称停车按钮；复合按钮常用于联锁控制电路中。

（2）控制铵钮的种类

1）按保护形式分：有开启式、保护式、防水式、防腐式等。

2）按结构形式分：有嵌压式、紧急式、钥匙式、旋钮式、带信号灯式、带灯揿钮式等。

3）按颜色分：有红、黑、绿、白、灰等。

常用的控制按钮有LA2、LA10、LA18、LA20系列。LA2系列为仍在使用的老产品，新产品有LA18、LA19、LA20等系列。其中LA18系列采用积木式结构，触点数目可按需要拼装至六常开、六常闭，一般装成二常开、二常闭。LA19、LA20系列分带指示灯和不带指示灯两种，其中前者按钮帽用透明塑料制成，兼作指示灯罩。

（3）按钮的颜色　红色按钮用于“停止”、“断电”或“事故”；“起动”或“通电”控制优先选用绿色按钮，但也允许选用黑、白或灰色按钮。

一钮双用的“起动”与“停止”或“通电”与“断电”，即交替按压后改变功能的，不能用红色按钮，也不能用绿色按钮，而应用黑、白或灰色按钮。

按压时运动、抬起时停止运动（如点动、微动）控制，应用黑、白、灰或绿色按钮，最好是黑色按钮，而不能用红色按钮。

单一复位功能的控制，用蓝、黑、白或灰色按钮。

同时有“复位”、“停止”与“断电”功能的用红色按钮。灯光按钮不得用作“事故”按钮。

（4）控制按钮的选择原则

1）根据使用场合，选择控制按钮的种类，如开启式、防水式、防腐式等。

2）根据用途，选用合适的形式，如钥匙式、紧急式、带灯式等。

3）按控制电路的需要，确定不同的按钮数，如单钮、双钮、三钮或多钮等。

4）按工作状态指示和工作情况的要求，选择按钮及指示灯的颜色。

2. 行程开关

行程开关又称限位开关，其工作原理和按钮相似，区别在于它不是靠手的按压而是利用生产机械的运动部件碰压而使触点动作，将机械信号转变为电信号的，并可以对控制电路发出接通、断开或变换某些电路参数的指令，以实现自动控制。行程开关用于控制生产机械的运动方向、速度、位置、行程大小及进行限位保护等。

（1）行程开关的结构和动作原理　为了适应各种条件下的操作，行程开关有很多结构形式，常用的有直动式（按钮式）和旋转式（滚轮式），其中滚轮又分为单轮和双轮两种。图3-7所示为几种常用行程开关的外形和电气符号。

1）直动式（按钮式）行程开关的结构如图3-8所示。其动作原理与控制按钮相同，但其触点的分合速度取决于生产机械的运行速度，不宜用于生产机械运行速度低于0.4m/min的场所。

2）滚轮式行程开关的结构如图3-9所示。当被控机械上的挡铁压到滚轮上时，杠杆连

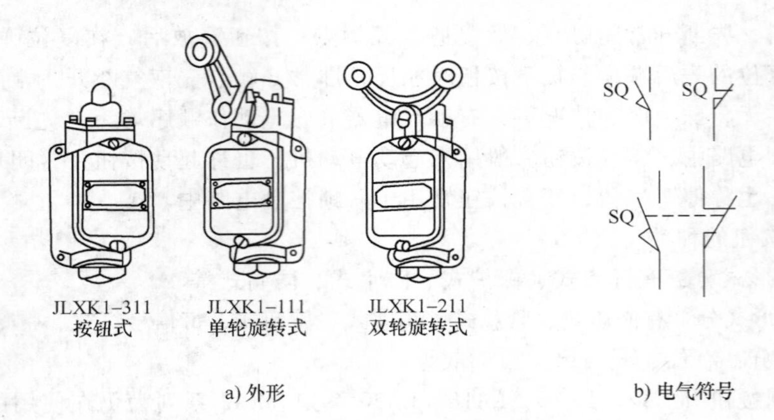

图 3-7　常见行程开关的外形和电气符号

同转轴一起转动，推动撞块；当撞块被压到一定位置时，推动微动开关的动触点，使常开触点闭合、常闭触点断开。当运动机械返回时，在复位弹簧的作用下，各部分动作部件复位。

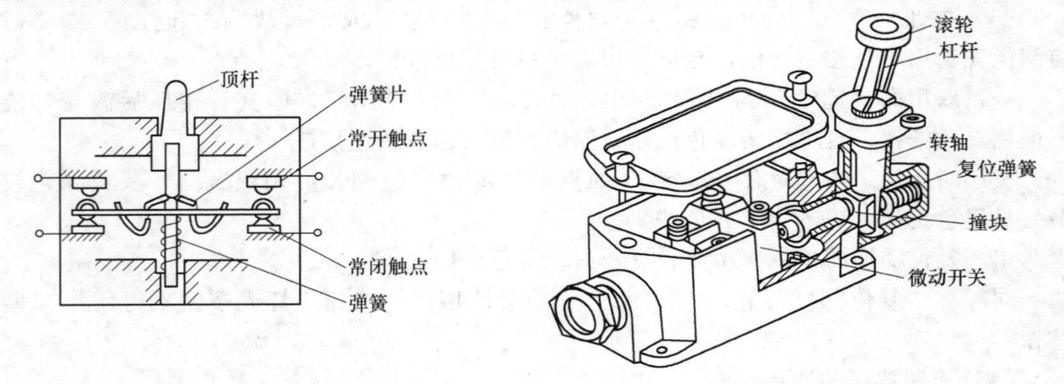

图 3-8　JLXK1—311 行程开关结构示意图　　　图 3-9　滚轮式行程开关

双滚轮式（羊角式）行程开关在挡铁离开后不能自动复位，必须由挡铁再从反方向碰撞后，开关才能复位。因此具有两个稳态位置，可以“记忆”曾被撞击动作顺序的作用，在某些情况下可以简化电路。

（2）行程开关型号　行程开关型号的意义如下所示。

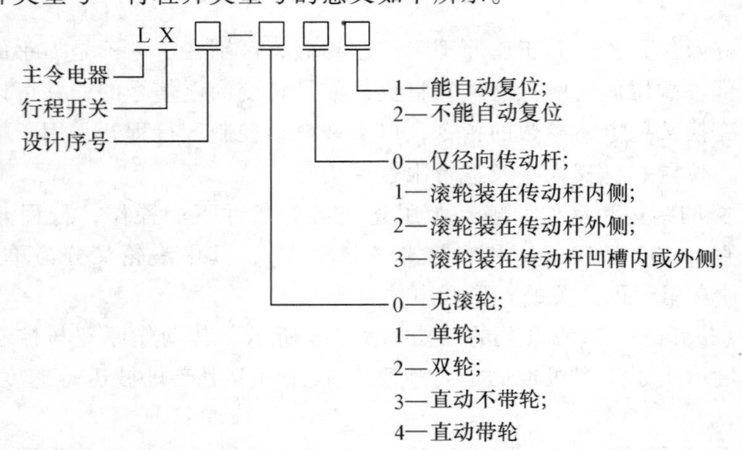

3.5　接触器

接触器是一种用来自动接通或断开大电流电路的电器。它可以频繁地接通或分断交直流电路，并可实现远距离控制，还可以配合继电器实现定时操作、联锁控制、各种定量控制和失电压及欠电压保护等，广泛应用于自动控制电路。其主要控制对象是电动机，也可用来控制其他电力负载，如电热器、照明、电焊机、电容器组等。接触器具有控制容量大、过载能力强、寿命长、设备简单经济等特点，是电力拖动自动控制电路中使用最广泛的电器之一。

按照所控制电路的种类不同，接触器可分为交流接触器和直流接触器两大类。

1. 交流接触器

交流接触器适用于控制电力线路的接通和断开，并常用来频繁地起动及控制交流电动机。

（1）交流接触器的结构　图 3-10 所示为交流接触器的外形与结构示意图，它由以下四部分组成。

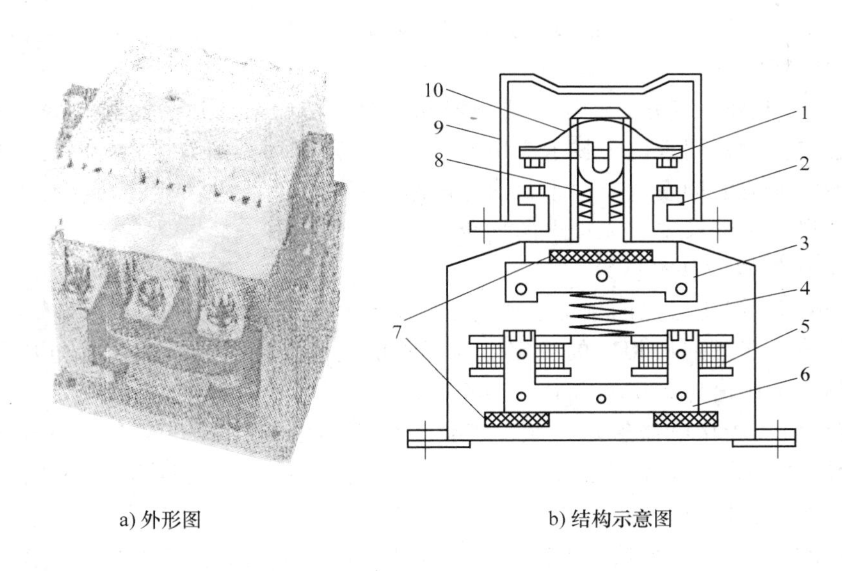

a) 外形图　　b) 结构示意图

图 3-10　CJ20 系列交流接触器

1—动触桥　2—静触点　3—衔铁　4—缓冲弹簧　5—电磁线圈　6—铁心　7—填毡　8—触点弹簧　9—灭弧罩　10—触点压力簧片

1）电磁机构：由线圈、动铁心（衔铁）和静铁心组成，其作用是将电磁能转换成机械能，产生电磁吸力带动触点动作。

2）触点系统：包括主触点和辅助触点。主触点用于通断主电路，通常为三对常开触点；辅助触点用于通断控制电路，起电气联锁作用，故又称联锁触点，一般有常开、常闭触点各两对。

3）灭弧装置：容量在 10A 以上的接触器都有灭弧装置。对于小容量的接触器，常采用双断口触点灭弧、电动力灭弧、相间弧板隔弧及陶土灭弧罩灭弧；对于大容量的接触器，则采用纵缝灭弧罩及栅片灭弧。

4）其他部件。包括反作用弹簧、缓冲弹簧、触点压力弹簧、传动机构及外壳等。

（2）交流接触器的工作原理　线圈通电后，在铁心中产生磁通及电磁吸力。此电磁吸力克服弹簧反力使得衔铁吸合，带动触点系统动作，常闭触点断开，常开触点闭合，互锁或接通电路。线圈失电压或线圈两端电压显著降低时，电磁吸力小于弹簧反力，使得衔铁释放，触点系统复位，断开电路或解除互锁。

（3）交流接触器的分类

1）按主触点极数分，可分为单极、双极、三极、四极和五极接触器。其中单极接触器主要用于单相负荷，如照明负荷、电焊机等，在电动机能耗制动中也可采用；双极接触器用于绕线转子异步电机的转子回路，起动时用来短接起动绕组；三极接触器用于三相负荷，在电动机的控制及其他场合，使用最为广泛；四极接触器主要用于三相四线制的照明线路，也可用来控制双回路电动机负载；五极交流接触器用来组成自耦补偿起动器或控制双笼型电动机，以变换绕组接法。

2）按灭弧介质分，可分为空气式接触器、真空式接触器等。依靠空气绝缘的接触器用于一般负载，而采用真空绝缘的接触器常用在煤矿、石油、化工企业及电压为660V和1140V等的一些特殊场合。

3）按有无触点分，可分为有触点接触器和无触点接触器。常见的接触器多为有触点接触器，而无触点接触器属于电子技术应用的产物，一般采用晶闸管作为电路的通断元件。由于晶闸管导通时所需的触发电压很小，而且电路通断时无电火花产生，因而可用于高操作频率的设备和易燃、易爆及要求无噪声的场合。

（4）交流接触器的基本参数

1）额定电压。指主触点的额定工作电压，应等于负载的额定电压。一只接触器常规定几个额定电压值，同时列出相应的额定电流或控制功率。通常，最大工作电压即为额定电压。常用的额定电压值为220V、380V、660V等。

2）额定电流。指接触器触点在额定工作条件下的电流值。380V三相电动机控制电路中，额定工作电流可近似等于控制功率的两倍。常用额定电流等级为10A、20A、40A、60A、100A、250A、400A、630A等。

3）通断能力。包括最大接通电流和最大分断电流两个指标。最大接通电流是指触点闭合且不会造成触点熔焊的最大电流值，最大分断电流是指触点断开时能可靠灭弧的最大电流。一般通断能力是额定电流的5～10倍。当然，这一数值与分断电路的电压等级有关，电压越高、通断能力越小。

4）动作值。可分为吸合电压和释放电压。吸合电压是指接触器吸合前，缓慢增加吸合线圈两端的电压至接触器可以吸合时的最小电压；释放电压是指接触器吸合后，缓慢降低吸合线圈的电压至接触器释放时的最大电压。一般规定，吸合电压不低于线圈额定电压值的85%，释放电压不高于线圈额定电压值的70%。

5）吸合线圈额定电压。指接触器正常工作时，吸合线圈上所加的电压值。一般该电压的数值以及线圈的匝数、线径等数据均标于线包上，而不是标于接触器外壳铭牌上，使用时应加以注意。

6）操作频率。接触器在吸合瞬间，吸合线圈需消耗比额定电流大5～7倍的电流，如果操作频率过高，则会使线圈严重发热，直接影响接触器的正常使用。为此，规定了接触器允许的操作频率，一般为每小时允许操作次数的最大值。

7）寿命。包括电气寿命和机械寿命。目前接触器的机械寿命已达一千万次以上，电气寿命约是机械寿命的 5% ~20% 。

2. 直流接触器

直流接触器的结构和工作原理基本上与交流接触器相同。在结构上也是由电磁机构、触点系统和灭弧装置等部分组成。由于直流电弧比交流电弧难以熄灭，直流接触器常采用磁吹式灭弧装置灭弧。

3. 接触器的符号与型号说明

（1）接触器的电气符号　接触器的电气符号如图 3-11 所示。

（2）接触器的型号　交、直流接触器的型号说明如下。

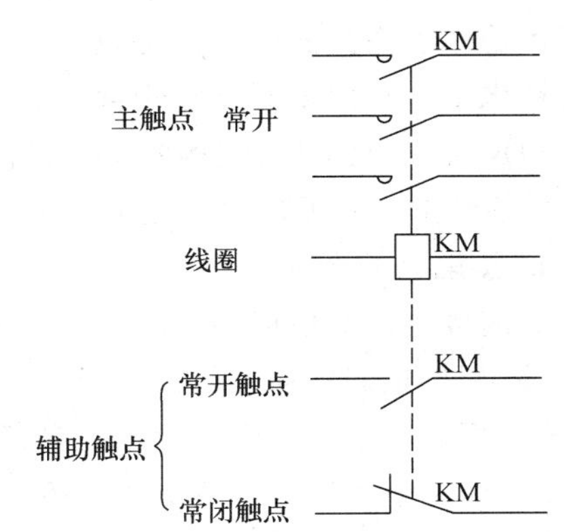

图 3-11　接触器的电气符号

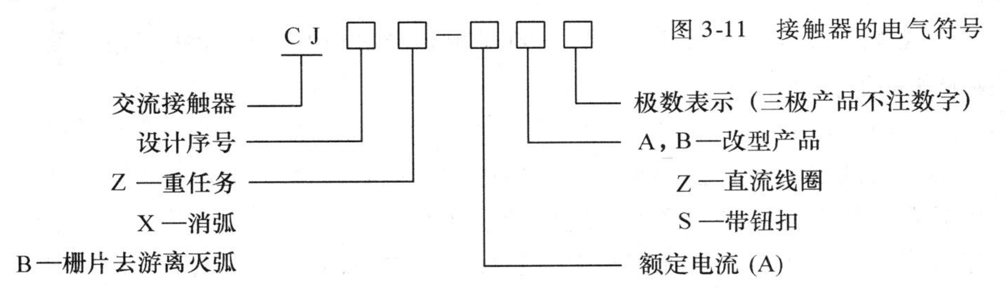

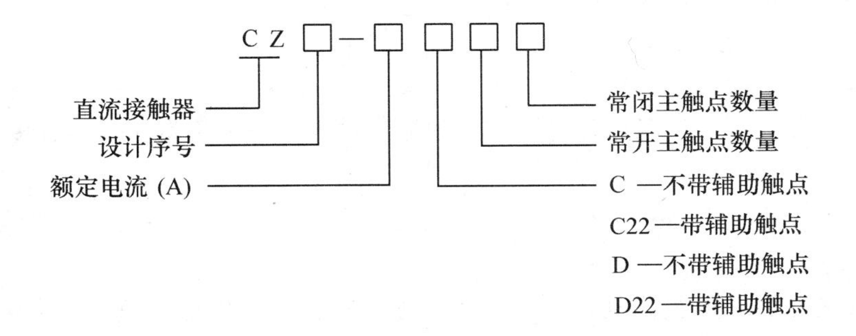

例如，CJ12T—250/3 为改型后的交流接触器，设计序号为 12，额定电流为 250A，3 个主触点。

我国生产的交流接触器常用的有 CJ12、CJ20 等系列及其派生系列产品，上述系列产品一般具有三对常开主触点，常开、常闭辅助触点各两对。直流接触器常用的有 CZ0 系列，分单极和双极两大类，常开、常闭辅助触点各不超过两对。

除以上常用系列外，我国近年来还引进了一些生产线，生产出一些满足 IEC（国际电工委员会）标准的交流接触器，下面作以简单介绍。

CJ12B—S 系列锁扣接触器用于交流 50Hz、电压 380V 及以下、电流 600A 及以下的配电电路中，供远距离接通和分断电路使用，并适用于不频繁地起动和停止交流电动机，具有正常工作时吸合线圈不通电、无噪声等特点。其锁扣机构位于电磁机构的下方，靠吸合线圈通电，吸合线圈断电后靠锁扣机构保持在锁住位置。由于线圈不通电，不仅无能量损耗，而且消除了磁噪声。

由德国引进的西门子公司的3TB系列、BBC公司的B系列交流接触器等具有20世纪80年代初水平。它们主要供远距离接通和分断电路用，并适用于频繁地起动及控制交流电动机。3TB系列产品具有结构紧凑、机械寿命和电气寿命长、安装方便、可靠性高等特点。其额定电压为220～660V，额定电流为9～630A。

4. 接触器的选用

交流接触器应根据负荷的类型和工作参数合理选用。

1）根据负载性质选择接触器的类型。

2）额定电压应大于或等于主电路的工作电压。

3）额定电流应大于或等于被控电路的额定电流。对于电动机负载，还应根据其运行方式适当增大或减小。

4）吸合线圈的额定电压与频率要与所在控制电路的选用电压和频率相一致。

5. 接触器的运行维护

（1）运行中的检查项目

1）通过的负载电流是否在接触器额定值范围之内。

2）接触器的分合信号指示是否与电路状态相符。

3）运行声音是否正常，有无因接触不良而发出放电声。

4）电磁线圈有无过热现象，电磁铁的短路环有无异常。

5）灭弧罩有无松动和损伤情况。

6）辅助触点有无烧损情况。

7）传动部分有无损伤。

8）周围运行环境有无不利运行的因素，如振动过大、通风不良、尘埃过多等。

（2）维护

1）外部维护：① 清扫外部灰尘；② 检查各紧固件是否松动，特别是导体连接部分，防止接触松动而发热。

2）触点系统维护：① 检查动、静触点位置是否对正，三相是否同时闭合，如有问题应调节触点弹簧；② 检查触点磨损程度，磨损深度不得超过1mm，触点有烧损，开焊脱落时，须及时更换；轻微烧损时，一般不影响使用。清理触点时不允许使用砂纸，应使用整形锉；③ 测量相间绝缘电阻，阻值不低于10MΩ；④ 检查辅助触点动作是否灵活，触点行程应符合规定值，检查触点有无松动脱落，发现问题时，应及时修理或更换。

3）铁心部分维护：① 清扫灰尘，特别是运动部件及铁心吸合接触面间；② 检查铁心的紧固情况，铁心松散会引起运行噪声加大；③ 铁心短路环有脱落或断裂要及时修复。

4）电磁线圈维护：① 测量线圈绝缘电阻；② 线圈绝缘物有无变色、老化现象，线圈表面温度不应超过65°C；③ 检查线圈引线连接，如有开焊、烧损应及时修复。

5）灭弧罩部分维护：① 检查灭弧罩是否破损；② 灭弧罩位置有无松脱和位置变化；③ 清除灭弧罩缝隙内的金属颗粒及杂物。

3.6　继电器

继电器是一种根据电量（如电压、电流）或非电量（如温度、压力、转速、时间等）的变化接通或断开控制电路，实现自动控制和保护电力拖动装置的电器。

1. 继电器的分类

（1）按输入信号的性质分　有电压继电器、中间继电器、电流继电器、时间继电器、温度继电器、速度继电器、压力继电器等。

（2）按工作原理分　有电磁式继电器、感应式继电器、电动式继电器、热继电器和电子式继电器等。

（3）按输出形式分　有有触点和无触点两类。

（4）按用途分　有控制继电器和保护继电器。

（5）按输入量变化形式分　有有无继电器和量度继电器。

1）有无继电器是根据输入量的有或无动作的，即无输入量时继电器不动作，有输入量时继电器动作，如中间继电器、时间继电器等。

2）量度继电器是根据输入量的变化动作的，即工作时其输入量是一直存在的，只有当输入量达到一定值时继电器才动作，如电流继电器、电压继电器、热继电器、速度继电器、压力继电器等。

2. 电磁式继电器

电磁式继电器是应用最早、最多的一类继电器。其结构和工作原理与接触器基本相同。在结构上都是由电磁机构、触点系统等组成，都是通过触点的动作来控制电路的通或断。电磁式继电器具有结构简单、价格低廉、使用维护方便、触点容量小（一般在5A以下）、触点数量多且无主辅之分、无灭弧装置、体积小、动作迅速且准确、控制灵敏、可靠性高等特点，广泛地应用于低压控制系统中。按继电器反映的参数可分为：电流继电器、电压继电器、中间继电器。

（1）电流继电器　电流继电器的输入量是电流，它是根据输入电流的大小而动作的继电器。电流继电器的线圈匝数少、导线粗、阻抗小，串入电路中用来感测电路的电流变化，触点接于控制电路中作为执行元件。电流继电器可分为欠电流继电器和过电流继电器。

欠电流继电器用于欠电流保护或控制，如直流电动机励磁绕组的弱磁保护、电磁吸盘中的欠电流保护等。吸合电流为线圈额定电流的30%～65%，释放电流为额定电流的10%～20%。因此，在电路正常工作时，欠电流继电器处于吸合状态，其常开触点闭合，常闭触点断开；当电路出现不正常现象导致电流下降或消失时，继电器中流过的电流小于释放电流，继电器释放，控制电路失电，从而控制接触器及时分断电路。

过电流继电器用于过电流保护或控制，如起重机电路中的过电流保护等。过电流继电器在电路正常工作时不动作，当流过电流超过动作电流整定值（一般为额定电流的110%～400%）时才动作。动作时其常开触点闭合，常闭触点断开，使控制电路做出应有的反应。

常用的电流继电器的型号有JL14系列等，其电气符号如图3-12所示。

（2）电压继电器　电压继电器的输入量是电压，它是根据输入电压的大小而动作的继电器。其线圈匝数多、导线细、阻抗大，使用时并联接入电路中用来感测电路的电压变化，触点接于控制电路中作为执行元件。与电流继电器类似，电压继电器也分为欠电压继电器和过电压继电器两种。

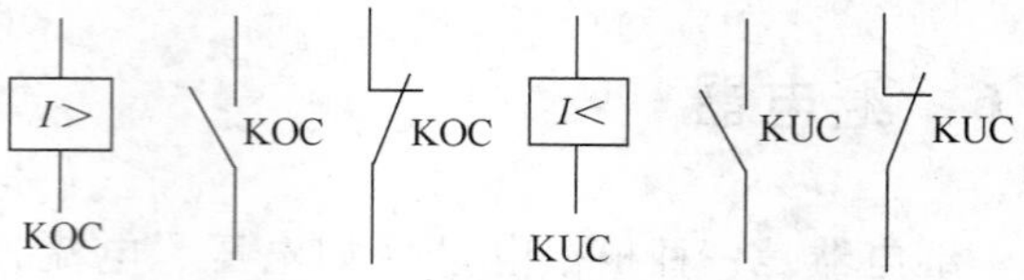

a) 过电流继电器　　b) 欠电流继电器

图 3-12　电流继电器的电气符号

过电压继电器用于线路的过电压保护，其吸合整定值为被保护线路额定电压的105%～120%。当被保护的线路电压正常时，衔铁不动作；当被保护线路的电压高于额定值，达到过电压继电器的整定值时，衔铁吸合，触点系统动作，控制电路失电，控制接触器及时分断被保护电路。

欠电压继电器用于线路的欠电压保护，其释放整定值为线路额定电压的40%～70%。当被保护线路电压正常时，衔铁可靠吸合；当被保护线路电压降至欠电压继电器的释放整定值时，衔铁释放，触点系统复位，控制接触器及时分断被保护电路。

线圈　常开触点　常闭触点　　线圈　常开触点　常闭触点

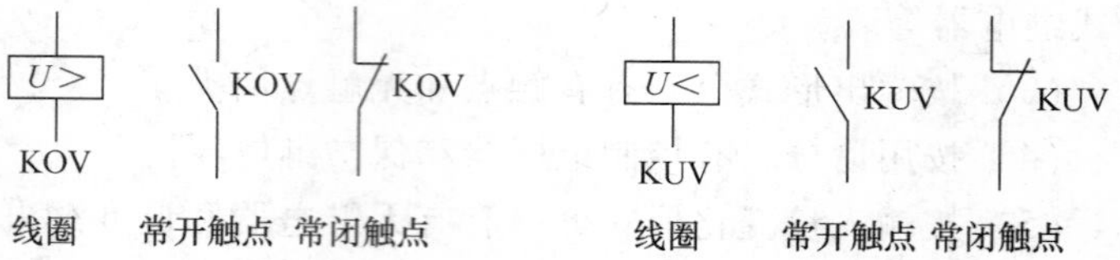

a) 过电压继电器　　b) 欠电压继电器

图 3-13　电压继电器的电气符号

零电压继电器是当电路电压降低到额定电压的5%～25%时释放，对电路实现零电压保护。

电压继电器常用在电力系统继电保护中，在低压控制电路中使用较少。

常用的电压继电器型号有 JT4 系列等，其电气符号如图 3-13 所示。

(3) 中间继电器　中间继电器实质上是一种电压继电器，其线圈结构、与测量电路的连接方式和电压继电器基本相同，不同的是中间继电器根据输入电压的有或无而动作，一般触点对数多，触点容量较大（额定电流为 5～10A）。中间继电器体积小、动作灵敏度高，在电路中主要用来进行中间放大（触点容量）和转换（触点对数），起到信号中继作用。常用的中间继电器型号有 JZ7、JZ14 系列等。其电气符号如图 3-14 所示。

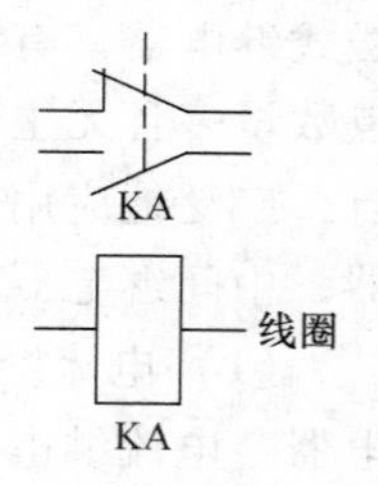

图 3-14　中间继电器的电气符号

(4) 电磁式继电器的主要技术参数

1) 额定参数：指继电器的线圈和触点在正常工作时允许的电压或电流值。

2) 动作参数：即继电器的吸合值和释放值。对电压继电器为吸合电压和释放电压；对电流继电器为吸合电流和释放电流。

3) 整定值：根据要求对继电器的动作参数进行人工调整的值。

4) 返回参数：指继电器的释放值与吸合值的比值，用 K 表示。不同的应用场合要求继电器的返回参数不同。

5) 动作时间：有吸合时间和释放时间两种。吸合时间是指从线圈接受电信号起，到衔铁完全吸合至所需的时间；释放时间是指从线圈断电到衔铁完全释放所需的时间。

(5) 电磁式继电器的整定　继电器的吸合值和释放值可以根据保护要求在一定范围内调整，现以图 3-15 所示的直流电磁式继电器为例加以说明。

1）转动调节螺母，调整反力弹簧的松紧程度可以调整动作电流（电压）。弹簧反力越大，吸合电流（电压）和释放电流（电压）就越大；反之就越小。

2）改变非磁性垫片的厚度。非磁性垫片越厚，衔铁吸合后磁路的气隙和磁阻就越大，释放电流（电压）也就越大；反之越小。吸引值不变。

图 3-15　直流电磁式继电器结构示意图

3）调节螺钉，可以改变初始气隙的大小。在反作用弹簧力和非磁性垫片厚度一定时，初始气隙越大，吸合电流（电压）就越大；反之就越小。释放值不变。

（6）电磁式继电器的选用

1）根据电路所需的控制功能选择类型（如电流继电器、电压继电器、中间继电器）。

2）根据负载电源性质选择交流或直流继电器。

3）电磁式继电器的触点数、触点形式及额定电流应满足电路控制要求。

3. 时间继电器

当接受到输入信号，经过一段时间后执行机构才动作的继电器称为时间继电器。时间继电器是一种利用电磁原理或机械动作原理实现触点延时接通或断开的自动控制电器，在控制电路中用于延时。其种类很多，按其动作原理可分为电磁式、空气阻尼式、电动式和电子式等；按延时方式可分为通电延时型和断电延时型。下面以 JS7 型空气阻尼式时间继电器为例说明其工作原理。

（1）空气阻尼式时间继电器　空气阻尼式时间继电器是利用空气阻尼原理获得延时的。它由电磁机构、触点系统、气室、传动机构四部分组成。延时方式有通电延时和断电延时两种。根据电路需要改变时间继电器电磁机构的安装方向，即可实现通电延时和断电延时的互换。其结构原理图如图 3-16 所示。

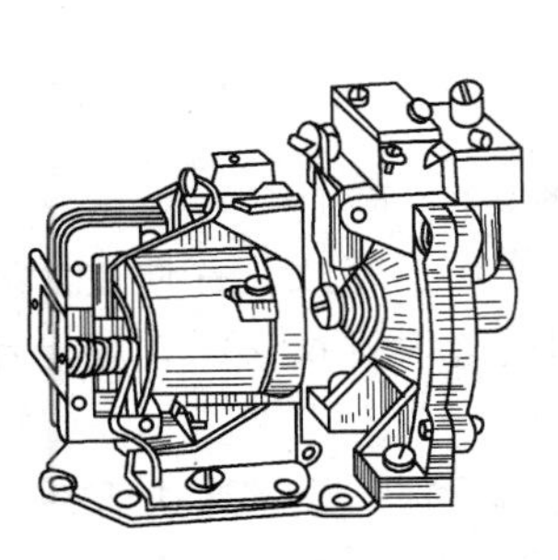

a）外形图

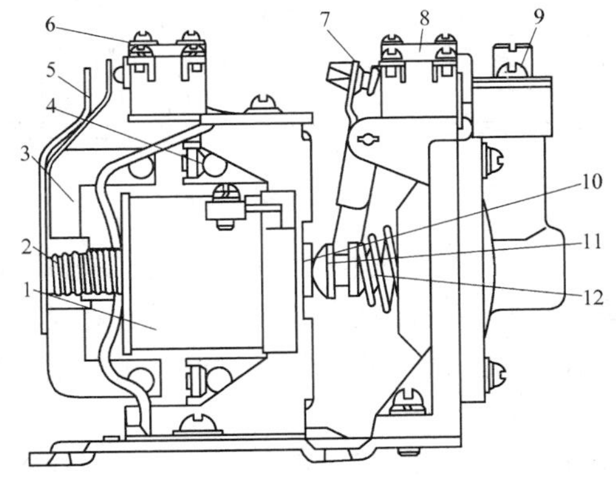

b）结构图

图 3-16　JS7—2A 系列空气阻尼式时间继电器结构原理图

1—线圈　2—反力弹簧　3—衔铁　4—静铁心　5—弹簧片　6、8—微动开关　7—杠杆　9—调节螺钉　10—推板　11—推杆　12—宝塔弹簧其工作原理如下。

图 3-17a 所示为通电延时型时间继电器线圈不得电时的情况。当线圈通电后，动铁心吸合，带动 L 形传动杆向右运动，使瞬动触点受压，其触点瞬时动作。活塞杆在塔形弹簧的作用下，带动橡皮膜向右移动，弱弹簧将橡皮膜压在活塞上，橡皮膜左方的空气不能进入气室，气室形成负压，只能通过进气孔进气，因此活塞杆只能缓慢地向右移动，其移动的速度和进气孔的大小有关（通过延时调节螺钉调节进气孔的大小可改变延时时间）。经过一定的延时后，活塞杆移动到右端，通过杠杆压动微动开关（通电延时触点），使其常闭触点断开，常开触点闭合，从而起到通电延时作用。

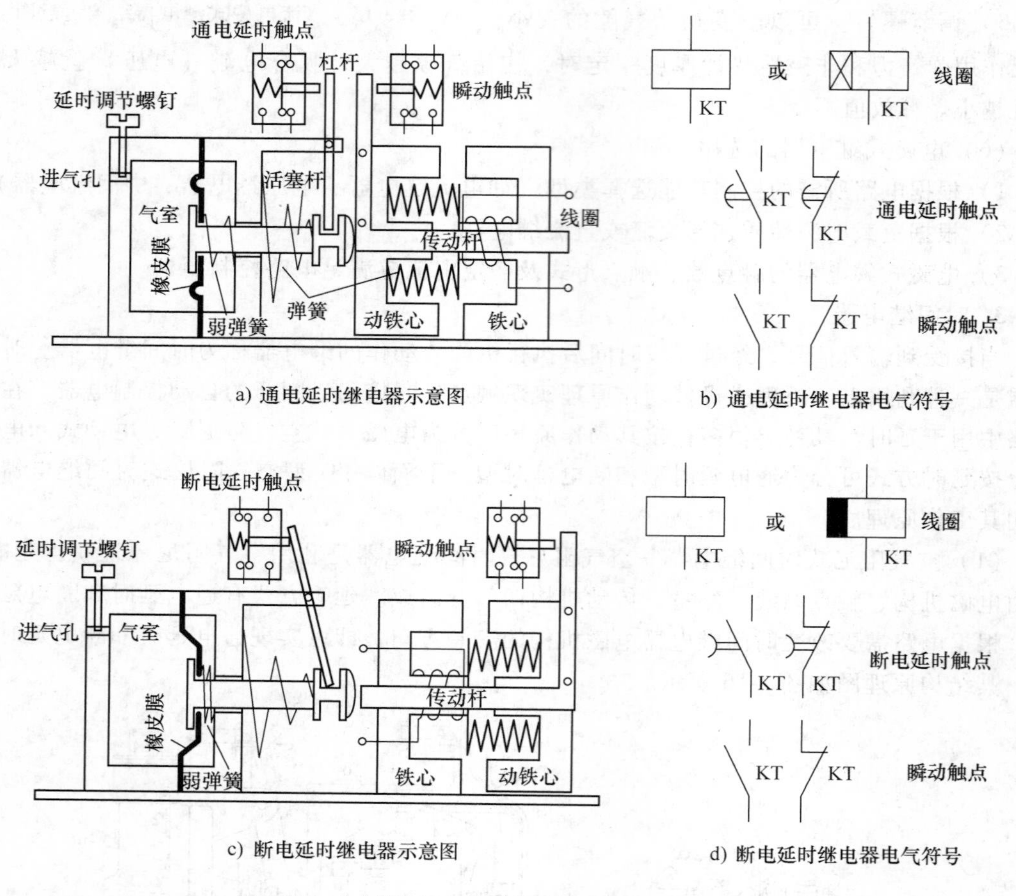

图 3-17　空气阻尼式时间继电器示意图及电气符号

当线圈断电时，电磁吸力消失，动铁心在反力弹簧的作用下释放，并通过活塞杆将活塞推向左端。这时气室内中的空气通过橡皮膜和活塞杆之间的缝隙排掉，瞬动触点和延时触点迅速复位，无延时。

如果将通电延时型时间继电器的电磁机构反向安装，就可以改为断电延时型时间继电器，如图 3-17c 所示。线圈不得电时，塔形弹簧将橡皮膜和活塞杆推向右侧，杠杆将延时触点压下（注意，原来通电延时的常开触点现在变成了断电延时的常闭触点了，原来通电延时的常闭触点现在变成了断电延时的常开触点），当线圈通电时，动铁心带动 L 形传动杆向左运动，使瞬动触点瞬时动作，同时推动活塞杆向左运动，如前所述，活塞杆向左运动不延时，延时触点瞬时动作。线圈失电时动铁心在反力弹簧的作用下返回，瞬动触点瞬时动作，延时触点延时动作。

时间继电器线圈和延时触点的图形符号都有两种画法，线圈中的延时符号可以不画，触点中的延时符号可以画在左边也可以画在右边，但是圆弧的方向不能改变，如图3-17b、d所示。

空气阻尼式时间继电器的优点是结构简单、延时范围大、寿命长、价格低廉、不受电源电压及频率波动的影响，其缺点是延时误差大、无调节刻度指示，一般适用于延时精度要求不高的场合。常用的产品有JS7—A系列，其主要技术参数为延时范围，分0.4～60s和0.4～180s两种，操作频率为600次/h，触点容量为5A，延时误差为±15%。在使用空气阻尼式时间继电器时，应保持延时机构的清洁，防止因进气孔堵塞而失去延时作用。

（2）直流电磁式断电延时型时间继电器　该继电器是在直流电磁式电压继电器的铁心上增加一个阻尼铜套构成，其外形结构如图3-18所示。

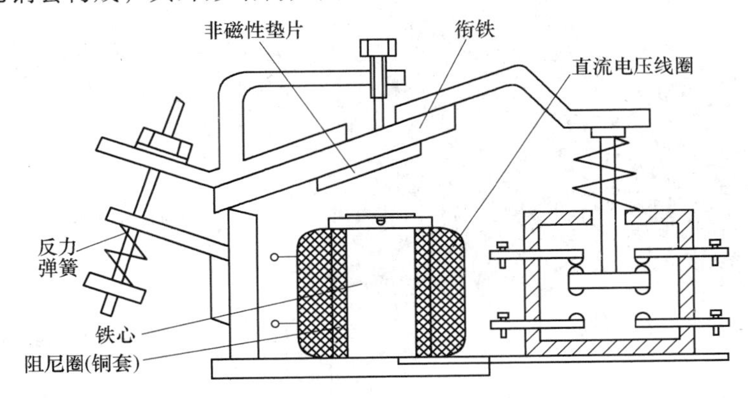

图3-18　直流电磁式时间继电器结构示意图

直流电磁式断电延时型时间继电器是利用电磁阻尼原理产生延时的。由电磁感应定律可知，在继电器线圈通断电过程中铜套内将产生感应电动势，并流过感应电流，且此电流产生的磁通总是抵抗原磁通变化。继电器通电时，由于衔铁处于释放位置，气隙大、磁阻大、磁通小，铜套阻尼作用相对也小，因此衔铁吸合时延时不显著（一般忽略不计）。

而当继电器断电时，磁通变化量大，铜套阻尼作用也大，使衔铁延时释放而起到延时作用。因此，这种继电器仅用作断电延时且延时较短，仅为0.3～5s，而且准确度较低，一般只用于延时短且延时精度要求不高的场合。

（3）时间继电器的选用

1）根据控制要求选择其延时方式。

2）根据延时范围和精度选择继电器的类型。

3）其线圈（或电源）的电流种类和电压等级应与控制电路相同。

4. 热继电器

电动机在实际运行中（如拖动生产机械进行工作过程中），若机械或电路异常使电动机过载，则电动机转速将下降，绕组中的电流将增大，使电动机的绕组温度升高。若过载电流不大且过载的时间较短，电动机绕组温升不超过允许值，这种过载是允许的。但若过载时间长，过载电流大，电动机绕组的温升就会超过允许值，使电动机绕组绝缘老化、缩短电动机的使用寿命，严重时甚至会烧毁电动机。因此必须对电动机进行过载保护。热继电器就是利用电流的热效应原理，在出现电动机不能承受的过载时切断电动机电路，为电动机提供过载保护的保护电器。热继电器形式多样，其中常用的有：双金属片式（利用双金属片受热弯曲去推动杠杆使触点动作）、热敏电阻式（利用电阻值随温度变化而变化的特性制成的热继电器）、易熔合金式（利用过载电流发热使易熔合金达到某一温度值时，合金熔化而使继电器动作）。使用最多、最普遍的是双金属片式热继电器。目前，双金属片式热继电器多为三相式，有带断相保护和不带断相保护两种。

（1）双金属片热继电器的结构及工作原理　JR36 系列带断相保护的热继电器结构和电气符号如图 3-19 所示。

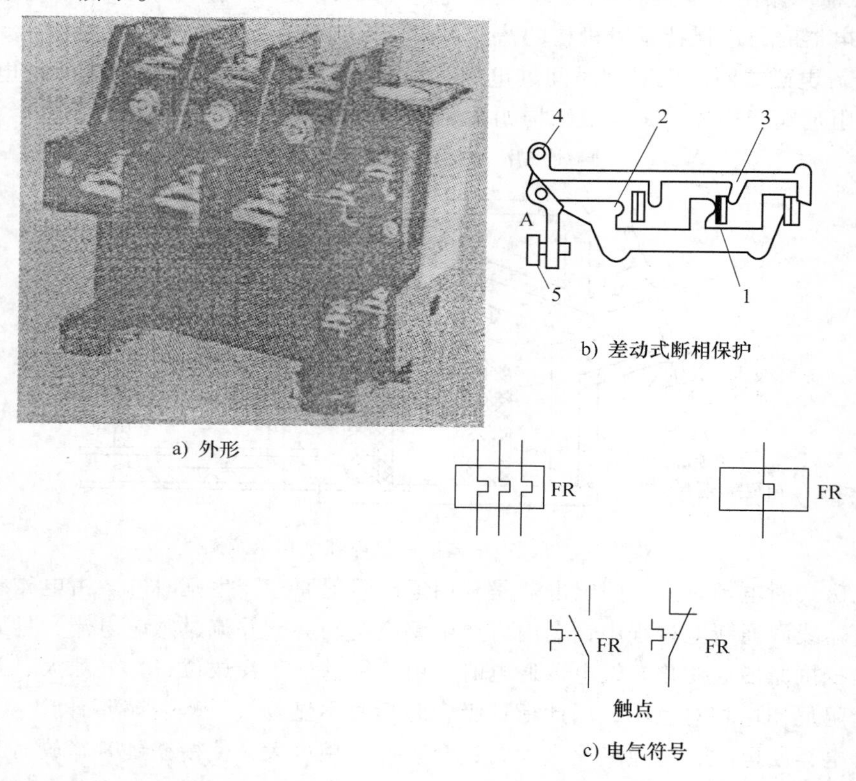

a) 外形

b) 差动式断相保护

c) 电气符号

图 3-19　JR36 系列热继电器结构示意图和电气符号

1—主双金属片　2—外导板　3—内导板　4—杠杆　5—补偿双金属片

由图 3-19 可知，热继电器主要由主双金属片、热元件、复位按钮、动作机构、触点系统、电流调节旋钮、复位机构、温度补偿元件等组成。

其工作原理如下：热元件由发热电阻丝做成，并绕在主双金属片外表面，串接于电动机的主电路中，通过热元件的电流就是电动机的工作电流。主双金属片是一种热感测元件，由两种热膨胀系数不同的金属辗压而成，当双金属片受热时，会出现弯曲变形。当电动机正常运行时，热元件产生的热量虽能使双金属片弯曲，但还不足以使热继电器的触点动作。当电动机过载时，双金属片弯曲位移增大，推动导板使常闭触点断开，通过控制电路切断电动机的工作电源起保护作用。

热继电器动作电流的调节是通过旋转电流调节凸轮来实现的。电流调节凸轮为一个偏心轮，旋转它可以改变动作机构和动触点之间的传动距离，距离越长动作电流就越大，反之动作电流就越小。

热继电器复位方式有自动复位和手动复位两种，将复位螺钉旋入，可使双金属片冷却后动触点自动复位；如将复位螺钉旋出，双金属片冷却后动触点不能自动复位，则为手动复位置方式。此方式下，必须按下手动复位按钮才能使触点手动复位。

热继电器的断相保护功能是由内、外导板组成的差动放大机构来实现的，其动作原理示意图如图 3-20 所示。

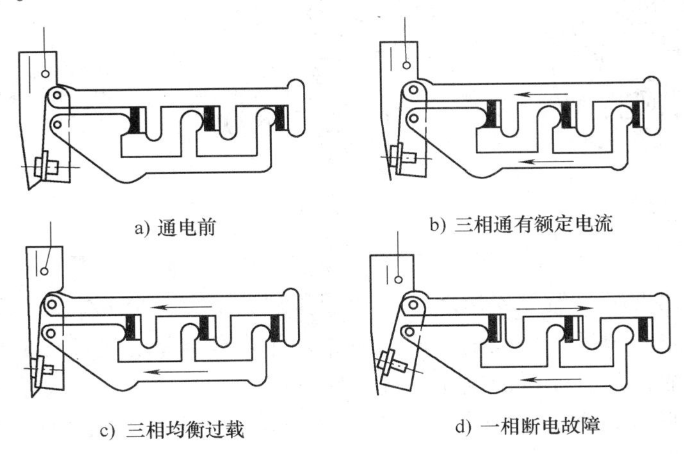

a) 通电前　b) 三相通有额定电流　c) 三相均衡过载　d) 一相断电故障

图 3-20　差动式断相保护装置示意图

当电动机三相均衡过载时，通过三个热元件的电流相等，内外两导板均向左移至适当位置，使常闭触点断开。当出现电源一相断线而造成缺相时，该相电流为零，该相的双金属片冷却复位，使内导板向右移动，另两相的双金属片因电流增大而弯曲程度增大，使外导板更向左移动，由于内外两导板一左一右地移动，产生差动作用，导致相对移动量增大，并在杠杆的放大作用下，在出现断相故障后很短的时间内就推动常闭触头使其断开，使交流接触器释放，电动机断电停车而得到保护。

（2）热继电器的型号　常用的热继电器产品有 JR36、JRS1 和 T 等系列，JR20、JR36、JRS1 系列热继电器具有断相保护、温度补偿、整定电流可调、手动复位功能。T 系列产品规格齐全，整定电流可达 500A，常与新型 B 系列交流接触器配套使用。

（3）热继电器的选择原则　热继电器主要用于电动机的过载保护，使用中应考虑电动机的工作环境、起动情况、负载性质等因素，具体应按以下几个方面来选择。

1）热继电器结构形式的选择：星形接法的电动机可选用两相或三相结构热继电器，三角形接法的电动机应选用带断相保护装置的三相结构热继电器。

2）热继电器的动作电流整定值一般为电动机额定电流的 1.05 ~ 1.1 倍。但对过载能力较差的电动机，通常按电动机额定电流的 60% ~80% 来选择热继电器的额定电流。

3）对于重复短时工作的电动机（如起重机电动机），由于电动机不断重复升温，热继电器双金属片的温升跟不上电动机绕组的温升，此时电动机将得不到可靠的过载保护。因此，不宜选用双金属片热继电器，而应选用过电流继电器或能反映绕组实际温度的温度继电器来进行保护。

5. 速度继电器

速度继电器是当转速达到规定值时动作的继电器，主要用于笼型异步电动机的反接制动控制，故又称为反接制动继电器。感应式速度继电器是靠电磁感应原理实现触点动作的。其外形、结构原理和电气符号如图 3-21 所示。

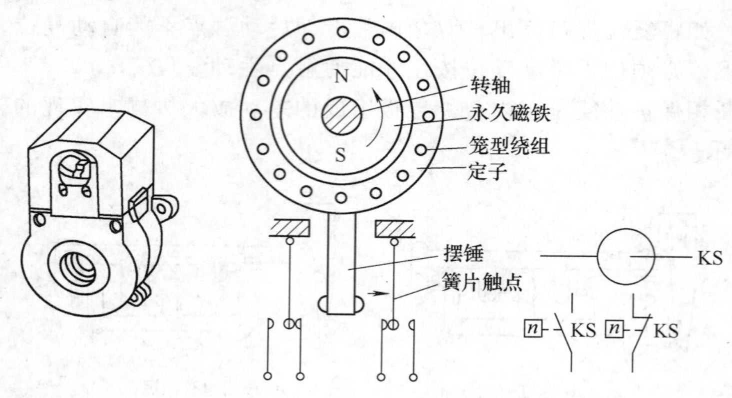

图 3-21 速度继电器的外形、结构原理示意图及电气符号

从结构上看，速度继电器主要由定子、转子和触点系统三部分组成。定子与交流电动机类似，是一个笼型空心圆环，由硅钢片冲压而成，并装有笼型绕组。转子是一个圆柱形永久磁铁。速度继电器的轴与电动机的轴相连接，转子固定在轴上，定子与轴同心。当电动机转动时，转子（圆柱形永久磁铁）随之转动产生一个旋转磁场，定子中的笼型绕组切割磁力线而产生感应电动势和感应电流，此感应电流与永久磁铁的磁场作用产生转矩，使定子向轴的转动方向偏摆，通过定子摆锤推动簧片，使常闭触点断开、常开触点闭合。当电动机转速下降到一定数值时，转矩减小，定子摆锤在簧片弹力的作用下恢复原位，定子返回原位，触点也恢复到原来状态。

常用的感应式速度继电器有 JY1 和 JFZ0 系列。JY1 系列能在 3000r/min 以下可靠工作。JFZ0 型触点动作速度不受定子柄偏转快慢的影响，触点改用微动开关。JFZ0 系列 JFZ0—1 型适用转速范围为 300 ~ 1000r/min，JFZ0—2 型适用转速范围为 1000 ~ 3000r/min。速度继电器有两对常开、常闭触点，分别对应于被控电动机的正、反转运行。触点额定电压为 380V，额定电流为 2A。速度继电器常用于铣床和镗床的控制电路中，一般情况下，速度继电器的触点在转速达到 120r/min 以上时能动作，100r/min 以下时能恢复正常位置。

6. 液位继电器

液位继电器主要用于对液位的高低进行检测并发出开关量信号，以控制电磁阀、液泵等设备对液位的高低进行控制。液位继电器的种类很多，工作原理也不尽相同，下面介绍 JYF—02 型液位继电器。其结构示意图及电气符号如图 3-22 所示。

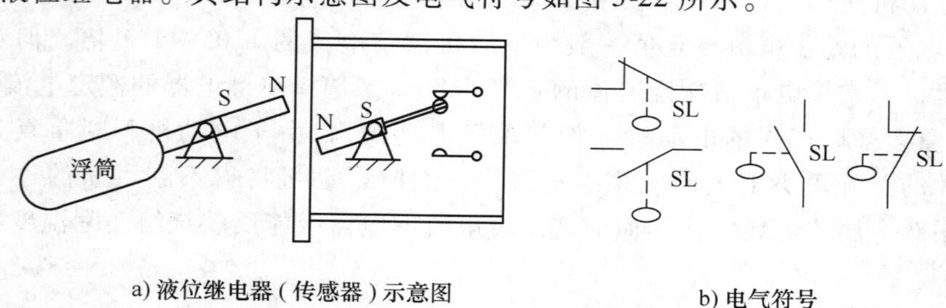

a) 液位继电器（传感器）示意图 b) 电气符号

图 3-22 JYF—02 型液位继电器结构示意图及电气符号

浮筒置于液体内，浮筒的另一端为一根内磁铁，靠近内磁铁的液体外壁装一根外磁铁，并和动触点相连，当水位上升时，浮筒受浮力而绕固定支点上浮，带动内磁铁向下，当内磁铁 N 极低于外磁铁 N 极时，由于液体壁内外两根磁铁同性相斥，壁外的外磁铁受排斥力迅速上翘，带动触点迅速动作。同理，如图 3-22 所示，当液位下降，浮筒下沉，内磁铁上翘，当内磁铁 N 极高于外磁铁 N 极时，外磁铁受排斥力迅速下翘，带动触点迅速动作。液位高低的控制是由液位继电器安装的位置来决定的。

7. 压力继电器

压力继电器是利用液体的压力来通断电气触点的液压电气转换元件，常用于机床的液压控制系统中。当系统压力达到压力继电器的整定值时，发出电信号，电气元件（如电磁铁、电动机、时间继电器、电磁离合器等）动作，使油路卸压、换向，执行元件实现顺序动作，或关闭电动机使系统停止工作，起安全保护作用。压力继电器有柱塞式、膜片式、弹簧管式和波纹管式四种结构形式。柱塞式压力继电器如图 3-23 所示，其工作原理简单介绍如下。

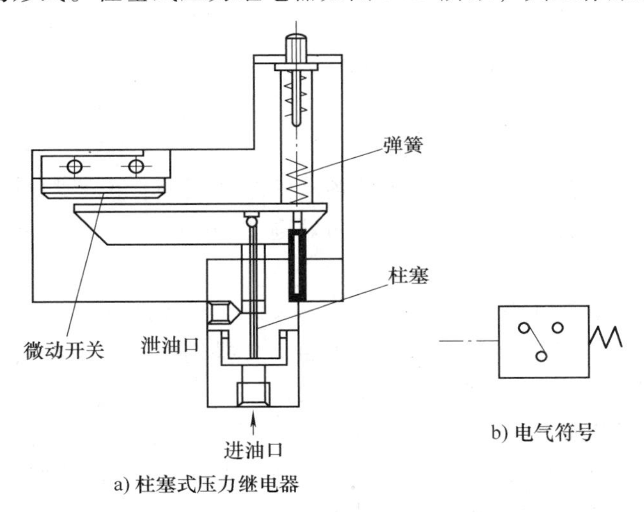

a) 柱塞式压力继电器

b) 电气符号

图 3-23　柱塞式压力继电器结构示意图及电气符号

当从继电器下端进油口进入的液体压力达到整定压力值时，推动柱塞上移，此位移通过杠杆放大后推动微动开关动作。改变弹簧的压缩量，可以调节继电器的动作压力。

3.7　低压断路器

低压断路器也称为自动空气开关，是低压配电网和电力拖动系统中非常重要的一种电器。它集控制和多种保护功能于一身，除能接通和分断负载电路外，还能在电路和电气设备发生短路、过载或欠电压等故障时进行保护，也可用来控制不频繁起动的电动机。

低压断路器具有操作方便、安全、工作可靠、动作值可调、分断能力高、兼顾多种保护功能、动作后不需要更换元件等优点，目前被广泛应用。

1. 低压断路器的结构

低压断路器在结构上相当于刀开关、熔断器、热继电器、过电流继电器及欠电压继电器的组合，如图 3-24 所示，其电气符号如图 3-25 所示。

1）主触点及灭弧装置。主触点用来接通和分断主电路，灭弧装置用来灭弧。

2）脱扣器。包括过电流脱扣器、欠电压脱扣器、热脱扣器，是断路器的感测元件。当电路出现故障时，脱扣器感测到故障信号，便经自由脱扣机构使断路器主触点分断。

3）自由脱扣机构（搭钩、轴、杠杆）和操作机构（锁扣、弹簧）。自由脱扣机构是用来联系操作机构与主触点的机构。当操作机构处于闭合位置时，也可操作分励脱扣器（图3-24中未画出）进行脱扣，将主触点分开。

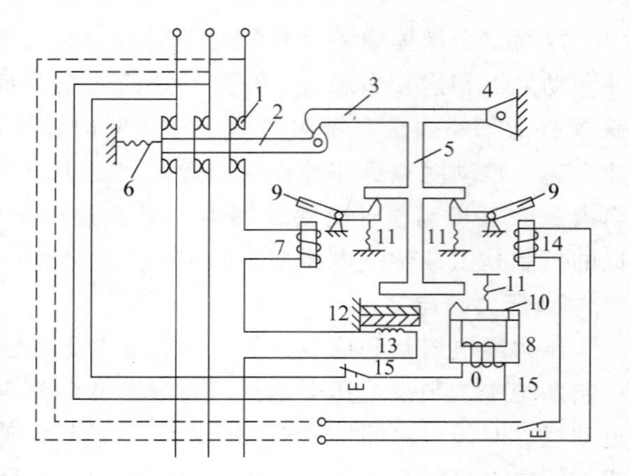

图3-24 低压断路器结构原理图

1—主触头 2—锁键 3—搭钩（自由脱扣机构） 4—转轴 5—杠杆 6—复位弹簧 7—过电流脱扣器 8—欠电压脱扣器 9—衔铁 10—衔铁 11—弹簧 12—热脱扣器双金属片 13—热脱扣器加热电阻丝 14—分励脱扣器 15—释放按钮

2. 工作原理

低压断路器的三个主触点串接于三相电路中，靠操作机构手动合闸。触点闭合后，自由脱扣机构将触点锁在合闸位置上。当电路发生短路、过载或欠电压等故障时，通过各自的脱扣器使自由脱扣机构动作，自动跳闸以实现保护作用。分励脱扣器则作为远距离控制分断电路之用。

1）过电流脱扣器用于电路的短路和过电流保护。当线路的电流大于整定的电流值时，过电流脱扣器所产生的电磁力使搭钩脱扣，动触点在弹簧的拉力下迅速断开，实现断路器的跳闸功能。

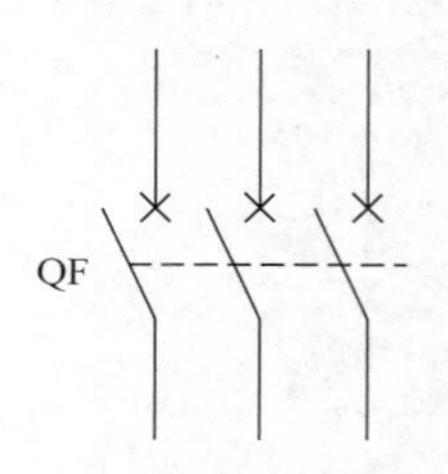

图3-25 低压断路器电气符号

2）热脱扣器用于电路的过载保护。其工作原理和热继电器相同，当电路过载时，热脱扣器的热元件发热使双金属片上弯曲，推动自由脱扣机构动作，使搭钩脱扣，实现断路器的跳闸功能。

3）欠电压脱扣器用于欠电压、失电压保护。欠电压脱扣器的线圈直接接在电源上，处于吸合状态，断路器可以正常合闸。当停电或电压很低时，欠电压脱扣器的吸力小于弹簧的反力，动铁心向上使搭钩脱扣，实现断路器的跳闸功能。

4）分励脱扣器用于远方跳闸。在正常工作时，其线圈是断电的，当需要远距离控制时，在远方按下按钮，分励脱扣器得电产生电磁力，衔铁带动自由脱扣机构动作使其脱扣跳闸。

3. 低压断路器典型产品介绍

低压断路器主要以结构形式分类，有装置式（塑壳式）、框架式（万能式、开启式）两种。

（1）装置式断路器　装置式断路器有绝缘塑料外壳，内装触点系统、灭弧室及脱扣器等，可手动或电动（对大容量断路器而言）合闸，有较高的分断能力和动稳定性以及较完善的选择性保护功能，广泛用于配电线路。

目前常用的有DZ5、DZ15、DZ20、DZX19和C45N（目前已升级为C65N）等系列断路器。其中C45N（C65N）断路器具有体积小、分断能力高、限流性能好、操作轻便、型号规格齐全等优点，可以方便地在单极结构基础上组合成二极、三极、四极断路器，广泛应用于60A及以下的民用照明支、干线及支路中（多用于住宅用户的进线开关及商场照明支路开关）。

（2）框架式低压断路器　框架式断路器一般容量较大，具有较强的短路分断能力和较高的动稳定性。适用于交流50Hz、额定电流380V的配电网络中作为配电干线的主保护。

框架式断路器主要由触点系统、操作机构、过电流脱扣器、分励脱扣器及欠电压脱扣器、附件及框架等部分组成，全部组件进行绝缘后装于框架结构底座中。

目前我国常用的有DW15、ME、AE、AH等系列的框架式低压断路器。DW15系列断路器是我国自行研制生产的，全系列具有1000A、1500A、2500A和4000A等几个型号。

ME、AE、AH等系列断路器是引进技术生产的。它们的规格型号较为齐全（ME开关电流从630～5000A，共13个等级），额定分断能力较DW15更强，常用于低压配电干线的主保护。

（3）智能化断路器　目前国内生产的智能化断路器有框架式和塑壳式两种。框架式智能化断路器主要用于智能化自动配电系统中的主断路器，塑壳式智能化断路器主要用在配电网络中分配电能和线路及电源设备的控制与保护，亦可用于三相笼型异步电动机的控制。智能化断路器的特征是采用了以微处理器或单片机为核心的智能控制器（智能脱扣器）。它不仅具备普通断路器的各种保护功能，同时还具备实时显示电路中的各种电气参数（电流、电压、功率、功率因数等）、对电路进行在线监视、自行调节、测量、试验、自诊断、可通信等功能，能够对各种保护功能的动作参数进行显示、设定和修改，保护电路动作时的故障参数能够存储在非易失存储器中以便查询。国内DW45、DW40、DW914（AH）、DW18（AE-S）、DW48、DW19（3WE）、DW17（ME）等智能化框架式断路器和智能化塑壳式断路器，都配有原国家机械部“八五”至“九五”期间的重点项目——ST系列智能控制器及配套附件，产品性能指标达到国际20世纪90年代先进水平。它采用积木式配套方案，可直接安装于断路器本体中，无需重复二次接线，并可多种方案任意组合。

4. 低压断路器的主要技术参数

1）额定电压：指断路器在电路中长期工作的允许电压。

2）额定电流：指脱扣器允许长期通过的电流。

3）断路器壳架等级额定电流：指每一种框架或塑壳中能安装的最大脱扣器的额定电流。

4）断路器的通断能力：指在规定操作条件下，断路器能接通和分断短路电流的能力。

5. 低压断路器的选用原则

1）根据电路对保护的要求确定断路器的类型和保护形式。

2）断路器额定电压应等于或大于电路额定电压。

3）断路器的额定电流应大于或等于被保护电路的计算电流。

4）热脱扣器的整定电流应与所控制的电动机的额定电流或负载的额定电流一致。

5）对过电流脱扣器的瞬时脱扣电流的要求：保护笼型异步电动机的断路器，瞬时脱扣电流为8～15倍电动机额定电流；对于保护绕线转子异步电动机的断路器，其瞬时脱扣电流为3～6倍电动机额定电流。

6）断路器欠电压脱扣器的额定电压应等于电路额定电压。

7）断路器分励脱扣器的额定电压应等于控制电源电压；

8）断路器通断能力应等于或大于线路中可能出现的最大短路电流。

3.8 电磁铁

电磁铁是利用载流铁心线圈产生的电磁吸力来操纵机械装置，以完成预期动作的一种电器。它是将电能转换为机械能的一种电磁元件。

1. 电磁铁的结构

在很多低压电器产品中，如断路器、接触器、继电器等，都使用电磁铁这种元件。电磁铁一般由铁心（静铁心）、动铁心（衔铁）、线圈、短路环（适用于交流电磁铁）、反作用力弹簧、磁轭等构成，其中铁心一般是静止的，线圈总是装在铁心上。电磁铁的结构形式很多，按磁路系统形式可分为拍合式、盘式、E 形和螺管式；按衔铁运动方式可分为转动式和直动式。

（1）电磁铁铁心用材料

1）对于短时工作的电磁铁，如分励脱扣器、断路器的瞬动电磁铁等，因不考虑磁滞损耗，其铁心可采用低碳钢（如 Q235—A）等材料。

2）对于直流电磁铁，因直流无磁滞损耗（但仍有涡流），铁心本身损耗小，故可用圆柱形碳钢或电工纯铁棒（用这种材料加工也容易）。

3）交流电磁铁由于磁导体（铁心）在交流励磁下有铁损（包括磁滞损耗和涡流损耗），加上它们往往是 8h 工作制，甚至是不间断工作制（如欠电压脱扣器）或断续周期工作制（如接触器），运行中损耗大，因此铁心材料采用硅钢片叠装（片间绝缘）而成。

4）要求体积小、精度高的铁心（如某些小体积断路器的欠电压脱扣器，剩余电流动作断路器的电磁式漏电脱扣器等），应采用剩磁小、矫顽力小、磁滞回路面积小的铁镍软磁合金（坡莫合金）来制作。

（2）反力弹簧　反力弹簧是电磁铁的重要元件。有此弹簧，就能使吸力小于弹簧反力时释放，使动铁心一起带动触点脱开与静触点的接触。反力弹簧不能过小，否则打不掉脱扣板；也不能太大，太大时徒然要增大吸力，才能保证在正常振动时不致引起电磁铁动作（跳开）。

（3）交流电磁铁的短路环　电磁铁在通电后发出不刺耳的嗡嗡声，这是交流电磁铁的正常交流声（硅钢片叠装后，片中的涡流与相邻片涡流产生吸合或相斥的振动声，这是避免不了的）。如果交流声超过正常，或因极面不平引起铁心振动而产生噪声是不允许的：一是振动会加速电磁铁极面的磨损以致损坏；二是噪声会污染环境，令操作人员难以忍受。为了解决这个问题，在交流电磁铁的极面上嵌一个铜质（非磁性物质）的短路环（又称分磁环）。嵌入短路环后，铁心极面就分成两部分：一部分被短路环包围，一部分不包围。通电时，通过短路环包围极面的磁通 Φ_1 滞后于未被包围极面磁通 Φ_2 一个角度，它们各自形成的吸力 F_1 和 F_2 不同，因而 F_1 和 F_2 的合力——铁心极面的总吸力，不会在电流过零时等于零，而是在某一最大值与最小值之间周期性地变化。只要做到最小的吸力大于弹簧的反作用力，就可以消除铁心的振动。

2. 电磁铁的基本工作原理

当线圈通电后，铁心和衔铁被磁化，成为极性相反的两块磁铁，它们之间产生电磁吸力。当吸力大于弹簧的反作用力时，衔铁开始向着铁心方向运动。当线圈中的电流小于某一定值或中断供电时，电磁吸力小于弹簧的反作用力，衔铁将在反作用力的作用下返回原来的释放位置。

3. 电磁铁的特性

1）直流电磁铁吸力的特点是：电磁吸力与气隙大小的平方成反比，气隙越大，电磁吸力越小。

2）交流电磁铁吸力的特点是：当外施电压一定时，铁心中磁通的幅值基本上是一个恒值，这样电磁吸力 F_X 将不变。但是在电压一定时，励磁电流不仅决定于线圈的电阻，更主要是决定于线圈的电抗，而且与工作气隙值的大小有关。

4. 电磁铁的分类

（1）按其线圈电流的性质分　可分为直流电磁铁、交流电磁铁和本整型电磁铁。

1）交流电磁铁。阀用交流电磁铁的使用电压一般为交流220V，电气线路配置简单。交流电磁铁起动力较大，换向时间短。但换向冲击大、工作时温升高（外壳设有散热筋）；当阀芯卡住时，电磁铁因电流过大易烧坏，可靠性较差，所以切换频率不许超过30次/min，寿命较短。

2）直流电磁铁。直流电磁铁一般使用24V直流电压，因此需要专用直流电源。其优点是不会因铁心卡住而烧坏（其圆筒形外壳上没有散热筋），体积小、工作可靠，允许切换频率为120次/min，换向冲击小、使用寿命较长。但起动力比交流电磁铁小。

3）本整型电磁铁。本整型指交流本机整流型。这种电磁铁本身带有半波整流器，可以在直接使用交流电源的同时，具有直流电磁铁的结构和特性。

（2）按用途不同分　可分为牵引电磁铁、阀用电磁铁、制动电磁铁及其他类型的专用电磁铁。

1）牵引电磁铁。主要用于自动控制设备中牵引或推斥其他机械装置，以达到自控或摇控的目的。

其原理为：线圈通电后，衔铁吸合，经过推杆（或拉杆）来驱动被操作机构。

2）阀用电磁铁。主要用于金属切削机床中，远距离操作各种液压阀、气动阀，以实现自动控制。

其工作原理是：在不通电时，衔铁被阀体推杆推动到额定行程，而线圈通电时电磁力使阀杆移动，控制阀门的开闭。

3）制动电磁铁。制动电磁铁是操纵制动器作机械制动用的电磁铁，通常与闸瓦制动器配合使用，在电气传动装置中作电动机的机械制动用，以达到准确和迅速停车的目的。现以短行程电磁铁为例说明其工作情况。

其工作原理为：线圈通电后，衔铁绕轴旋转而吸合，衔铁克服弹簧拉力，迫使制动杠杆向左右移动，使闸瓦与闸轮脱离松开。当线圈断电后，衔铁释放，在弹簧拉力的作用下，使制动杠杆同时向里移动，带动闸瓦与闸轮紧紧抱住，完成刹车制动。

5. 电磁离合器

XA6132万能铣床主轴电动机停车制动，主轴上刀制动以及进给系统的工作进给、快速移动皆由电磁离合器来实现。电磁离合器又称电磁联轴器，它是利用表面摩擦和电磁感应原理，在两个作旋转运动的物体间传递转矩的执行电器。由于它便于远距离控制、能耗小、动作迅速可靠、结构简单，故广泛应用于机床的电气控制。铣床上采用的是摩擦片式电磁离合器。

其工作原理为：主动摩擦片可以沿轴向自由移动，因为是花键联接，故主动摩擦片将随同主动轴一起转动；从动摩擦片与主动摩擦片交替叠装，可以随从动齿轮转动，并在主动轴转动时它可以不转。线圈通电后产生磁场，将摩擦片吸向铁心，衔铁也被吸住，紧紧压住各摩擦片。于是，依靠主动摩擦片与从动摩擦片之间的摩擦力，使从动齿轮随主动轴转动。电磁离合器线圈电压达到额定值的85% ~105%时，离合器能可靠地工作。

思考题与习题

3.1 什么是低压电器，它有哪些常见分类方式？

3.2 简述低压电器的作用。

3.3 低压电器的基本结构组成是怎样的？

3.4 开启式负荷开关（旧称瓷底胶盖刀开关）为什么得到广泛应用，它在电路中起什么作用，主要用在什么场合？

3.5 开启式负荷开关怎样安装和使用？

3.6 封闭式负荷开关（也叫铁壳开关）的结构有何特点，主要用在哪些场合？

3.7 组合开关（转换开关）的结构有什么特点，与普通开关有何不同？

3.8 组合开关多用在哪些地方，在电路起什么作用？

3.9 怎样选择刀开关？

3.10 熔断器的主要作用是什么？

3.11 简述熔断器的结构和工作原理。

3.12 常见的低压熔断器有哪些？

3.13 怎样选择熔断器？

3.14 怎样选择熔体的额定电流？

3.15 按钮的主要作用是什么？

3.16 控制按钮的结构是怎样的？动作有什么特点？

3.17 常用控制按钮的种类、规格有哪些？

3.18 说一说常见控制按钮不同颜色的含义。

3.19 什么叫行程开关，它在电路中主要起什么作用？

3.20 行程开关是怎样动作的？

3.21 常用行程开关有哪些类别和系列？

3.22 怎样安装行程开关？

3.23 接触器是一种什么样的电器，主要用途是什么？

3.24 交流接触器是由哪几部分组成的？

3.25 交流接触器的工作原理是怎样的？

3.26 交流接触器的主触点和辅助触点各有何作用？

3.27 交流接触器的电磁机构主要用途是什么？

3.28 交流接触器铁心上的短路环起什么作用？

3.29 交流接触器的灭弧装置主要用途是什么？

3.30 交流接触器型号的含义是什么？

3.31 交流接触器的技术参数有哪些？

3.32 怎样选择接触器？

3.33 接触器在日常运行中怎样维护？

3.34 继电器是一种怎样的电器，有哪几个基本部分组成？

3.35 继电器与接触器有哪些主要区别？

3.36 电磁式继电器的结构怎样？

3.37 什么叫过电流继电器，什么叫欠电流继电器，它们各自的作用是什么？

3.38 什么叫过电压继电器，什么叫欠电压继电器，它们各自的作用是什么？

3.39 中间继电器的结构是怎样的，它的作用是什么？

3.40 电磁式继电器的技术参数是什么？

3.41 试比较中间继电器和交流接触器的相同之处与不同之处？

3.42 什么叫时间继电器，时间继电器分为几类，它们有什么特点？

3.43 空气阻尼式时间继电器由哪几部分组成，通过什么作用而达到延时？

3.44 空气阻尼式时间继电器的工作原理是怎样的？

3.45 时间继电器的符号是怎样的？

3.46 怎样选择时间继电器？

3.47 热继电器的作用是什么？

3.48 双金属片热继电器的结构如何，工作原理是怎样的？

3.49 什么是热继电器的整定电流，整定的方法是怎样的？

3.50 怎样选择热继电器？

3.51 为什么只有带断相保护的热继电器才能对电动机起到断相保护作用？

3.52 什么叫速度继电器，应用在什么场合？

3.53 速度继电器是由哪几部分组成的？

3.54 速度继电器的工作原理是怎样的？

3.55 什么叫压力继电器，应用在什么场合？

3.56 压力继电器的工作原理是怎样？

3.57 断路器的工作原理是什么？

3.58 框架式断路器与装置式断路器各有什么特点，分别适用哪些场合？

3.59 简述断路器的结构特点，其作用如何？

3.60 我国现在能生产哪些型号的塑壳式断路器？

3.61 怎样选用断路器？

3.62 电磁铁是一种什么样的电器，有哪几个基本组成部分？

3.63 电磁铁的是怎样工作的？

3.64 常见不同用途的电磁铁有哪些？

第4章　三相异步电动机的基本控制电路

工厂的电气设备（如机床等），大多是采用电动机来拖动的，而电动机尤其是三相异步电动机，大多是由开关、接触器、继电器、按钮和行程开关等组成的电气控制电路来进行控制的。利用在第3章中所学的常用低压电器，就可以构成各种不同的控制电路，满足生产机械对电气控制系统所提出的要求。实际控制系统中，无论多么复杂的电路，都是由一些基本控制环节按需要组合而成的。本章主要讨论三相异步电动机的点动和长动控制、正反转控制、位置控制、顺序控制和多点控制、延时控制及保护电路等。

在学习本课题内容过程中，要理解基本控制线路的工作原理，学会分析基本控制线路的方法，掌握安装基本控制线路的基本技能，为后继章节的学习打下良好基础。

4.1　电气控制系统图中的图形文字符号及绘图原则

电气控制系统图是一种工程图，用来表达电气控制系统的设计意图，便于电气控制工作原理分析、安装、调整、使用和维修的技术文件资料。它需要用统一的工程语言形式来表达，这个统一的工程语言就是国家电气制图标准。电气控制系统图必须要用标准的图形符号、文字符号及规定的绘图原则绘制。

4.1.1　电气控制系统图中的图形符号和文字符号

我们国家规定，自1990年1月1日起，电气控制系统图中的图形、文字符号必须符合最新的国家标准。当前采用的最新标准是国家标准局颁布的GB/T 4728—1996～2005《电气简图用图形符号》、GB/T 6988—1997～2008《电气技术用文件的编制》。

电气图中的符号有图形符号、文字符号和回路标号等。

1. 电气图中的图形符号

图形符号是一种统称，通常是指用于图样或其他文件表示一个设备或概念的图形、标记或字符。它以一种简明易懂的方式来传递信息，表示一个实物或一个概念。图形符号包含符号要素、一般符号和限定符号。

（1）符号要素　一种具有确定意义的简单图形，必须同其他图形组合，以构成一个设备或概念符号，称为符号要素。例如接触器常开主触点的符号就是由接触器触点功能和常开触点符号组合而成的。

（2）一般符号　一般符号是用于表示同一类产品和此类产品特性的一种很简单的符号，它们是各类元器件的基本符号。例如一般电阻器、电容器和半导体二极管符号。

（3）限定符号　限定符号是用以提供附加信息的一种加在其他符号上的符号。例如在电阻器一般符号的基础上，加上不同的限定符号就可组成可变电阻器、光敏电阻器、热敏电阻器等具有不同功能的电阻器。使用限定符号以后，可以使图形符号具有多样性。

绘制电气图时，图形符号的使用方法如下：

1）符号尺寸大小、线条粗细依据国家标准可以放大与缩小，但在同一张图样中，同一符号的尺寸应保持一致，各符号间及符号本身的比例应保持不变。

2）所有符号，均应按无电压、无外力作用的正常状态绘制。例如应按按钮未按下、刀开关未闭合等绘制。

3）图形符号中，某些设备元器件有多个图形符号时，应该尽可能选用优选形。在能够表达其含义的情况下，尽可能采用最简单的形式。

4）标准中示出的符号方位，在绘制图样时方位不是强制的，在不改变符号本身含义的前提下，可以将图形符号根据需要旋转或成镜像放置，但文字符号和指示方向不能倒置。

5）有些具体电器的符号，设计者可根据国家标准的符号要素，由一般符号和限定符号组合而成。

2. 电气图中的文字符号

电气图中的文字符号应符合国家标准 GB/T 7159—1987《电气技术中的文字符号制订通则》的规定，主要用于标明电气设备、装置和元器件的名称、功能、状态和特征的。它可以在电气设备、装置和元器件上或其近旁使用，以表明电气设备、装置和元器件的种类字母代码或功能字母代码。电气图中的文字符号分为基本文字符号和辅助文字符号。

（1）基本文字符号　基本文字符号分为单字母符号和双字母符号两种。

1）单字母符号。单字母符号是用拉丁字母将各种电气设备、装置和元器件划分为23个大类，每一大类用一个专用单字母符号表示。例如：“R”代表电阻器，“M”代表电动机，“C”代表电容器。

2）双字母符号。双字母符号是由一个表示种类的单字母与另一个字母组成，并且单字母符号在前，另一个字母在后。双字母中在后的字母通常为该类设备、装置和元器件英文名词的首位字母。所以，双字母符号可以较详细和更具体地表述电气设备、装置和元器件的名称。例如：“RP”代表可变电阻器，“RT”代表热敏电阻器，“FU”代表熔断器。

（2）辅助文字符号　辅助文字符号是用以表示电气设备、装置和元器件以及电路的功能、状态和特征的。例如：“DC”代表直流，“IN”代表输入；“RD”代表红色等。辅助文字符号也可以放在表示种类的单字母后边组成双字母符号。例如：“Y”是电气操作机械装置的单字母符号，“B”是代表制动的辅助文字符号，“YB”代表电磁制动器。辅助文字符号还可以单独使用，例如：“ON”代表接通；“PE”代表接地；“N”代表中性线。

3. 电路各接点标记

1）三相交流电源引入线采用L1、L2、L3标记。

2）电源开关之后的三相交流电源主电路分别按U、V、W顺序标记。

3）分级三相交流电源主电路采用三相文字代号U、V、W的前边加上阿拉伯数字1、2、3等来标记，如1U、1V、1W，2U、2V、2W等。

4）电动机分支电路各个接点标记采用三相文字代号后面加数字来表示，数字中的个位数表示电动机代号，十位数字表示该支路各接点的代号，U21为第一相的第二个接点代号，依此类推。

5）电动机绕组首端分别用U、V、W标记，尾端分别用U′、V′、W′标记，双绕组的中点则用U″、V″、W″标记。

6）控制电路采用阿拉伯数字编号，一般由三位或三位以下的数字组成。标注方法按

“等电位”原则进行，在垂直绘制的电路中，标号顺序一般由上而下编号，凡是被线圈、绕组、触点或电阻、电容等元件间隔的线段，都应标以不同的电路标号。

4.1.2 电气控制系统图及绘图原则

电气控制系统图包括电气原理图、电气元件布置图和电气安装接线图。

1. 电气原理图

电气原理图是为了便于阅读和分析控制电路，根据简单清晰的原则将电气元件展开而绘制成表示电气控制电路工作原理的图形。在电气原理图中只给出所有电气元件的导电部件和接线端点之间的相互关系，并不按照各电气元件的实际位置和接线情况来绘制，也不反映电气元件的大小。下面结合图 4-1 所示的 CW6132 型车床电气原理图来说明绘制电气原理图的基本规则和注意事项。

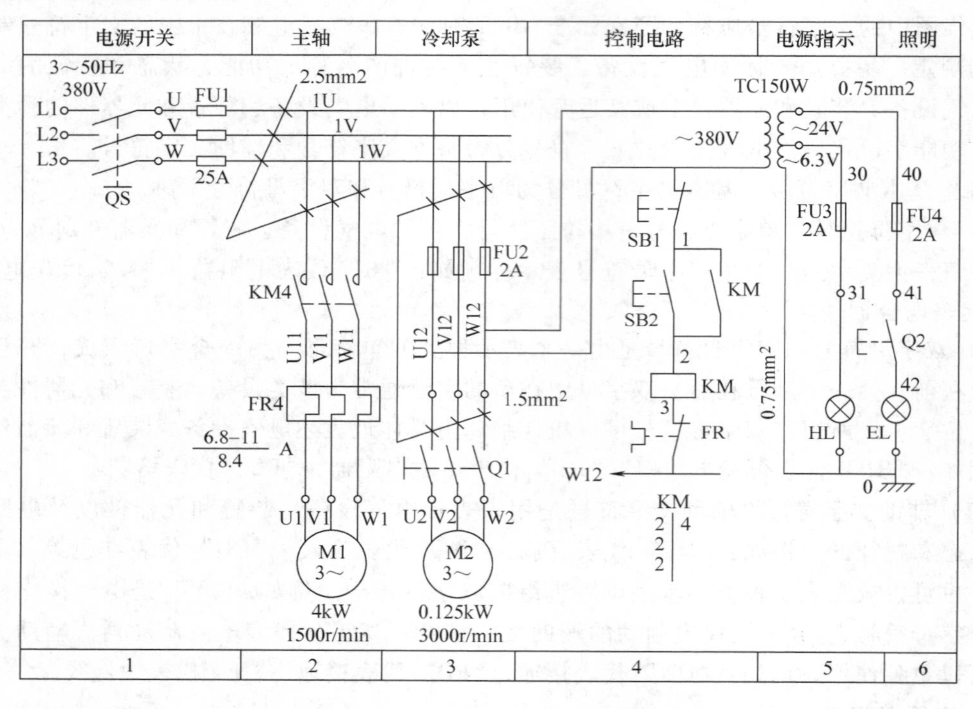

图 4-1 CW6132 型车床电气原理图

（1）绘制电气原理图的基本规则

1）原理图一般分主电路和辅助电路两部分画出。主电路就是从电源到电动机绕组的大电流通过的路径；辅助电路包括控制电路、照明电路、信号电路及保护电路等，由继电器的线圈和触点、接触器的线圈和辅助触点、按钮、照明灯、信号灯和控制变压器等电气设备与装置组成。一般主电路与辅助电路应分开绘制，其中主电路用粗实线绘制在图面的左侧（或上部）；辅助电路则用细实线绘制在图的右侧（或下部）。

2）电气原理图中，各电气元件不画实际的外形图，而采用国家标准规定的图形符号和文字符号进行绘制。属于同一电器的线圈和触点，都要用同一文字符号表示。当使用相同类型的电器时，可在文字符号后加注阿拉伯数字来区分。

3）电气原理图中，各电气元件的导电部件，如线圈和触点的位置，应根据便于阅读和分析的原则来安排，绘制在它们完成作用的地方。同一电气元件的各个部件可以不绘制在一起。

4）电气原理图中所有电器触点的图形符号，都按没有通电或没有外力作用时的开闭状态绘制。如继电器、接触器的触点，按线圈未通电时的状态绘制，按钮、行程开关的触点按不受外力作用时的状态绘制，控制器按手柄处于零位时的状态绘制等。当图形垂直放置时，以“左开右闭”原则绘制，即垂直线左侧的触点为常开触点，垂直线右侧的触点为常闭触点。当图形为水平放置时，以垂直放置时的原则，顺时针或逆时针旋转 90°绘制。

5）电气原理图中，无论是主电路还是辅助电路，各电气元件一般应按动作顺序从上到下、从左到右依次排列，可水平布置或垂直布置。

6）由若干元件组成的具有特定功能的环节，可用点画线框括起来，并标注环节的主要作用。

对于电路和元件完全相同并重复出现的环节，可以只绘出其中一个环节的完整电路，其余相同环节可用虚线方框表示，并标明该环节的文字符号或环节的名称。该环节与其他环节之间的连线可在虚线方框外面绘出。

7）对于外购的成套电气装置，如稳压电源、电子放大器、晶体管时间继电器等，应将其详细电路与参数绘在电气原理图上。

8）电气原理图中的全部电动机、电气元件的型号、文字符号、用途、数量、额定技术数据，均应填写在元件明细表内。

（2）图面区域的划分　图面分区时，竖边从上到下用拉丁字母、横边从左到右用阿拉伯数字分别编号。分区代号用该区的字母和数字表示，如 B3、C5 等。图 4-1 下方的自然数列是图区横向编号，它是为了便于检索电气线路，方便阅读分析而设置的。图区上方的“电源开关”等标注，是标明它对应的下方元件或电路的功能，以利于理解全电路的工作原理。

（3）符号位置的索引　在较复杂的电气原理图中，继电器、接触器线圈或触点的文字符号下方要标注其触点或线圈位置的索引。如图 4-1 中，图区 2 中 FR 下面的 4，即为最简单的索引代号，它指出热继电器 FR 的触点位置在图区 4，图区 2 中接触器主触点 KM 下面的 4 指出 KM 的线圈位置在图区 4。

在电气原理图中，接触器和继电器线圈与触点的从属关系应用附图表示，即在电气原理图中相应线圈的下方，绘出触点的文字符号，并在其下面注明相应触点的索引代号，对未使用的触点用“×”表明或省去不表示。如图 4-1 图区 4 中 KM 线圈下的

$$\begin{array}{c|c|c} 2 & 4 & \\ 2 & & \\ 2 & & \end{array}$$

是接触器 KM 相应触点的位置索引。它省去了用“×”表明的未用触点。左栏为主触点所在图区（三个主触点在图区 2），中栏为辅助常开触点所在的图区号。（一个辅助常开触点在图区 4，另一个没有使用，省略未标，右栏为辅助常闭触点所在图区号（两个触点均未使用，省略未标）。

（4）电气原理图中技术数据的标注　电气元件的技术数据，除在电气元件明细表中标明外，有时还用小号字体标注在其图形符号的旁边，如图 4-1 中标注在导线旁的 2.5mm^2、15mm^2、0.75mm^2 等数字是表明该导线的截面积。

2. 电气元件布置图

电气元件布置图主要用来表明各种电气设备在机械设备上和电气控制柜（板）上的实际安装位置，为机械电气控制设备的制造安装、维修提供必要的文件资料。各电气元件的安装位置是由机床的结构和工作要求决定的，如电动机要和被拖动的机械部件在一起，行程开关应放在需取得信号的地方，操作元件要放在操纵台及悬挂操纵箱等操作方便的地方，一般电气元件应放在控制柜内等。

机床电气元件布置图主要由机床电气设备布置图、控制柜或控制板电气设备布置图、操纵台及悬挂操纵箱电气设备布置图等组成。图 4-2 所示为 CW6132 型车床电气设备布置图。

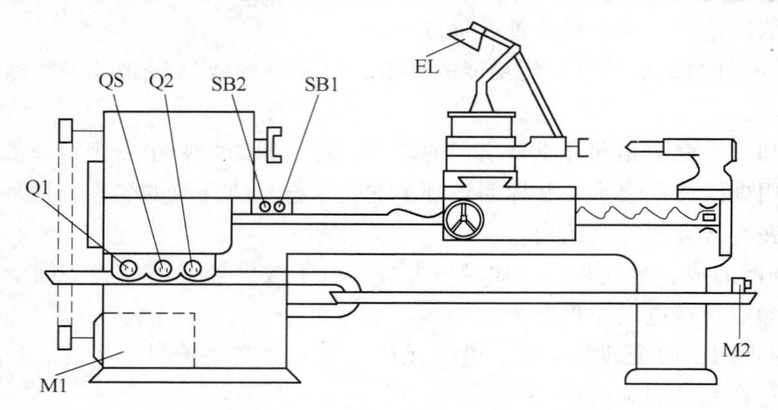

图 4-2 CW6132 型车床电气设备布置图

CW6132 型车床控制板电气设备布置如图 4-3 所示。

3. 电气安装接线图

电气安装接线图是为了安装电气设备和电气元件时进行配线或检查维修电气控制线路故障提供的技术资料。在图中要表示出各电气设备之间的实际接线情况，并标注出外部接线所需的数据。在接线图中各电气元件的文字符号、元件连接顺序、线路号码编制都必须与电气原理图一致。

图 4-4 所示是根据图 4-1 所示电气原理图绘制的电气安装接线图。图中表明了该电气设备中电源进线、按钮板、照明灯、电动机、电气安装板接线端之间的连接关系。

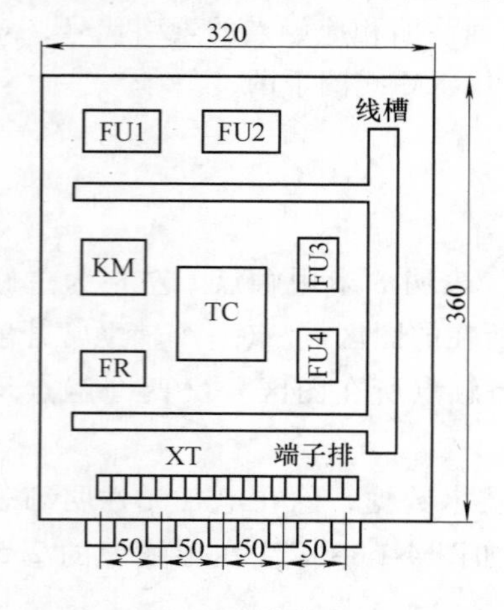

图 4-3 CW6132 型车床控制板电气布置图

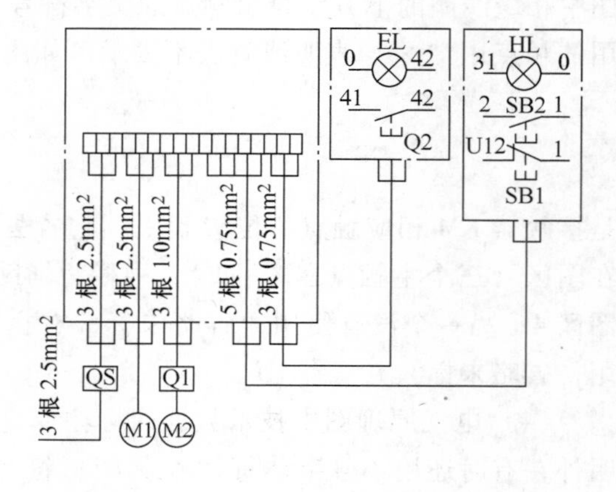

图 4-4 CW6132 型车床电气安装接线图

对于某些较为复杂的电气设备、电气安装板上的元件较多时，应绘制安装板的接线图。

4.2　小容量三相异步电动机单向旋转直接起动控制电路

所谓电动机的起动，是指电动机接通电源后由静止状态逐渐加速到稳定运行状态的过程。将额定电压直接加到电动机的定子绕组上使电动机起动的方式，称为直接起动或全压起动。这种方法的优点是所用电器设备少、电路简单，是一种简单经济的起动方法，但由于直接起动时其起动电流为电动机额定电流的4～7倍，过大的起动电流会使电网电压降低，从而直接影响在同一电网上工作的其他电气设备的稳定运行，所以允许直接起动的电动机容量受到一定的限制。

判断一台交流电动机能否采用直接起动，可用下面经验公式来确定

$$\frac{I_{st}}{I_N} \leqslant \frac{3}{4} + \frac{S}{4P} \tag{4-1}$$

式中　I_{st}——电动机直接起动时的起动电流，单位为A；

I_N——电动机额定电流，单位为A；

S——电源变压器容量，单位为kV·A；

P——电动机容量，单位为kW。

满足此条件可直接起动，否则应采取减压起动。通常电动机容量不超过电源变压器容量的15%或电动机容量较小时，都允许直接起动。

实现电动机单向起动的控制方式很多，而不同的场合和不同的要求下应采用不同的控制方式，下面讨论几种常用的控制电路。

4.2.1　单向旋转控制电路

三相异步电动机单向旋转控制电路可分为开关控制和接触器控制电路。接触器控制电路有点动和长动控制。

1. 开关控制电路

如图4-5所示为电动机单向旋转开关控制电路，其中图4-5a为刀开关控制电路，图4-5b为断路器控制电路。前者由熔断器实现短路保护，后者能实现长期过载的热保护和过电流保护。这种电路简单、所用电器少，它们仅适用于不频繁起动的小容量电动机，但不能实现远距离控制。

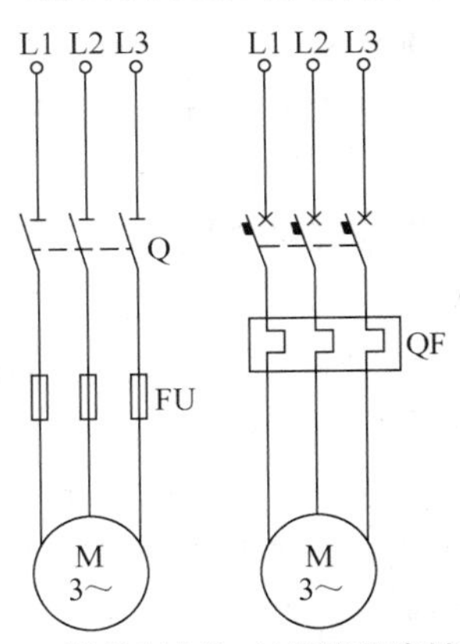

a) 刀开关控制电路　b) 断路器控制电路

图4-5　电动机单向旋转开关控制电路

2. 接触器控制电路

（1）长动控制电路　图4-6所示为电动机单向旋转接触器控制电路，通常也称为长动电路。图中Q为电源开关，FU1、FU2分别为主电路与控制电路熔断器，KM为接触器，SB1、SB2分别为停止按钮与起动按钮，M为三相笼型异步电动机。

电路工作原理：电动机起动时，合上电源开关Q，接通电路电源。按下起动钮SB2，其常开触点闭合，接触器

KM线圈通电吸合，其主触点闭合，电动机接入三相交流电源起动旋转。同时，与起动按钮SB2并联的接触器KM常开辅助触点闭合，从而使KM线圈经SB2触点与KM自身常开触点两路获得供电而吸合。当松开SB2按钮时，KM线圈仍通过自身常开触点这一路径继续保持通电，从而使电动机连续运转。这种依靠接触器自身辅助触点保持线圈通电的电路称为自锁电路，而这对常开辅助触点称为自锁触点。

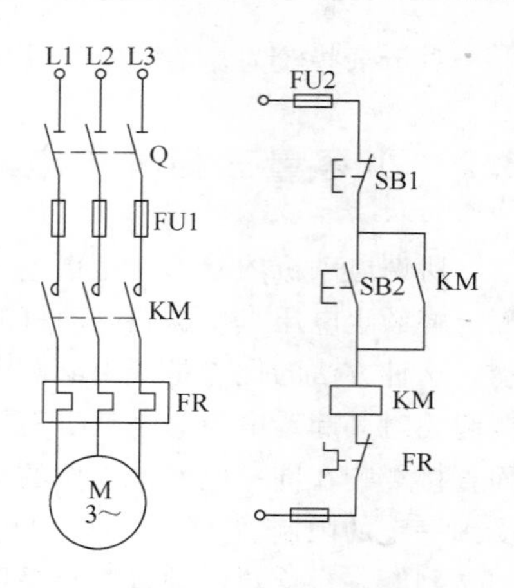

图4-6 电动机单向旋转接触器控制电路

电动机需停转时，可按下停止按钮SB1，接触器KM线圈断电并释放，KM常开主触点、辅助触点均断开，切断电动机主电路与控制电路，电动机停止旋转。

电路保护环节：1）短路保护。由熔断器FU1、FU2分别实现主电路与控制电路的短路保护。2）过载保护。由热继电器FR实现电动机的长期过载保护。当电动机出现长期过载时，串接在电动机定子电路中的发热元件使双金属片受热弯曲，经联动机构使串接在控制电路中的热继电器常闭触点断开，切断KM线圈电路，KM复位，KM主触点断开电动机电源，实现过载保护。3）欠电压和失电压保护。具有自锁电路的接触器控制具有欠电压与失电压保护作用。欠电压保护是指当电动机电源电压降低到一定值时自动切断电动机电源的保护，失电压（或零电压）保护是指运行中的电动机电源断电而停转，而一旦恢复供电时，电动机不至于自行起动的保护。

电动机运行中当电源电压下降，控制电路电源电压相应下降，接触器线圈电压下降，将引起接触器磁路磁通下降，电磁吸力减小，动铁心在反作用弹簧作用下释放，自锁触点断开，失去自锁功能；同时接触器主触点也断开，电动机切断电源，以免电动机因电源电压降低引起电动机电流加大而烧毁电动机。

电动机运行时，若电源停电，则电动机停转。在恢复供电时，由于接触器线圈断电，其主触点与自锁触点均已断开，所以主电路和控制电路都不会自行接通，电动机不会自行起动。只有再次按下起动按钮SB2方可使电动机再起动。

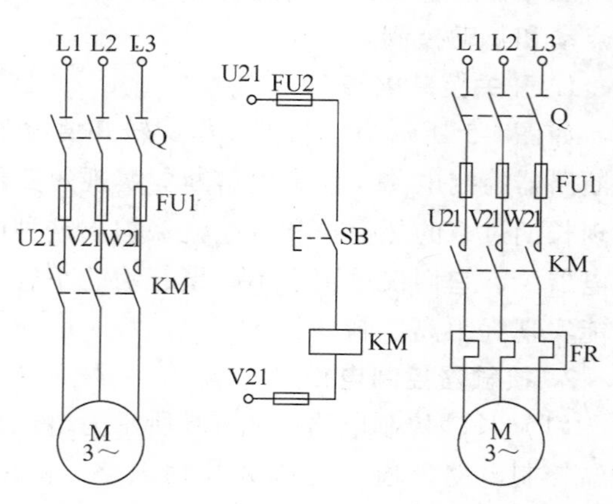

图4-7 电动机点动控制电路

（2）点动控制电路 生产机械不仅需要连续运转，同时在做调整工作时还需要点动控制，图4-7所示为电动机点动控制电路。点动控制电路与连续运行控制电路的根本区别在于有无自锁电路。从主电路上看连续运转电路中应装设热继电器作长期过载保护，而对于点动电路中电动机不长期工作，主电路可不接热继电器。图4-7所示为点动控制电路的基本类型。按下按钮SB，接触器KM线圈通电并吸合，其主触点闭合，电动机直接起动旋转；松开SB时，KM线圈断电并释放，主触点断开，电动机断电停止旋转。这种只要按下SB电动机就旋转，放开按钮 SB 电动机就停转的电路，称为点动或瞬动控制电路。

（3）点动与长动控制电路　点动与长动控制是异步电动机两种不同的控制方式，在实际工作中，如机床既要点动调整，又需要长期工作。所以将点动与长动控制结合起来使用，使同一台电动机既能点动又能长动，以满足控制要求。

点动与长动主要区别在于松开起动按钮后，电动机能否继续保持得电运转的状态。当松开起动按钮后，电动机继续保持得电运转状态，则为长动控制电路，当松开起动按钮后，电动机就断电停止运转，则为点动控制电路。

图 4-8a 所示为既能点动又能长动的控制电路。图 4-8a 中的长动控制原理与前相同，故不多述，点动控制原理如下：需点动时，只要按下按钮 SB3，其常闭触点首先断开自锁电路，常开触点使接触器线圈通电，主触点闭合，电动机便开始旋转。当手松开时，按钮常开触点首先断开，电动机就停止转动。而后常闭触点恢复闭合，这时接触器的常开辅助触点已断开。

需长动时，按下按钮 SB2，接触器 KM 吸合并自锁，电动机连续旋转。SB1 为停止按钮。

必须指出，这种电路中，要求点动按钮的常闭触点恢复闭合的时间应大于接触器的释放时间，否则将使自锁回路接通而不能实现点动控制。通常接触器的释放时间很短，约几十毫秒左右，故上述电路一般是可以用的。但是在接触器遇到故障而使其释放时间大于点动按钮的恢复时间时，将会产生误动作。为此，将电路进一步改进为如图 4-8b 所示的既可以点动、又可以长动的控制电路。这种电路在自锁触点支路中串有转换开关 SA。当开关 SA 断开时，切断了自锁电路，故为点动控制，可进行机床的调整。当机床调整完毕要正常运行时，必须闭合开关 SA，这样就接通了自锁电路，电动机起动，自锁触点闭合，电动机便可连续运行。

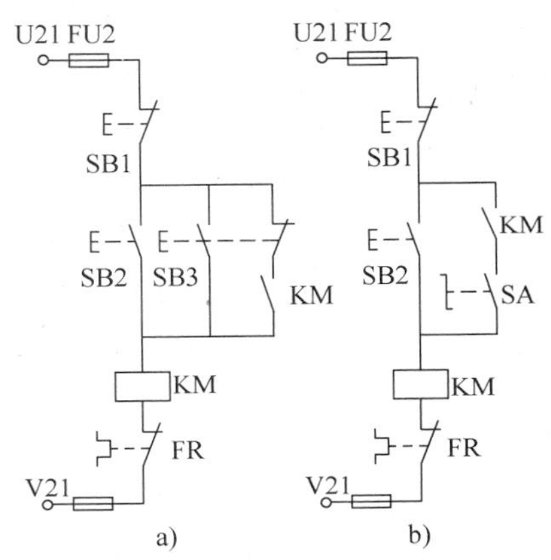

图 4-8　点动与长动控制电路

3. 多点控制电路

在大型机床设备中，为了操作方便，常常要求在两个或两个以上的地点都能进行操作，采用多点控制电路。如图 4-9 所示为实现两地控制的操作电路，即在各操作地点各安装一套按钮，其接线原则是各按钮的常开触点并联连接，常闭触点串联连接。

多人操作的大型冲压设备或多工位操作的流水作业线，为保证操作安全，要求几个操作者都发出指令信号（即按下起动按钮）后，才能起动设备进行工作。此时应将按钮的常开触点串联连接，如图 4-10 所示。该电路的接线原则是各按钮常开、常闭触点均串联，自锁回路并联在串联常开触点的两端。

4. 多台电动机顺序起、停控制电路

在装有多台电动机的生产机械上，各电动机所起的作用不同，有时需要按一定的顺序起动才能保证操作过程的合理和工作的安全可靠。例如，在铣床上就要求先起动主轴电动机，然后才能起动进给电动机。又如，带有液压系统的机床，一般都要先起动液压泵电动机，以后才能起动其他电动机。这些顺序关系反映在控制电路上，称为顺序控制或条件控制电路。

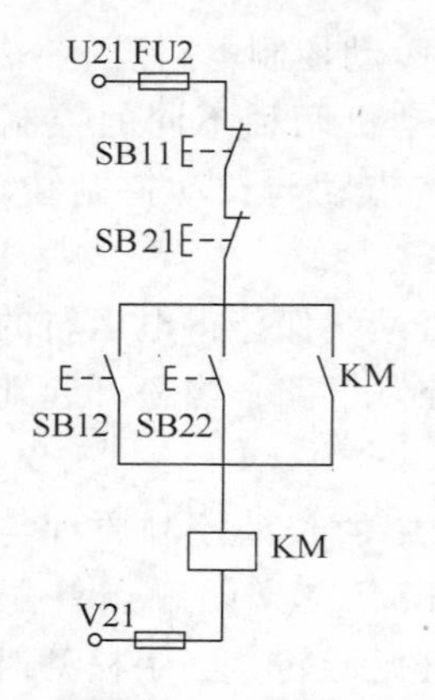

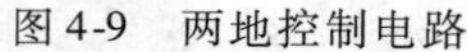
图 4-9 两地控制电路

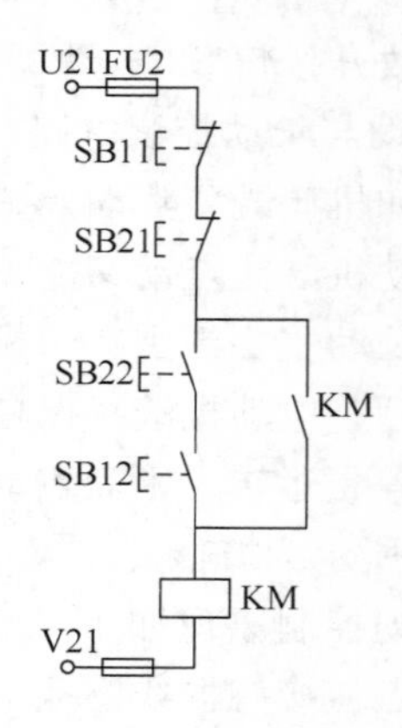

图 4-10 两点控制电路

图 4-11 所示是两台电动机 M1 和 M2 的顺序控制电路。该电路的特点是，电动机 M2 的控制电路接在接触器 KM1 的常开辅助触点之后。这就保证了只有当 KM1 接通、M1 起动后，M2 才能起动。而且，如果由于某种原因（如过载或失电压等）使 KM1 失电、M1 停转，那么 M2 也立即停止。所以，该电路中 M1 起动后，M2 才能起动，且 M1 和 M2 只能同时停止。

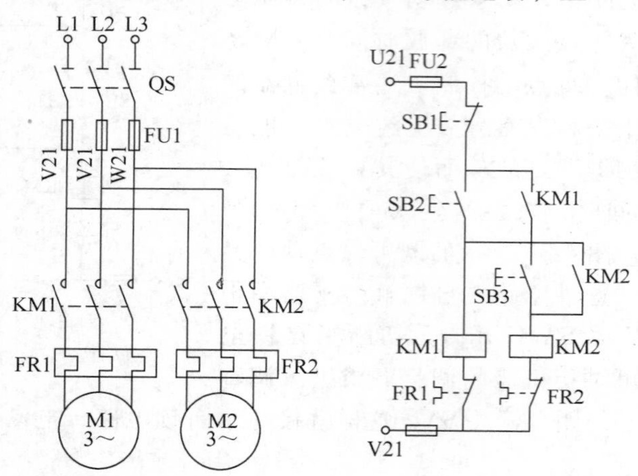

图 4-11 顺序控制电路

图 4-12 所示为另外两种顺序控制电路（主电路同上）。图 4-12a 的特点是：将接触器 KM1 的另一常开触点串联在接触器 KM2 线圈的控制电路中，同样保持了图 4-11 的顺序控制作用，即接通 KM1 起动 M1 后，才能起动 M2，M1 停止则 M2 也停止。但该电路可以实现 M2 单独停止。图 4-12b 的特点是，在 SB12 停止按钮两端并联了一个 KM1 的常开触点，所以只有先使接触器 KM2 线圈断电，即电动机 M2 停止，然后才能操作 SB12，进而断开接触器 KM1 线圈电路，使电动机 M1 停止。即 M1、M2 能单独起动，M2 能单独停止，但 M1 必须在 M2 停止后才能停止。

5. 步进控制电路

在一些简易顺序装置中，其工步（程序）依次自动切换是利用步进控制电路（也叫步进控制器）来完成的。这里介绍一种用中间继电器组成的步进控制电路的作用原理。图4-13 所示为顺序控制四个程序的步进控制电路。其中 G1 ~ G4 分别表示第一程序至第四程序的执行电路，可根据每一程序的具体要求另行设计。

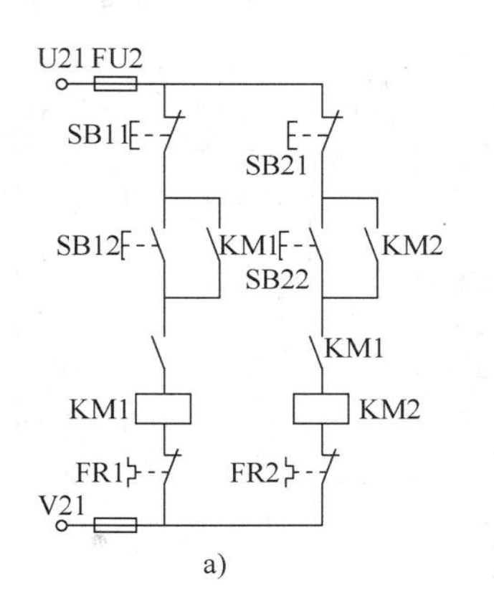

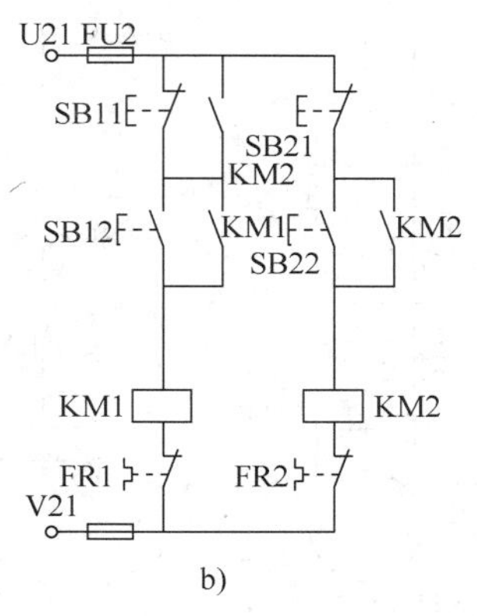

图 4-12　两种顺序控制电路

SQ1 至 SQ4 分别表示各程序执行完毕时发出控制信号，使工步自动切换到下一步。图 4-13 所示电路的工作原理为：先按 SB2，使继电器 KA1 线圈得电并自锁，此时 G1 持续得电，建立第一程序，进行第一工步的加工。同时，KA1 的另一常开触点闭合，为继电器 KA2 线圈得电做好准备。待第一工步加工完毕，给出第一程序结束信号开关——SQ1 闭合，使 KA2 线圈得电并自锁，KA2 的常闭触点切断 KA1 和 G1，即切断第一程序。G2 持续得电，建立第二程序，进行第二工步的加工，而 KA2 的另一个常开触点闭合，为 KA3 线圈的得电做好准备。依次自动切换，直至第四个程序结束，信号开关 SQ4 闭合，KA5 线圈得电自锁，KA5 的常闭触点切断 KA4 线圈回路，使 KA4 断电释放，G4 也断电，结束第四程序。这时全部程序执行完毕。按下 SB1 停止按钮，为下一次起动做好准备。

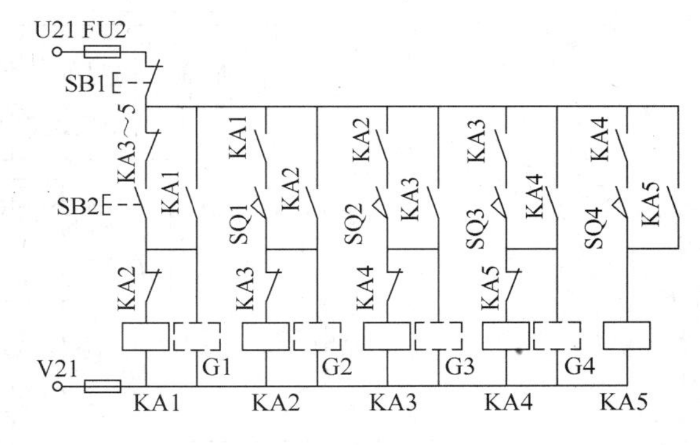

图 4-13　步进控制电路

此电路的特点是以一个继电器的得电和失电表征某一程序的开始和结束，它采用顺序控制电路，利用行程开关进行自动切换，保证了整个程序转换过程中只有一个程序在工作。

4.3　单向旋转长动控制电路的安装

在了解小容量三相异步电动机单相旋转直接起动控制电路的工作原理后，为接近实际，掌握控制电路的安装、调试，加深对实际应用中的电气元件、导线的认识，所以进行下列实际操作。

1. 电气原理图

如图 4-14 所示，其中图 4-14a 为电气原理图，图 4-14b 为电气布置图，图 4-14c 为电气安装接线图。

2. 实习目的

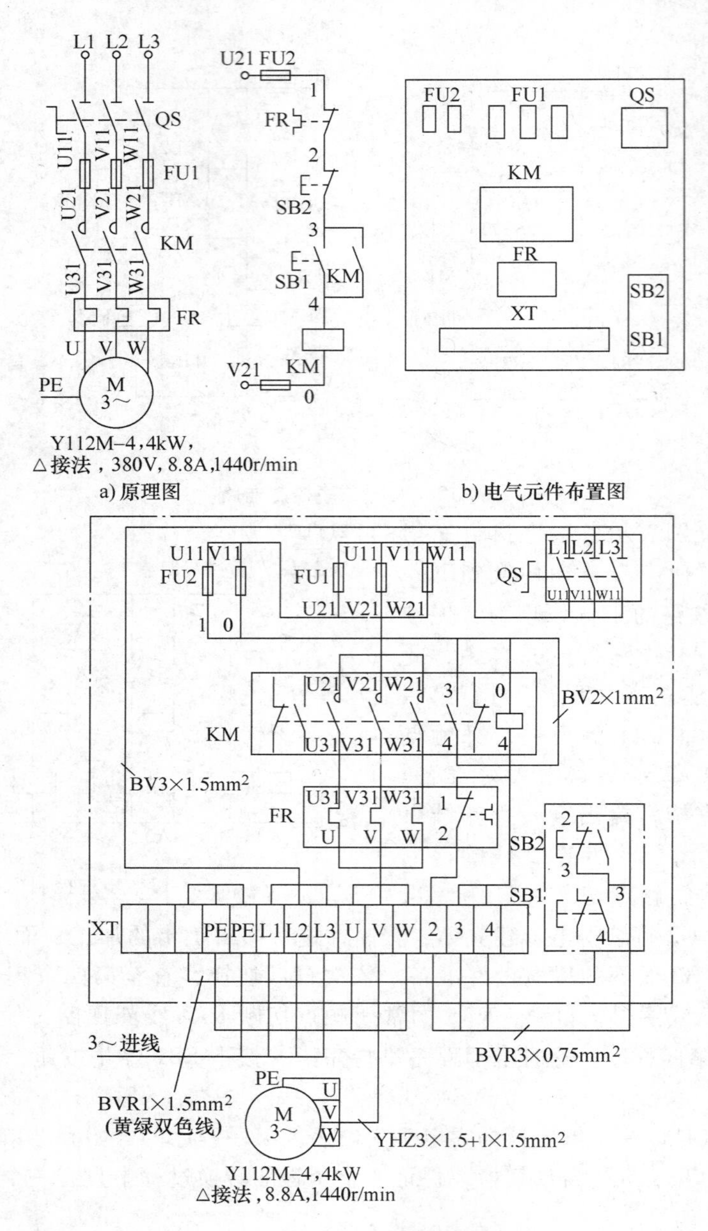

a) 原理图　　b) 电气元件布置图

c) 电气安装接线图

图 4-14　接触器自锁单向旋转控制电路

掌握单向旋转控制电路的安装、调试。

3. 工具、仪表及器材

（1）工具　螺钉旋具、尖嘴钳、平口钳、斜口钳、剥线钳等

（2）仪表　MF47 型万用表、绝缘电阻表

（3）器材

1）控制板一块。

2）导线规格：主电路采用 BV1.5mm^2；控制电路采用 BV1mm^2；按钮线采用 BVR0.75mm^2；接地线采用 BVR1.5mm^2（黄绿双色）。导线数量由教师根据实际情况确定。导线的颜色在初级阶段训练时，除接地线外，可不必强求，但应使主电路与控制电路有明显区别。

3）电气元件明细表。电气元件明细见表 4-1。

表 4-1　电气元件明细表

序　号	代　号	名　称	型　号	规　格	数　量
1	M	三相异步电动机	Y112M-4	4kW，380V，△接法 8.8A，1440r/min	1
2	QS	组合开关	HZ10-25/3	三极，额定电流 25A	1
3	FU1	螺旋式熔断器	RL1-60/25	500V，60A，配熔体额定电流 25A	3
4	FU2	螺旋式熔断器	RL1-15/2	500V，15A，配熔体额定电流 2A	2
5	KM	交流接触器	CJ20-10	10A，线圈电压 380V	1
6	SB	按钮	LA10-3H	保护式，按钮数 3（代用）	1
7	XT	端子板	JX2-1015	10A，15 节，380V	1
8	FR	热继电器	JR36-20/3	热元件编号 10，热元件额定电流 11A	1
9		其他		紧固件、编码套管若干	

4. 安装步骤和工艺要求

1）识读长动单向旋转控制电路，明确电路所用电气元件及作用，熟悉电路的工作原理。

2）按电气元件明细表配齐所用电气元件，并进行检验。

3）在控制板上按电气元件布置图安装电气元件，并贴上醒目的文字符号。

工艺要求如下：

① 熔断器的安装：熔断器的受电端子应安装在控制板的外侧，并使熔断器的受电端为底座的中心端。

② 各元件的安装位置应整齐、匀称、间距合理，便于元件的更换。

③ 紧固各元件时要用力均匀，紧固程度适当。

4）按接线图的走线方法进行板前明布线和套编码管。

工艺要求如下：

① 布线通道尽可能少，同路并行导线按主电路和控制电路分类集中、单层密排，紧贴安装面进行布线。

② 布线顺序一般以接触器为中心，由里到外、由低至高，按照先接控制电路、后接主电路的次序进行，以不防碍后续布线为原则。

③ 同一平面的导线应高低一致或前后一致，不能交叉。非交叉不可时，该根导线应在接线端子引出时就水平架空跨越，也属于走线合理。

④ 布线时应横平竖直，分布均匀。变换走向时应垂直。

⑤ 同一元件、同一回路的不同接点的导线间距离应保持一致。

⑥ 布线时严禁损伤线芯和导线绝缘。

⑦ 导线与接线端子或接线桩连接时，不得压绝缘层、不反圈、不露铜过长。

⑧ 一个电气元件接线端子上的连接导线不得多于两根，每节接线端子板上的连接导线一般只允许连接一根。若有两根导线一定要接到同一端子上，则需要用并接头先将两根导线并在一起，然后再接到接线端子上。

⑨ 在每根剥去绝缘层导线的两端套上编码管。所有从一个接线端子（或接线桩）到另一个接线端子（或接线桩）的导线必须连续，中间无接头。

5）根据电气原理图检查控制板布线的是否正确。

6）安装电动机。

7）连接电动机和按钮金属外壳的保护接地线。

8）连接电源、电动机等控制板外部的导线。

9）自检：

① 按电路图或接线图从电源端开始，逐端核对接线及接线端子处线号是否正确、有无漏接、错接之处。检查接点是否符合要求，压接是否牢固。接触应良好，以免带负载运行时产生闪弧现象。

② 用万用表检查电路的通端情况，检查时，应选用倍率适当的电阻档，并进行校零，以防短路故障发生。对控制电路的检查（可断开主电路），将表笔分别搭在 U21、V21 线端上，读数应为∝。按下 SB1 时，读数应为接触器线圈的直流电阻值。然后断开控制电路，检查主电路有无开路或短路现象。人为按下 KM 主触点架，测量 U21-U31、V21-V31、W21-W31 都应该导通。然后松开 KM 主触点架，测量 U21-U31、V21-V31、W21-W31 两点间应该是断开的。

10）交验：交指导教师检查无误后方可通电试车。

11）通电试车：

为保证人身安全，在通电试车时，要认真执行安全操作规程的有关规定，一人监护，一人操作，试车前应检查与通电试车有关的电气设备是否有不安全的因素存在，若查出应立即整改，然后方能试车。

① 通电试车前，必须征得教师同意，并由教师接通三相电源 L1、L2、L3，同时指导教师在现场监护。

② 学生合上 QS，用测电笔检查熔断器出线端，氖管亮说明电源已接通。

③ 按下起动按钮 SB1，观察接触器吸合是否正常，此时 KM 应吸合。观察电气元件动作是否灵活，有无卡阻及噪声过大等现象。

④ 松开 SB1，接触器 KM 继续吸合，电动机单向旋转，按下停止 SB2，KM 断电松开，电动机自然停车。

⑤ 试车成功率以通电后第一次按下按钮时计算。

⑥ 通电试车完毕，先切断电源 QS，拆除三相电源线，再拆除电动机接线。

5. 注意事项

1）电动机及按钮的金属外壳必须可靠接地。接至电动机的导线必须在导线通道内加以保护，或采用坚韧的四芯橡皮线或塑料护套线进行临时通电检验。

2）电源进线应接在螺旋式熔断器的下接线座上，出线则应接在上接线座上。

3）按钮内接线时，不可用力过猛，以防螺钉打滑。

4）在试车过程中，若有异常现象应马上停车，不得对电路接线进行带电检查。

5）训练应在规定时间内完成。

6. 评分标准

评分标准见表 4-2。

表 4-2　评分标准

项目内容	配分	评分标准		扣分
安装元件	15	(1) 不按电气元件布置图安装元件 (2) 元器件安装不紧固每只 (3) 元器件安装不整齐、不匀称、不合理 每只 (4) 损坏元器件	扣 15 分 扣 4 分 扣 3 分 扣 15 分	
布线	35	(1) 不按电气原理图接线 (2) 布线不符合要求，主电路每根 控制电路每根 (3) 接点不符合要求，每个接点 (4) 损伤导线绝缘或线芯，每根 (5) 漏接接地线	扣 25 分 扣 4 分 扣 2 分 扣 1 分 扣 5 分 扣 10 分	
通电试车	50	(1) 第一次试车不成功 (2) 第二次试车不成功 (3) 第三次试车不成功	扣 20 分 扣 35 分 扣 50 分	
安全文明生产		违反安全文明生产规程	扣 5 ~ 50 分	
定额时间 2.5h		每超时 2min 扣 1 分		
备注		各项扣分不得超过该项配分	成绩	
开始时间		结束时间	实际时间	

单向旋转控制电路，有刀开关控制电路、断路器控制电路、接触器控制电路。接触器控制电路有点动、长动电路和既能长动又能点动的控制电路。实际的控制电路一般是既能长动又能点动的控制电路，点动电路与长动电路的差异是有无自锁回路。要接成既能长动又能点动的电路，可以在自锁回路中串入一个选择开关。当开关打开时，相当于自锁回路去掉，电路实现点动控制；当开关闭合时，自锁回路接通，电路实现长动控制。安装单向旋转控制电路时，可在长动控制电路的基础上，保持原来的工艺，增加一个选择开关来完成点动和长动功能。在指导老师的监护下，完成电路的调试任务。

4.4　三相异步电动机正反转控制电路

正反转也称可逆旋转，它在生产中可实现控制动力部件向正、反两个方向运动。例如，机床主轴的正、反转，工作台的前进与后退，提升机构的上升和下降，机械装置的夹紧与松开等。对于三相异步电动机来说，就是实现正反转控制。控制方法是将主电路中的三相电源任意对调两相（改变三相电源的相序），电动机就会改变转向。

1. 手动控制电路

（1）倒顺开关正反转控制电路　利用倒顺开关控制电动机正反转的电路如图 4-15 所示。其中图 4-15a 所示为倒顺开关直接控制电动机的正反转和停止。由于倒顺开关无灭弧装置，此电路仅适用于容量在 5.5kW 以下电动机的正反转控制。对于容量大于 5.5kW、能直接起动的电动机，则采用图 4-15b 所示的电路来控制。在图 4-15b 所示电路中，倒顺开关仅用来预选电动机的旋转方向，而由按钮来控制接触器接通与断开电源，实现电动机的起动与停止。所以其控制电路实质为电动机单向旋转控制电路，而主电路引入了倒顺开关，实现其预先旋转方向的确定。此电路采用了接触器控制，并接入了热继电器 FR，所以电路具有长期过载保护和欠电压、零电压保护。此电路的不足是：必须在切断电源后，通过倒顺开关改变旋转方向，再通过控制电路来完成。

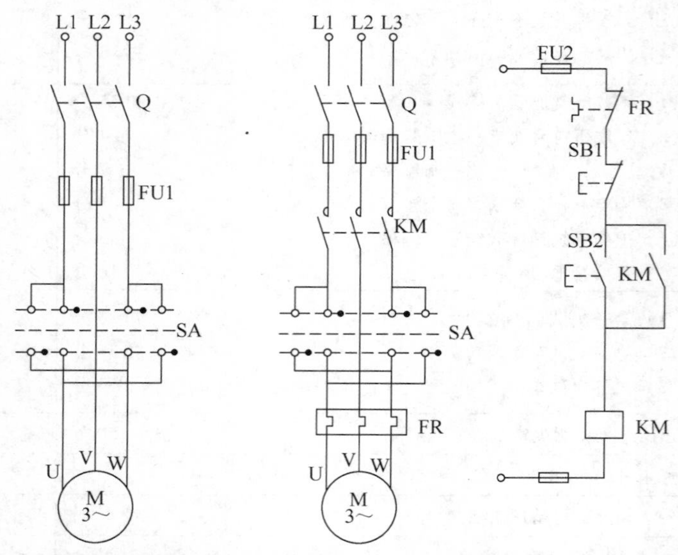

图 4-15 倒顺开关控制电动机的正反转电路

（2）按钮、接触器控制的正反转控制电路

1）接触器互锁正反转控制电路。图 4-16 所示为接触器互锁正反转控制电路。图中 KM1 为正转接触器，KM2 为反转接触器。在主电路中，KM1 的主触点和 KM2 的主触点可分别接通电动机的正转和反转主电路。其工作原理为：当按下 SB1 时，正转接触器 KM1 得电动作，主触点闭合，三相电源按正相序输入电动机，使电动机正转。按下停止按钮 SB3 时，电动机停止运转。当按下 SB2 时，反转接触器 KM2 得电动作，其主触点闭合，三相电源按反相序输入电动机，使电动机反转。

从主电路看，KM1 和 KM2 显然不能同时得电，否则会引起电源的严重短路。所以在控制电路中，把接触器的常闭辅助触点互相串联在对方的控制电路中进行互锁控制。这种电路中，任何一个接触器接通的条件是另一个接触器必须处于断电释放状态。例如正转接触器 KM1 线圈接通得电时，它的辅助常闭触点被断开，将反转接触器 KM2 线圈回路切断。此时，即使按下 SB2，也不可使 KM2 线圈得电的，所以 KM2 线圈在 KM1 接触器得电的情况下是无法接通得电的。反之也是一样。这种接触器辅助触点的互相制约关系称为“互锁”。

图 4-16 所示电路中，互锁是依靠电气元件、电气方向来实现的，所以也称为电气互锁。实现电气互锁的触点称为互锁触点。在机床控制电路中，这种互锁关系应用是极其广泛的。只要有相反动作的控制电路中如工作台的左右、上下移动等，都要有类似这种互锁的控制。

在图 4-16 所示电路中，如果在电动机处于正转状态时要想实现反转，则控制电路必须先操作停止按钮 SB3 后，再操作反转按钮 SB2 才能实现。就是说，从一个转向过渡到另一个转向时，要先按停止按钮 SB3，不能直接过渡，显然这种操作是不太方便的。

2）按钮互锁正反转控制电路。电路如图 4-17 所示。控制电路中采用了复合按钮 SB1 和 SB2，它们有两组触点：一组为常闭，一组为常开。在该电路中将常闭触点接入对方线圈回路中。这样只要按下按钮，就自然切断了对方线圈回路，从而实现互锁。这种互锁是利用手动按钮这种机械方法来实现的，为了区别与接触器触点的互锁（电气互锁），所以称按钮互锁为机械互锁。

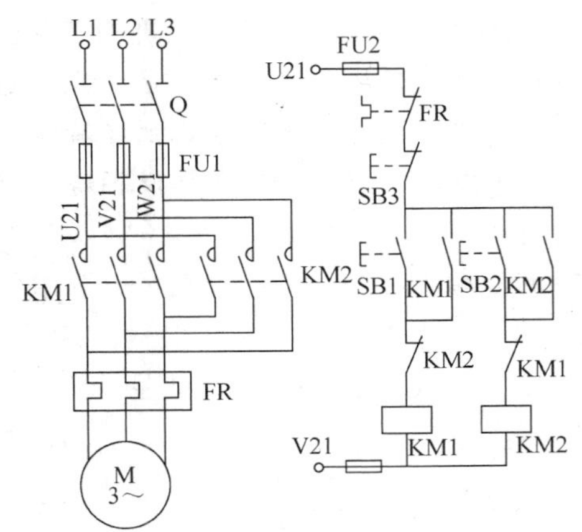

图 4-16　接触器互锁正反转控制电路

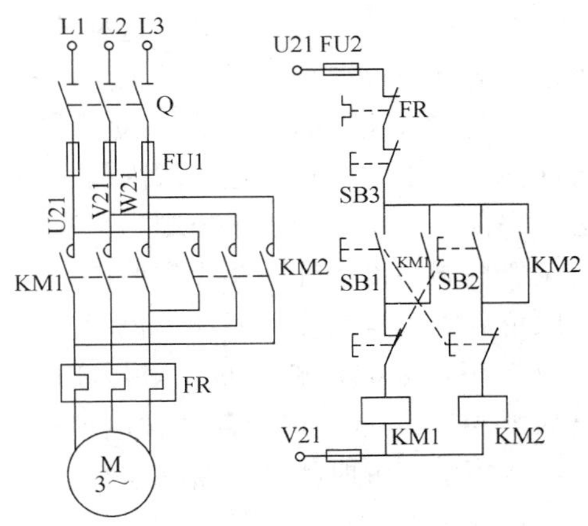

图 4-17　按钮互锁正反转控制电路

但只有按钮进行互锁，电路是不可靠的。在实际应用中可能出现这样的情况：由于负载短路或大电流的长期作用，接触器的主触点被强烈的电弧“烧焊”在一起；或者是接触器的机构因失灵、老化或剩磁的原因，使衔铁总是卡住在吸合的状态，这都可能使主触点不能断开。这时如果操作相反旋转方向的按钮，使另一接触器也得电吸合，就会使主电路短路，造成重大事故。所以，这种控制电路的安全性较低，实际中不宜采用。

3）双重互锁正反转控制电路。图 4-18 所示为按钮、接触器双重互锁正反转控制电路，也称为防止相间短路的正反转控制电路。该电路结合了接触器互锁（电气互锁）和按钮互锁（机械互锁）的优点，是一种比较完善的、既能实现正反转直接起动的要求、又具有较高安全可靠性的电路。这种电路操作方便、安全可靠、应用广泛。

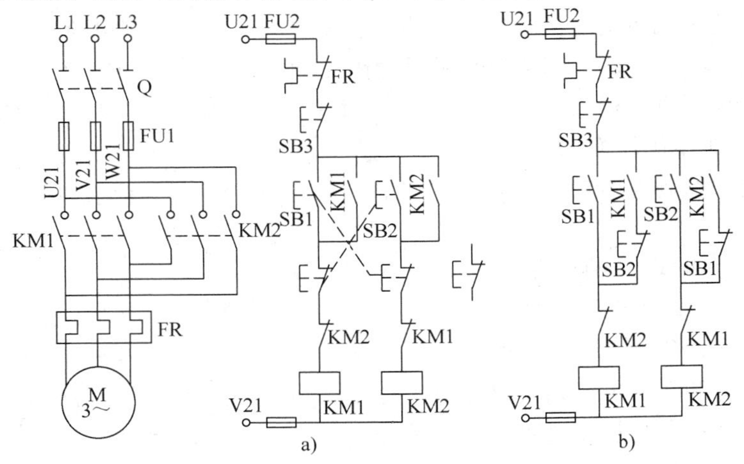

图 4-18　按钮、接触器双重互锁控制电路

这种电路结构完善，所以常将它们用金属外壳封装一起，制成成品直接供给用户使用，名称为可逆磁力起动器，其实质就是双重互锁正反转控制电路。

图 4-18 所示电路中，图 4-18a 和图 4-18b 两个控制电路不同之处在于复合按钮中的常闭触点串联位置不同，它们分别串入对方或线圈回路或自锁回路，但同样都能达到互锁目的。

2. 位置控制电路

位置控制也称为限位控制，这种控制电路广泛地应用在运料机、锅炉上煤机和某些机床进给限位运动的电气控制中。其生产机械运动部件的运动状态的转换是靠部件运行到一定位置时，由行程开关（位置开关）发出信号进行自动控制的。例如，行车运动到终端位置时的自动停车，工作台在指定区域内的自动往返移动，自动线上自动定位的工序转换等，都是由运动部件的位置或行程来控制的，这种控制又称为行程控制。

位置控制是以行程开关代替按钮来实现对电动机的起动、停止控制的，它可分为限位断电、限位通电和自动往复循环等控制。

（1）限位断电控制电路　限位断电控制电路如图 4-19 所示。运动部件在电动机拖动下，到达预定位置时能自动断电停车。

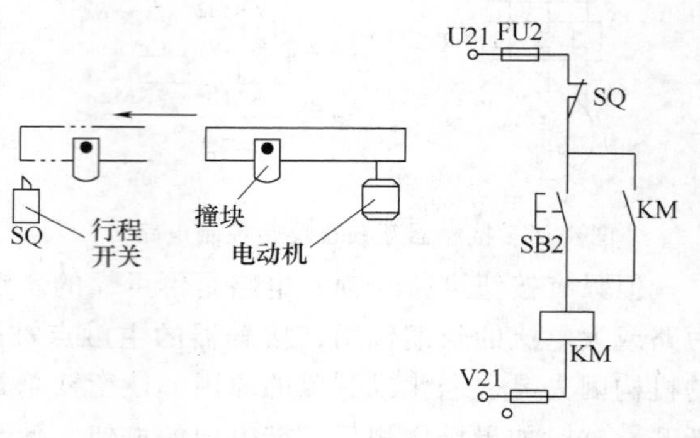

图 4-19　限位断电控制电路

电路的工作原理为：按下起动按钮 SB2，接触器 KM 线圈得电，辅助常开触点闭合，实现自锁，串在主电路中的主触点闭合，使电动机得电运转，通过传动机构带动工作台向前运动。工作台上安装有撞块，到达指定位置时，撞块压下行程开关 SQ，使其常闭触点断开，接触器 KM 线圈断电，主触点和自锁触点释放，电动机停转，工作台便自动停止在指定位置（压下行程开关的位置）。

这种控制方式通常用在行车和提升设备的行程终端保护上，以防止电动机未来得及切断电源而造成事故。

（2）限位通电控制电路　限位通电控制电路如图 4-20 所示，其功能是运动部件在电动机的拖动下，到达预先指定的位置后，能够自动接通接触器的控制电路。其中图 4-20a 所示为限位通电的点动控制电路，图 4-20b 所示为限位通电的长动控制电路。电路工作原理为：当电动机拖动的生产机械运动到指定位置时，撞块压下行程开关 SQ，使接触器 KM 线圈得电而形成新的控制操作。例如：加速、返回、延时停车等。这种控制电路在各种运动方式中起转换作用。

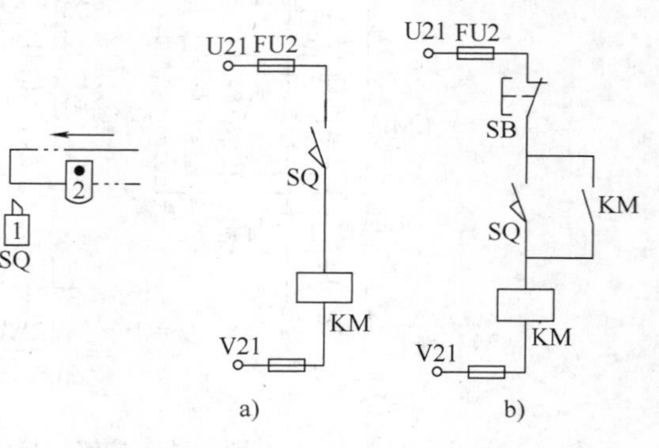

图 4-20　限位通电控制电路

（3）自动往复循环控制电路　自动往复循环控制电路和工作示意图如图 4-21 所示，工作台在行程开关 SQ1 和 SQ2 之间自动往复运动，调节撞块 1 和 2 的位置，可以调节工作行程往复区域的大小。该控制电路实质上是在正、反转接触器互锁控制电路上，增加行程开关的常开常闭触点构成的。行程开关 SQ1 和

SQ2 各有一对常开和常闭触点，其常开触点并联在对应按钮常开触点两端构成另一条控制电路，其常闭触点串在对应接触器线圈电路中构成互锁电路，当撞块压下任何一个行程开关时，都使该行程开关的常开触点先断开，切断原运动方向的接触器线圈电路，使其常开触点后闭合，接通相反运动方向的接触器线圈电路。在图 4-21 所示电路中，SB1 为停止按钮，SB2、SB3 为电动机正、反转起动按钮，SQ1 为电动机由反转转为正转的行程开关，SQ2 为电动机由正转转为反转的行程开关，SQ3 为正向运动极限保护行程开关，SQ4 为反向运动极限行程开关。当按下正转起动按钮 SB2 时，电动机正向起动旋转，拖动运动部件前进，当运动部件上的撞块压下换向行程开关 SQ2，正转接触器 KM1 断电释放，反转接触器 KM2 通电吸合，电动机由正转变为反转，拖动运动部件后退。当运动部件上的撞块压下换向开关 SQ1 时，又使电动机由反转变为正转，拖动运动部件前进。如此循环往复，实现电动机可逆旋转控制，拖动运动部件实现自动往返运动。当按下停止按钮 SB1 时，电动机便停止旋转。SB2 和 SB3 为正、反两方向起动按钮，采用复合按钮，可实现直接控制旋转方向。由正向转为反向或由反向转为正向，无须按下停止按钮再操作。行程开关 SQ3、SQ4 安装在运动部件允许到达的极限位置。当由于某种故障，运动部件到达 SQ1（或 SQ2）位置而未能切断 KM2（或 KM1）时，运动部件继续移动到极限位置，撞块压下 SQ3（或 SQ4），此时使 KM1 或 KM2 断电释放，电动机停止运行，从而避免运动部件由于越出允许位置而导致事故发生。所以，SQ3 和 SQ4 起限位保护作用。

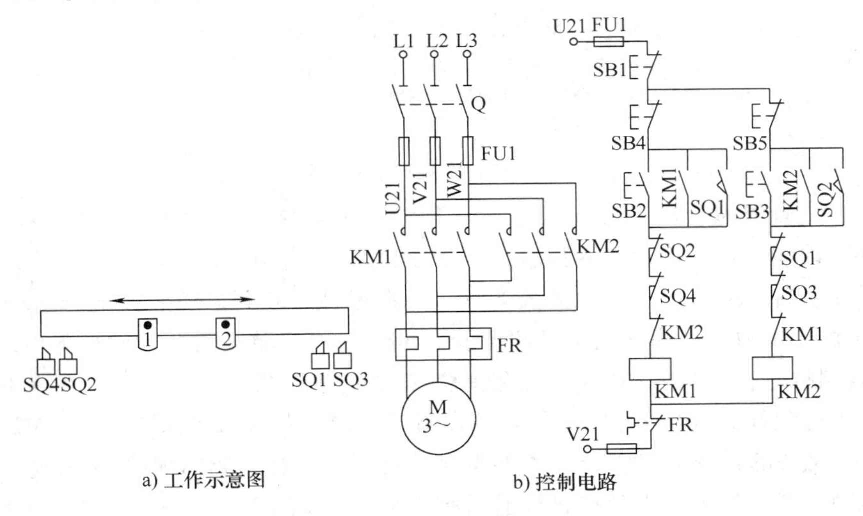

图 4-21　自动往复循环控制电路

上述这种用行程开关按照机床运动部件的位置或机件的位置变化所进行的控制，称作按行程原则的自动控制，或称行程控制。行程控制是机床和机床自动线应用最为广泛的控制方式之一。

图 4-22 所示为加料炉自动上料控制电路，加料炉工作情况按图示工艺流程的程序完成操作，按下起动按钮 SB2 后，炉门开启，推料机将料推入炉中，然后自动回到指定位置，准备下次将料推入炉中，同时炉门关门进行加热。加料炉自动上料控制电路中各电器的作用是：

KM1——炉门电动机正转接触器（炉门打开）；

KM2——炉门电动机反转接触器（炉门关闭）；

KM3——推料电动机正转接触器（推料机进）；

KM4——推料电动机反转接触器（推料机退）；

SB1——停止按钮；

SB2——起动按钮；

SQ1——炉门打开停，推料机进；

SQ2——推料机退；

SQ3——推料机停，炉门关闭；

SQ4——炉门关门停止；

M1——炉门电动机；

M2——推料电动机。

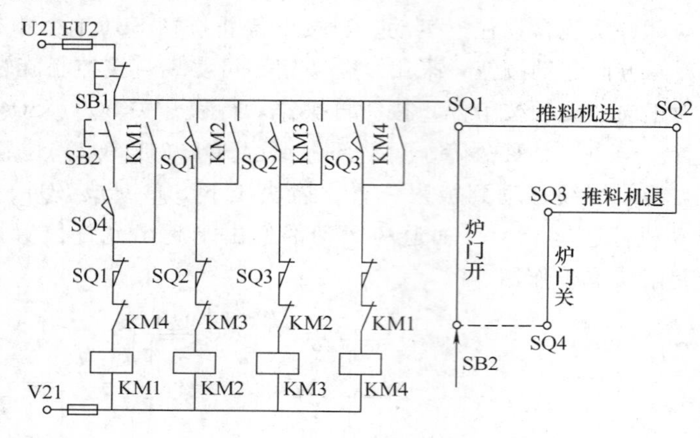

图 4-22　加料机自动上料控制电路

电路的工作原理为：在炉门关闭时，行程开关 SQ4 受压，它的常开触点闭合；当按下起动按钮 SB2 时，炉门电动机正转接触器 KM1 线圈得电自锁，炉门电动机正转，开启炉门，当炉门全部开启后，撞块压下行程开关 SQ1，其常闭触点断开，切断接触器 KM1 的线圈回路，使 KM1 触点释放，开启炉门电动机停止，SQ1 的常开触点闭合，使推料电动机正转接触器 KM2 线圈得电，推料电动机正转，拖动推料机前进，将料推入炉中。推料机前进到位后，撞块压下行程开关 SQ2，SQ2 的常闭触点断开，接触器 KM2 线圈断电，KM2 触点释放，推料机停止，SQ2 的常开触点闭合，使推料电动机反转，接触器 KM3 线圈得电，推料电动机反转，拖动推料机后退。直到推料机退回原位时，撞块压下行程开关 SQ3，使 SQ3 的常闭触点断开，接触器 KM3 线圈断电，KM3 触点释放，推料机停止后退；SQ3 的常开触点闭合，炉门电动机反转，接触器 KM4 线圈得电，炉门电动机反转，使炉门关闭。直到撞块压下行程开关 SQ4，使 SQ4 的常闭触点断开，接触器 KM4 线圈断电，KM4 触点释放，炉门关闭电动机停止；SQ4 的常开触点闭合，为下次自动推料作好准备。

4.5　三相异步电动机的正反转控制电路的安装

实现三相异步电动机正反转的控制电路很多，不同的使用场合应采用不同的控制电路。本节进行三相异步电动机的正反转控制电路安装，目的是了解电路原理后掌握其安装方法。

下面以双重互锁正反转控制电路为例，进行电路安装与检修。

1. 电气原理图

双重互锁正反转控制电路如图 4-23 所示。

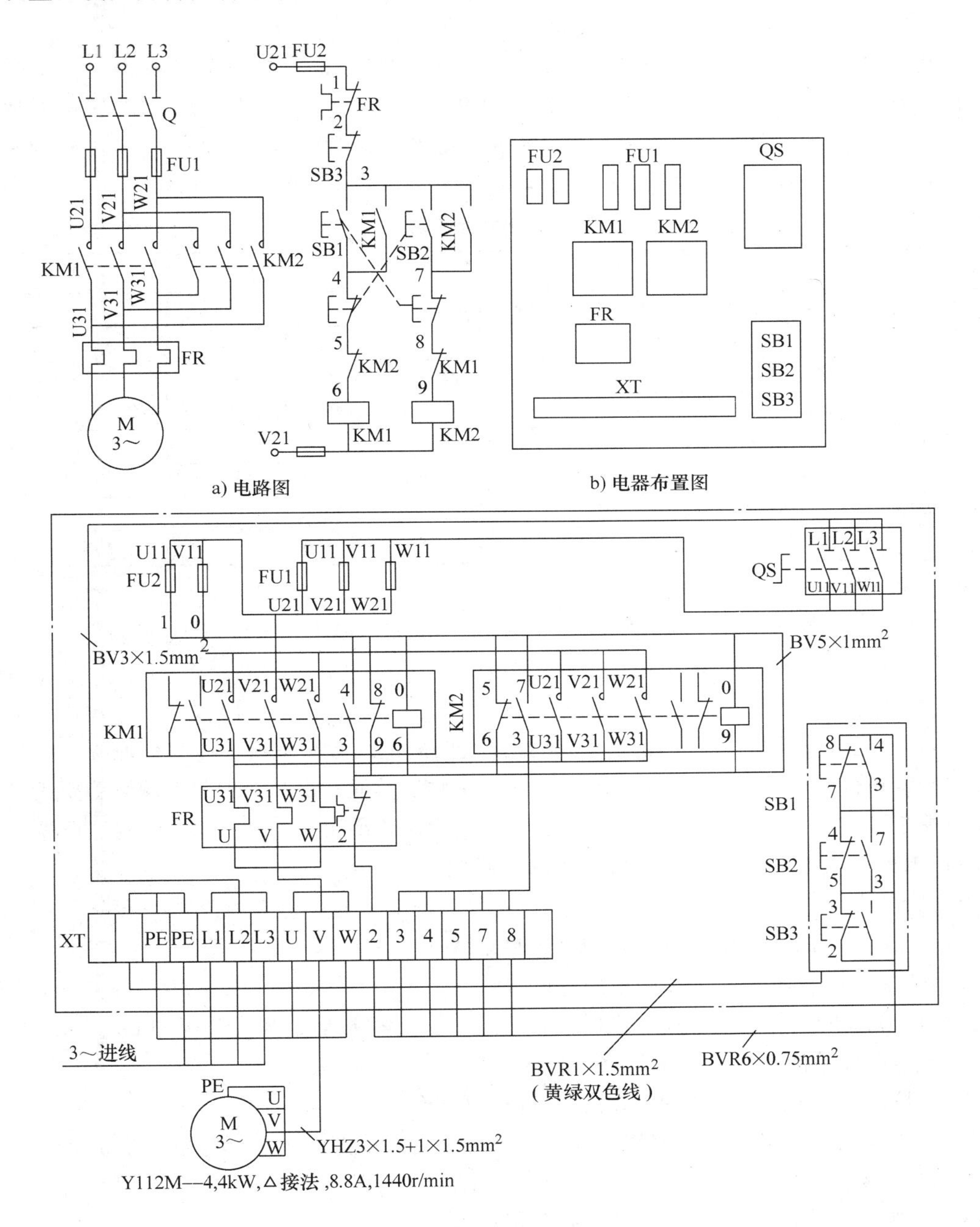

图 4-23　双重互锁正反转控制电路

2. 目的要求

掌握双重互锁正反转控制电路的正确安装及检修方法。

3. 工具、仪表及器材

1）工具：螺钉旋具、尖嘴钳、平口钳、斜口钳、剥线钳、测电笔、电工刀等。

2）仪表：MF47 型万用表，兆欧表，钳形电流表。

3）器材：控制板一块，连接导线和元器件。

导线规格：主电路采用 BV1.5mm² 和 BV1.5mm² 塑铜线；控制电路采用 BV1mm² 塑铜线；按钮线采用 BVR0.75mm²；接地线采用 BVR1.5mm²（黄绿双色）。导线数量由教师根据实际情况确定。导线的颜色在初级阶段训练时，除接地线外，可不必强求，但应使主电路与控制电路有明显区别。电气元件明细见表 4-3。

表 4-3 电气元件明细表

代号	名称	型号	规格	数量
M	三相异步电动机	Y112M-4	4kW、380V、△接法、8.8A、1440r/min	1
QS	组合开关	HZ10-25/3	三极、额定电流 25A	1
FU1	螺旋式熔断器	RL1-60/25	500V、60A、配熔体额定电流 25A	3
FU2	螺旋式熔断器	RL1-15/2	500V、15A、配熔体额定电流 2A	2
KM1、KM2	交流接触器	CJ20-10	10A、线圈电压 380V	2
FR	热继电器	JR36-20/3	三极、20A、额定电流 8.8A	
SB1 ~ SB3	按钮	LA10-3H	保护式、380V、5A、按钮数 3	1
XT	端子板	JX2-1015	10A、15 节、380V	1

4. 安装训练步骤和工艺要求

1）识读电路图，熟悉电路所用电气元件和作用以及电路的工作原理。

2）检查电气元件的质量是否合格。

3）根据电气元件布置图，在控制板上固定元件，并贴上文字符号。

4）识读电气安装接线图，在控制板上按接线图的走线方法进行接线、板前明布线和套编码管。要做到布线横平竖直、整齐、分布均匀、紧贴安装面、走线合理；套编码管要正确；严禁损伤线芯和导线绝缘；接点牢固，不得松动，不得压绝缘层、不反圈、不露铜过长等。

5）根据电气原理图检查控制板布线的正确性。

6）安装电动机。

7）连接电动机和按钮金属外壳的保护接地线。

8）连接电源、电动机等控制板外部的导线。

9）自检：安装完毕的控制电路板，必须经过认真检查后，才允许通电试车，以防止接错、漏接等造成不能正常运转或短路事故。

10）校验：交指导教师检查无误后方可通电试车。

11）通电试车完毕，停转、切断电源。先拆除三相电源线，再拆除电动机负载线。

5. 注意事项

1）螺旋式熔断器的接线要正确，以确保用电安全。

2）接触器联锁触点接线必须正确，否则将会造成主电路中两相电源短路事故。

3）通电试车时，应先合上 QS，再按下 SB1（或 SB2）及 SB3，看控制是否正常，并在按下 SB1 后再按下 SB2，观察有无联锁作用。

4）安装接线和通电试车应在规定时间内完成，同时要作到安全操作和文明生产。训练结束后，安装的控制板留用。

6. 安装训练评分标准

评分标准见表4-4。

表4-4　安装训练评分标准

项目	配分	评分标准		扣分
装前检查	15	（1）电动机检查，每漏一处 （2）电气元件漏检或错检，每漏一处	扣5分 扣2分	
安装元件	15	（1）不按电器布置图安装元件 （2）元件安装不紧固每只 （3）元件安装不整齐、不匀称、不合理每只 （4）损坏元件	扣15分 扣4分 扣3分 扣15分	
布线	30	（1）不按接线图接线， （2）布线不符合要求，主电路每根 控制电路每根 （3）接点不符合要求，每个接点 （4）损伤导线绝缘或线芯，每根 （5）漏接接地线	扣25分 扣4分 扣2分 扣2分 扣5分 扣10分	
通电试车	40	（1）热继电器未整定或整定错 （2）熔体规格配错，主、控制电路各 （3）第一次试车不成功 第二次试车不成功 第三次试车不成功	扣5分 扣5分 扣20分 扣30分 扣40分	
安全文明生产		违反安全文明生产规程	扣5～40分	
定额时间3.5h		每超时2min，总分扣除1分		
备注		各项扣分不得超过该项配分	成绩	
开始时间		结束时间	实际时间	

7. 检修训练

（1）故障设置　在控制电路或主电路中人为设置电气自然故障两处。

（2）教师示范检修　教师进行示范检修时，边讲边做，并把下述检修步骤及要求贯穿其中，直至故障排除。

1）用实验法观察故障现象。主要注意观察电动机的运行情况、接触器的动作情况和电路的工作情况等，如发现有异常情况，应马上断电检查。

2）用逻辑分析法缩小故障范围，并在电路图上用虚线标出故障部位的最小范围。

3）用测量法正确、迅速地找出故障点。

4）根据故障点的不同情况，采用正确的修复方法，迅速排除故障。

5）排除故障后通电试车。

（3）学生检修　教师示范检修后，再由指导教师重新设置两个故障点，让学生进行检修。在学生进行检修的过程中，教师可进行启发性的指导。

（4）注意事项

1）要认真听取和仔细观察指导教师在示范过程中的讲解和检修操作。

2）要熟练掌握电路图中各个环节的作用。

3）在排除故障过程中，故障分析的思路和方法要正确。

4）工具和仪表使用要正确。

5）带电检测故障时，必须有指导教师在现场监护，一定要确保用电安全。

6）排除故障要求在规定的时间内完成。

（5）检修训练评分标准　见表4-5。

表4-5　检修训练评分标准

项目	配分	评分标准	扣分
故障分析	30	（1）故障分析、排除故障思路不正确，每个　扣5～10分 （2）标错电路故障范围，每个　扣10～15分	
排除故障	70	（1）停电不验电　扣5分 （2）测量仪器和工具使用不正确，每次　扣5分 （3）排除故障的顺序不正确　扣10分 （4）不能查出故障，每个　扣40分 （5）查出故障点，但不能排除，每个故障　扣20分 （6）产生新的故障： 不能排除，每个　扣40分 能够排除，每个　扣10分 （7）损坏电器，每个　扣10～20分	
安全文明生产		违反安全文明操作规程　扣10～70分	
定额时间1h		修复故障过程中若超时，每超时1min　扣5分	
备注		除定额时间外，各项内容的最高扣分不得超过该项配分数	成绩
开始时间		结束时间	实际时间

4.6　组合机床控制电路的基本环节

组合机床是在原先专用机床的基础上产生出来的。组合机床通常采用多刀、多面、多工序、多工位同时加工，是一种由通用部件和专用部件组成的工序集中的高效率专用机床。这些基本环节是根据其通用部件的典型控制电路和一些基本环节组成的，按照加工顺序、操作要求及自动循环过程作些修改组成其控制系统。

这里介绍几种基本控制电路。

1. 多台电动机同时起动的控制电路

组合机床通常是多刀、多面同时对工件进行加工，所以它具有多个动力头，这样就要求有多台电动机同时起动，而且要求这些电动机能作单个调整，以满足加工不同规格工件的要求。图4-24所示为三台电动机同时起动控制电路。图中KM1、KM2、KM3分别为三台电动机的起动接触器，SA1、SA2、SA3分别为三台电动机单独工作的调整开关，FR1、FR2、FR3分别为三台电动机的热继电器，按钮SB2、SB1控制它们的起停。

正常起动时，SA1～SA3处于常开触点断开、常闭触点闭合的状态。按下SB2，KM1、KM2、KM3线圈同时通电并自锁，三台电动机同时起动。

如果要对某台电动机所控制的部件单独调整，如对KM1所控制的部件要作单独调整时，即需 M1 电动机单独工作，只要扳动 SA3、SA2 使其常闭触点断开、常开触点闭合，然后按下 SB2，则只有 KM1 通电并自锁，使 M1 单独起动、运行，达到单独调整的目的。

电路中 KM1～KM3 常开辅助触点串联后形成自锁电路，当任意一台电动机过载时，热继电器动作，切断该台电动机的控制接触器线圈回路时，自锁回路也跟着切断，保证其余两台电动机也不能工作，达到同时起动、同时保护的目的。由于多台电动机同时起动，将使电路的起动电流过大，对电网造成不利影响，使用中应注意这一点。

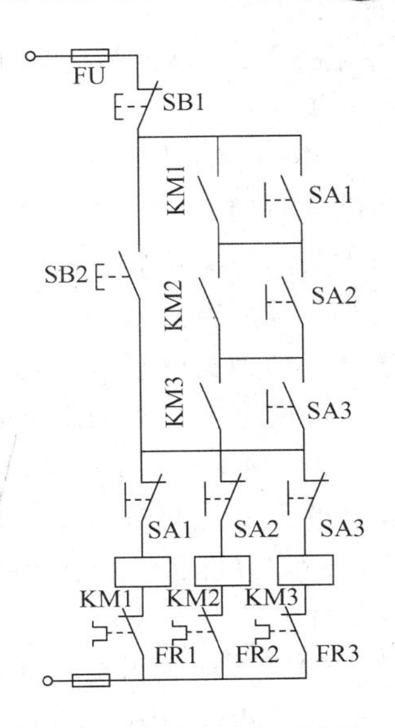

图 4-24　多台电动机同时起动控制电路

2. 主轴不转时引入和退出的控制电路

组合机床在加工中有时要求进给电动机拖动的动力部件，以主轴不旋转的状态下向前移动，当移动到接近零件加工部位时，主轴才开始起动。加工完毕，动力头退离工件时，主轴立即停转，而进给电动机在动力部件退回到位后才停止。并且在加工过程中，主轴电动机与进给电动机两者之间要互锁，以达到保护刀具、工件和设备安全的目的。

图 4-25 所示为主轴不转时引入和退出的控制电路。图中 KM1、KM2 分别为控制主轴电动机和进给电动机的接触器；SA1、SA2 为单独调整开关；SQ1、SQ2 为限位开关。进给时，先压下 SQ1 后压下 SQ2，退回时先松开 SQ2 再松开 SQ1。起动时，按下 SB2，KM2 经 SQ2 常闭触点通电并自锁，进给电动机起动，拖动部件开始进给。当进给到主轴接近工件加工部位时，挡铁压下 SQ1，KM1 通电，主轴电动机起动旋转，开始加工。此时，KM1、KM2 辅助触点分别接入对方线圈回路中，且同时为 KM1 和 KM2 线圈提供通电回路。当运动部件继续前进到一定位置（很小距离）后，限位开关 SQ2 被压下，其常闭触点断开，使 KM1、KM2 线圈通过对方已闭合的常开辅助触点继续通电构成互锁电路。在整个加工过程中，SQ1、SQ2 由挡铁一直压着。当加工结束后，动力头退回，主轴退至一定位置时，挡铁先松开 SQ2，KM1、KM2 线圈由 KM1 和 KM2 两闭合的常开辅助触点并联供电，动力头继续后退。当松开 SQ1 时，KM1 线圈断电，主轴电动机停转。但 KM2 仍然自锁，进给系统继续退回，实现了主轴不转时的退出，直至动力头退至原位。按下 SB1，进给电动机停转，一个加工过程结束。

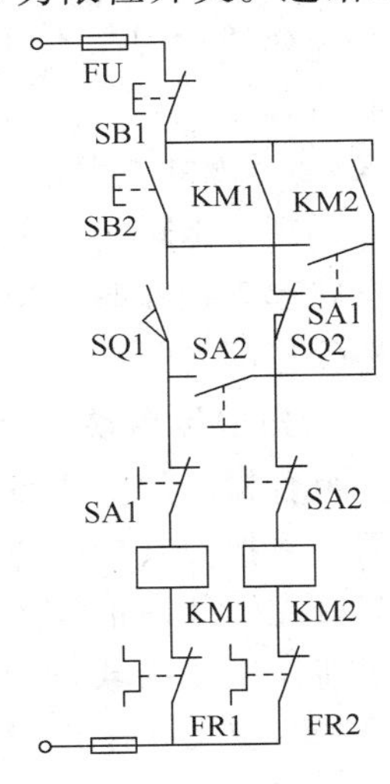

图 4-25　主轴不转时引入和退出控制电路

通过操作调整开关 SA1 和 SA2，可以实现进给电动机和主轴电动机的单独调整。

3. 两台动力头同时起动与退至原位，同时与分别停止电路

（1）两台动力头同时起动与停止的电路　若两台动力头加工时间相差不大，但辅助时间较长时，为了装卸工件的安全和操作方便，可采用两个动力头电动机同时起动、同时停止的控制电路，如图 4-26 所示。

图中 SQ1、SQ3 为甲动力头在原位压动的行程开关；SQ2 和 SQ4 为乙动力头在原位压动的行程开关；KA 为中间继电器，SA1 和 SA2 为单独调整开关。

其工作原理如下：起动时，按下 SB2，KM1 和 KM2 通电并自锁，甲、乙两动力头电动机同时起动。当两个动力头离开原位后，SQ1～SQ4 全部复位，KA 通电并自锁，其常闭触点断开，KM1 和 KM2 依靠 SQ1、SQ2 保持通电，动力头电动机继续工作。

当两个动力头加工结束，退回原位并同时压下 SQ1～SQ4，使 KM1、KM2 线圈断电，达到两台电动机同时停机的目的。此时 KA 也断电，其常闭触点复原，为下次起动作好准备。操作 SA1 或 SA2 可实现单台动力头调整工作。

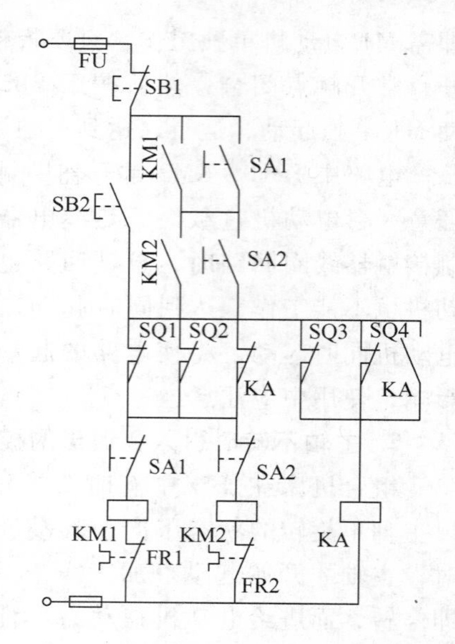

图 4-26　两台电动机同时起动与停止的控制电路

（2）两台动力头电动机同时起动、分别停止的控制电路　若两台动力头的加工循环周期相差悬殊，辅助时间也较长，为了节省电能，可采用两个动力头电动机同时起动，分别停止的控制电路，如图 4-27 所示。图中各电气元件作用、意义与图 4-26 中所示大体相同，电路工作原理亦基本相同，所不同是它采用复合按钮 SB2 来实现两台电动机同时起动，停止则是哪台动力头先加工结束退回原位哪台就先停止。例如，甲动力头先加工结束退回原位压下行程开关 SQ1 和 SQ2，则 KM1 线圈先断电释放，M1 先停止；乙动力头继续加工，直至结束退回原位压下行程开关 SQ2 和 SQ4，使 KM2 线圈断电释放，M2 后停止。同时 KA 也断电，其常闭触点闭合，为下次起动做好准备。实现了 KM1、KM2 在不同时间断电，即两动力头可同时起动、分别在不同时间停止。此电路起动操作时，按下 SB2 后要保持一段时间，待两接触器 KM1 和 KM2 都吸合后才松手，保证同时起动。

4. 危险区自动切断电动机的控制电路

组合机床加工工件时，往往对工件的不同表面以多把刀具同时进行加工，这就有可能出现刀具在工件内部发生相撞的危险，通常把刀具可能相碰的区域称为“危险区”。图 4-28 所示为加工交叉孔零件时出现危险区示意图，为避免加工过程中出现刀具相撞，采用图 4-29 所示危险区自动切断电动机的控制电路，能使一个动力头在危险区之前停止，而让另一个动力头继续加工；待另一个动力头加工完毕退离危险区，再起动暂停进给的那一个动力头继续加工，直至全部加工完毕。图中 KM1、KM2 为甲、乙动力头接触器，KA1、KA2 为中间继电器，SQ1、SQ3 为甲动力头原位行程开关，SQ2、SQ4 为乙动力头原位行程开关，SQ5 为甲

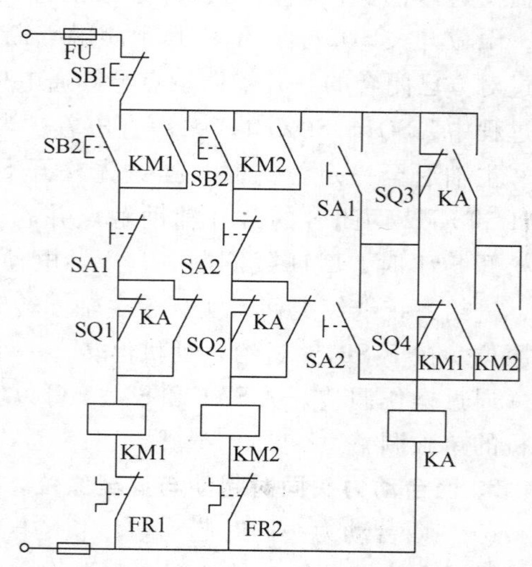

图 4-27　两台电动机同时起动、分别停止的控制电路

动力头进入危险区时压动的限位开关。电路工作过程如下：按下SB2，中间继电器KA1通电并自锁，同时KM1、KM2通电，甲、乙两动力头同时起动运行，当动力头离开原位后，SQ1～SQ4全部复位，分别为KA1和KM2提供一个供电回路，同时使KA2通电并自锁，其常闭触点断开，为加工结束停止做准备。当甲动力头加工进入危险区时，甲动力头压下行程开关SQ5，使KM1断电，甲动力头停止，但乙动力头仍继续进给加工。直至加工结束，乙动力头立即退回原位并压下SQ2和SQ4，KM2断电，使乙动力头停止在原位，KM1又再次通电，甲动力头重新起动向前进给。加工结束，甲动力头快速退回原位并压下SQ1、SQ3，使KA1、KA2、KM1相继断电，整个加工循环结束。

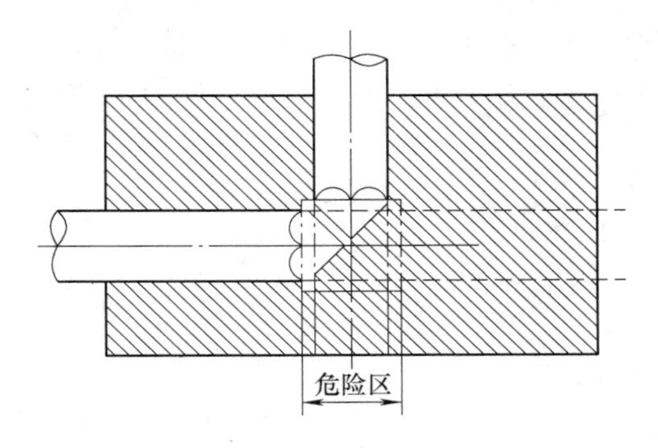

图4-28　加工交叉孔零件时出现危险区示意图

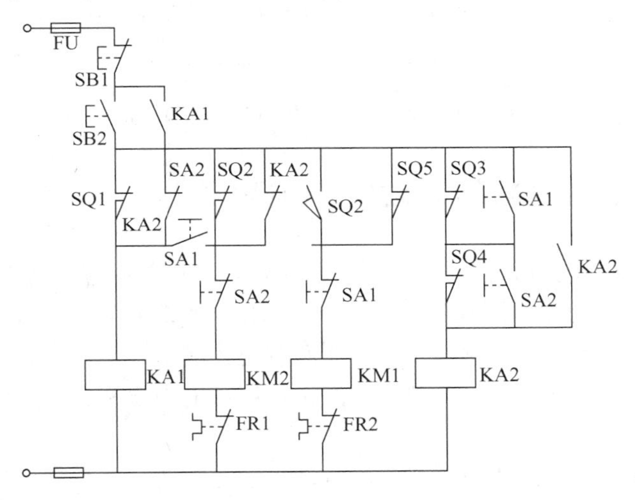

图4-29　危险区自动切断电动机的控制电路

单独调整动力头时，分别操作SA1、SA2开关，当需甲动力头单独工作，则操作开关SA2，使其常闭触点断开，让KM2无法通电，乙动力头不工作，SQ2、SQ4始终被压下，SA2常开触点闭合，将SQ4短接，为KA2提供供电电路。此时按下SB2，KA1通电并自锁，同时KM1通电，甲动力头进给，当进给到危险区，压下行程开关SQ5，但由于SQ2始终被压下，KM1经SQ2触点继续通电，直到加工结束，退到原位压下SQ1、SQ3，使KA1、KA2、KM1相继断电，甲动力头单独工作结束。

当需乙动力头单独工作时，操作开关SA1，其常闭触点断开，常开触点闭合，电路工作情况与甲动力头单独工作时基本相同，不再重复。此时在KA1和KM2线圈电路之间设置的SA1常开触点的作用是：当乙动力头单独工作并离开原位时，不致因KA2常闭触点断开而使KA1线圈断电，而开辟的另一条供电支路，可保证乙动力头完成调整加工，直至乙动力头退回原位，压下SQ2使KA1、KM2断电释放，调整工作结束。

图4-29所示电路是在加工中途暂停进给来避免相撞的，由于为断续加工，加工质量欠

佳。图4-30所示为两个动力头前后起动来实现一个动力头从危险区加工完毕开始退出时，另一个动力头才进入危险区进行加工的电路。其工作原理请读者自行分析。

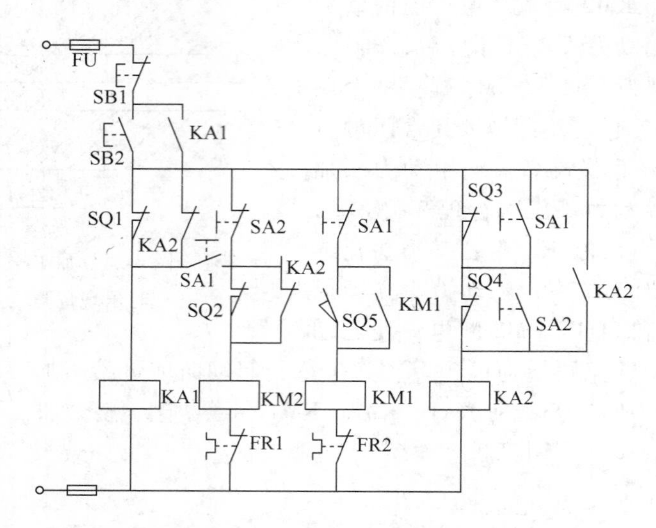

图4-30　两台动力头分别起动避开危险区的电路

4.7　三相异步电动机减压起动控制电路

三相异步电动机在目前仍为生产机械的主要动力，它广泛应用于各行各业的生产设备中。对三相异步电动机主要控制体现在起动、制动和调速等方面。本节主要讨论三相异步电动机在各种不同情况下的起动控制、制动控制和调速控制。

对本节内容的学习，应注重对各控制电路工作原理的理解和记忆，掌握控制电路工作原理的分析方法。

三相笼型异步电动机的起动问题是异步电动机运行中的一个特殊问题。在电网和负载两方面都允许全压起动的情况下，笼型异步电动机应该优先考虑直接起动。因为这种方法操纵控制方便，而且比较经济。

前面介绍的各种控制电路，都属于全压起动。当电动机容量较大时，或不满足式（4-1）的条件时，不能采用直接起动，应采用减压起动。减压起动的目的是减小起动电流，以减少电动机起动时对电网电压的影响。由于电动机转矩与电压的平方成正比，所以减压起动也将导致电动机的起动转矩大为降低。因此，减压起动适用于空载或轻载下的起动。

常见的三相异步电动机减压起动的方法有以下几种：定子绕组中串入电阻或电抗减压起动，星形—三角形减压起动，自耦变压器减压起动和延边三角形减压起动等。下面分别给予介绍。

1. 定子绕组串电阻减压起动控制电路

定子绕组串电阻减压起动是指在电动机起动时，把电阻串接在电动机定子绕组和电源之间，通过电阻的分压作用来降低定子绕组上的起动电压；待电动机起动后，再将电阻短接，使电动机在额定电压下正常运行。

（1）时间继电器自动控制电路　图 4-31 所示为电动机定子绕组串电阻减压时间继电器自动控制电路。电动机起动时，在三相定子电路中串入电阻，使电动机定子绕组电压降低，起动后将电阻短接，使电动机在正常电压下运行。

这种起动方式不受电动机接线形式的限制，设备简单，因而在中小型机床中常有应用。图中 KM1 为接通电源接触器，KM2 为短接电阻接触器，KT 为起动时间继电器，R 为减压起动电阻。工作原理如下：合上电源开关 Q，按下起动按钮 SB2，KM1 通电并自锁，电动机定子串入电阻 R 进行减压起动，同时时间继电器 KT 通电，经过一段时间延时后，其延时闭合常开触点闭合，使 KM2 线圈通电吸合，将起动电阻短接，电动机进入全压正常运行。KT 的延时长短，根据电动起动过程时间长短来确定。

这种线路，电动机进入正常运行后，KM1，KT 和 KM2 始终通电工作，不但消耗电能，缩短电器寿命，而且增加了发生故障的几率。若发生时间继电器触点不动作故障，则 KM2 不能得电，电动机将长期在减压下运行，造成电动机不能正常工作，甚至烧毁电动机。

将电路改为图 4-32 所示的改进电路，主电路中 KM2 的三对主触点上接线端与 KM1 上接线端接在一起，下接线端接在电阻的下端，把接触器 KM1 的三对主触点和 R 一起并接进去，这样接触器 KM1 和时间继电器 KT 只作短时间的减压起动用，待电动机全压运行后就全部从线路中切除，从而延长了接触器 KM1 和时间继电器 KT 的使用寿命，不仅减少了电能损耗，而且提高了电路的可靠性。其工作原理和图 4-31 所示电路基本一样，控制电路中多用了一个 KM2 常开触点作自锁触点，多用了一个 KM2 常闭触点切除 KM1 和 KT 线圈。

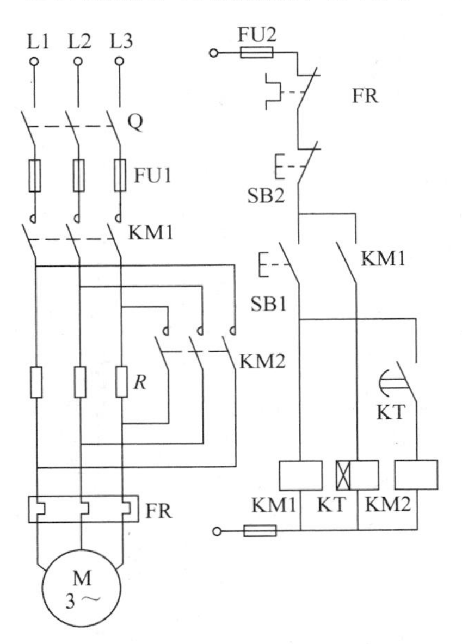

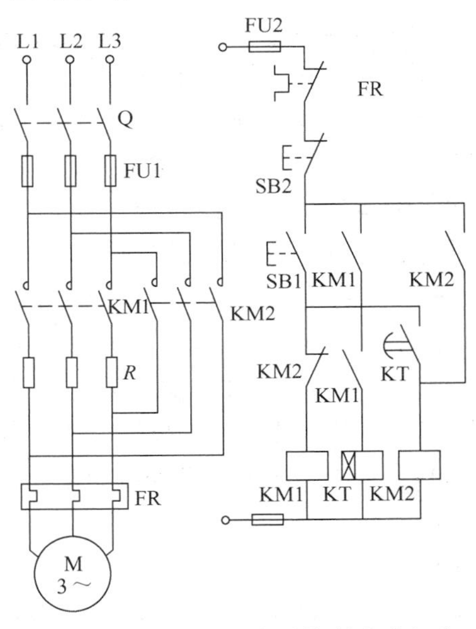

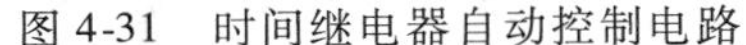

图 4-31　时间继电器自动控制电路

图 4-32　时间继电器自动控制改进电路

（2）具有手动和自动控制的定子串电阻减压起动控制电路　图 4-32 所示电路，仍未克服时间继电器发生触点不动作故障的缺陷，故将电路改成图 4-33 所示具有手动和自动控制的串电阻减压起动电路。它是在图 4-32 所示电路的基础上增设了一个选择开关 SA 和升压按钮 SB3 构成的。SA 手柄有两个位置，当 SA 手柄置于 M 位时为手动控制，当手柄置于 A 位时为自动控制。在控制电路中设置的 KM2 自锁触点与联锁触点，使电路的可靠性得到提高。

一旦发生 KT 的延时，常开触点闭合不上，可以将 SA 手柄扳在 M 位置，按下升压按钮 SB3，KM2 线圈得电吸合，电动机便可进入全压工作。所以该电路克服了图 4-31 和图 4-32 所示控制电路的缺点，使电路更加安全可靠。

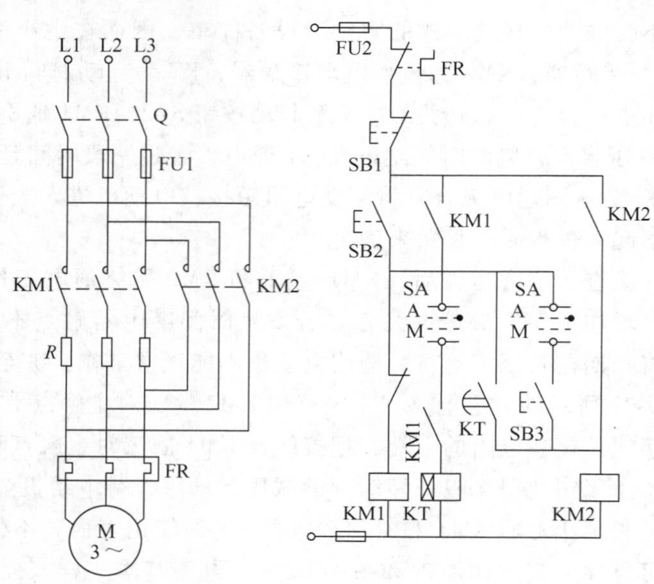

图 4-33 自动与手动串电阻减压起动控制电路

2. 星形—三角形（Y—△）减压起动控制电路

星形—三角形减压起动是指电动机起动时，把定子绕组接成星形，以降低起动电压，限制起动电流，待电动机起动后，再把定子绕组改接成三角形，使电动机全压运行。凡是在正常运行时定子绕组作三角形联结的异步电动机，均可采用这种减压起动方法。电动机起动时，接成星形，加在每相定子绕组上的起动电压只有三角形接法时的 $1/\sqrt{3}$，起动电流为三角形接法时的 1/3，起动转矩也只有三角形接法时的 1/3。所以这种减压起动的方法，只能用于轻载或空载下的起动。常用的Y—△减压起动控制电路有以下几种。

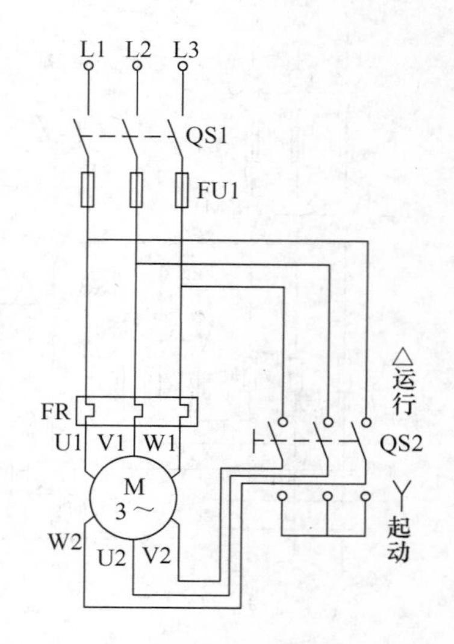

图 4-34 手动控制Y—△减压起动控制电路

（1）手动Y—△减压起动控制电路 图 4-34 所示为双掷刀开关手动控制Y—△减压起动的控制电路。其工作原理如下：

起动时，先合上电源开关 QS1，然后把闸刀开关 QS2 扳到“起动”位置，电动机定子绕组就接成Y减压起动。当电动机转速上升到接近额定值时，再将刀开关 QS2 扳到运行位置，电动机定子绕组改成△全压正常运行。

（2）按钮切换Y—△减压起动控制电路 图 4-35 所示为按钮切换Y—△减压起动控制电路。

工作原理如下：先合上电源开关 QS1，按下起动按钮 SB1，KM 线圈通电，KM 自锁触点吸合，同时 KM_{Y} 线圈通电，KM_{Y} 主触点闭合，电动机作Y接法起动。此时，KM_{Y} 常闭联锁触点断开，使 $KM_{\triangle}$ 线圈不能得电，实现了电气互锁。

当电动机转速升高到一定值时，按下 SB2，KM_{Y} 线圈断电，主触点断开，电动机暂时失电，KM_{Y} 常闭联锁触点恢复闭合，使 $KM_{\triangle}$ 线圈通电，$KM_{\triangle}$ 自锁触点闭合，同时 $KM_{\triangle}$ 主触点闭合，电动机△接法运行，$KM_{\triangle}$ 常闭联锁触点断开，使得 KM_{Y} 线圈不能得电，实现了电气互锁。

这种起动电路由起动到全压运行，需要两次操作按钮，不太方便，并且，切换时间也不易掌握。为了克服上述缺点，可采用时间继电器自动切换Y—△减压起动控制电路。

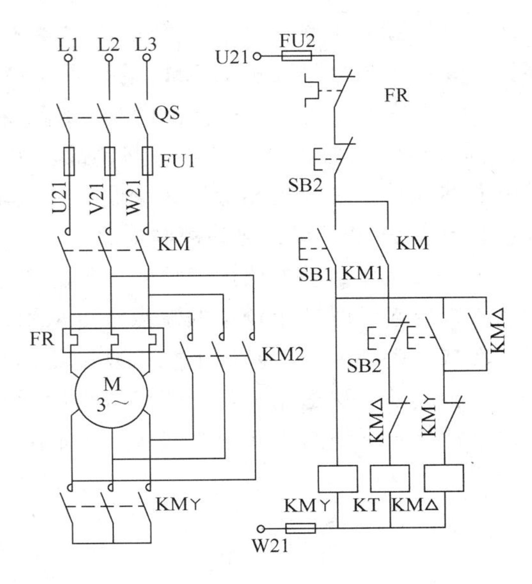

图 4-35　按钮切换Y—△减压起动控制电路

（3）时间继电器自动切换Y—△减压起动控制电路　时间继电器控制Y—△减压起动控制电路已经形成定型产品，如图 4-36 所示为采用时间控制环节，定型产品 QX3—13 型Y—△减压起动器的控制电路，其工作原理如下。

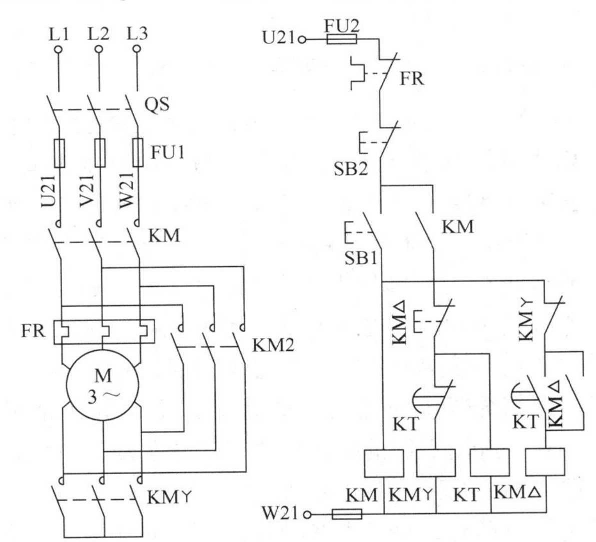

图 4-36　时间继电器自动切换Y—△减压起动控制电路

合上 QS，按下 SB1 起动按钮，接触器 KM 线圈通电，常开主触点和辅助触点闭合并自锁。同时Y形联结接触器 KM_{Y} 和时间继电器 KT 的线圈都通电，KM_{Y} 主触点闭合，电动机作Y联结起动。KM_{Y} 的辅助常闭互锁触点断开，切断△形联结接触器 $KM_{\triangle}$ 的线圈回路，使 $KM_{\triangle}$ 线圈不能得电，实现电气互锁。

经过一定时间后，时间继电器的常开延时触点闭合，为 $KM_{\triangle}$ 线圈得电提供供电回路；常闭延时触点断开，切断Y形联结接触器 KM_{Y} 的线圈回路，使 KM_{Y} 线圈断电，其常开主触点闭合并自锁，主触点闭合，电动机恢复成△联结，在全压下运行。$KM_{\triangle}$的常闭互锁触点断开，切断Y形联结接触器KM_{Y}的线圈回路，使KM_{Y}线圈不能得电，实现电气互锁。

SB2为停止按钮。值得指出的是，KM_{Y}和$KM_{\triangle}$采用电气互锁的目的是为了避免KM_{Y}和$KM_{\triangle}$同时通电吸合而造成严重短路事故。另外，在三角形联结的电动机中作过载保护的热继电器热元件最好要与相应绕组串联，使电动机工作过程中的过载保护更为可靠。

3. 延边三角形减压起动控制电路

Y—△减压起动方法虽然简便，但由于起动转矩小，其应用受到一定的限制。为了克服Y—△减压起动时转矩较小的缺点，可采用延边三角形起动方法。延边三角形减压起动是在Y—△减压起动方法的基础上加以改进而成的一种新的起动方法。

这种起动方法适用于定子绕组特殊设计的异步电动机，它的定子绕组有9个接线头（通常的电动机定子绕组为6个接线头），如图4-37所示。

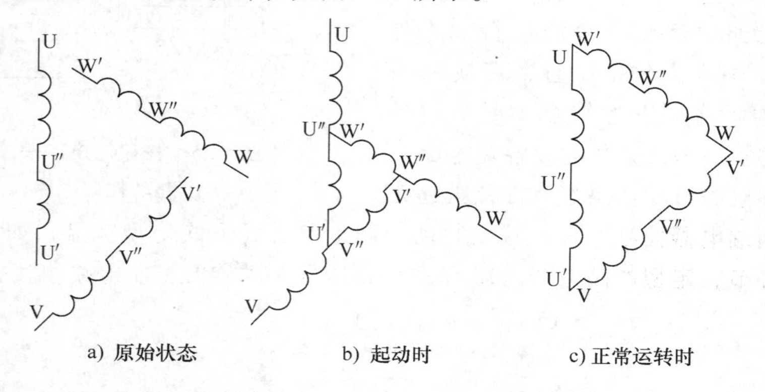

a）原始状态　　b）起动时　　c）正常运转时

图4-37　延边三角形接法的电动机定子绕组的连接方法

起动时，把定子三相绕组的一部分接成三角形，另一部分接成星形，使整个绕组接成如图4-37b所示电路。由于该电路像一个三角形三边延长以后的图形，所以称为延边三角形起动电路。从图4-37b中可以看出，星形接法部分的绕组，既是各相定子绕组的一部分，同时又兼作另一相定子绕组的减压绕组。其优点是在U、V、W三相接入380V电源时，每相绕组上所承受的电压比三角形接法时的相电压要低，比星形接法时的相电压要高，起动转矩也大于Y—△减压起动时的转矩。接成延边三角形时每相绕组相电压、起动电流和起动转矩的大小，是根据每相绕组的两部分阻抗的比例（称为抽头比）的变化而变化的。在实际应用中，可根据不同的使用要求，选用不同的抽头比进行减压起动，待电动机起动旋转以后，再将绕组接成三角形，如图4-37c所示，使电动机在额定电压下正常运行。

电动机绕组接成延边三角形时，每绕组各种抽头比的起动特性见表4-6。

表4-6　延边三角形电动机定子绕组不同抽头比的起动特性

定子绕组抽头比 $K=Z_1:Z_2$	相似于自耦变压器的抽头百分比（%）	起动电流为额定电流的倍数 I_{st}/I_N	延边三角形起动时每相绕组电压/V	起动转矩为全压起动时的百分比（%）
1:1	71	3～3.5	270	50
1:2	78	3.6～4.2	296	60
2:1	66	2.6～3.1	250	42
当 Z_2 绕组为零时，即为Y联结	58	2～2.3	220	33.3

从表 4-6 可以看出，采用延边三角形减压起动的优点是：不用自耦变压器，通过变换定子绕组的抽头比 K，就可以得到不同数值的起动电流和起动转矩，以满足不同的使用要求。

三相笼型异步电动机定子绕组接成延边三角形减压起动的控制电路如图 4-38 所示。

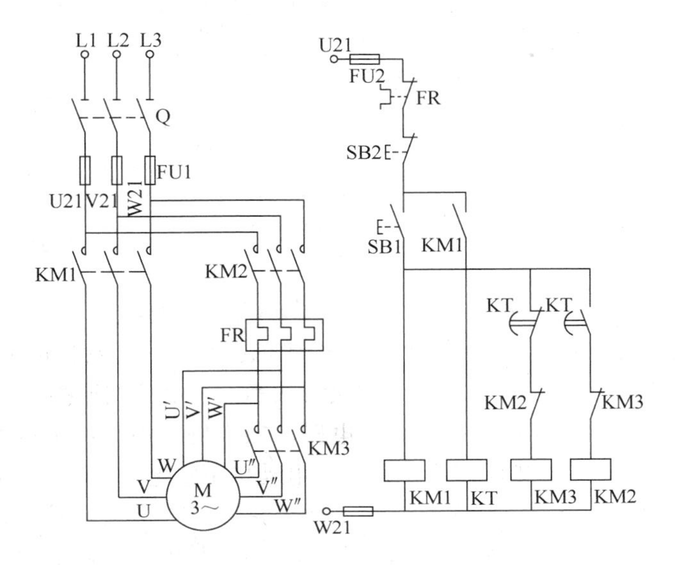

图 4-38　延边三角形减压起动控制电路

工作原理如下：按起动按钮 SB1，接触器 KM1 和 KM3 通电吸合，电动机定子绕组接成延边三角形起动，这时时间继电器 KT 也同时通电。经过一定时间后，KT 的常闭延时触点断开，使 KM3 线圈断电，而 KT 的常开延时闭合触点闭合，KM2 通电吸合，定子绕组接成三角形正常运行。按下停止按钮 SB2，各种接触器均释放，电动机停止运行。

4. 自耦变压器减压起动控制电路

自耦变压器减压起动（又名补偿器减压起动）利用自耦变压器来降低起动时加在电动机定子绕组上的电压，达到限制起动电流的目的。电动机起动时，定子绕组得到的电压是自耦变压器的二次侧电压，一旦起动完毕，自耦变压器便被切除，额定电压或者说自耦变压器的一次侧电压直接加于定子绕组，这时电动机直接进入全电压正常运行。

自耦变压器减压起动常用一种叫做起动补偿器的控制设备来实现，可分手动控制与自动控制两种。

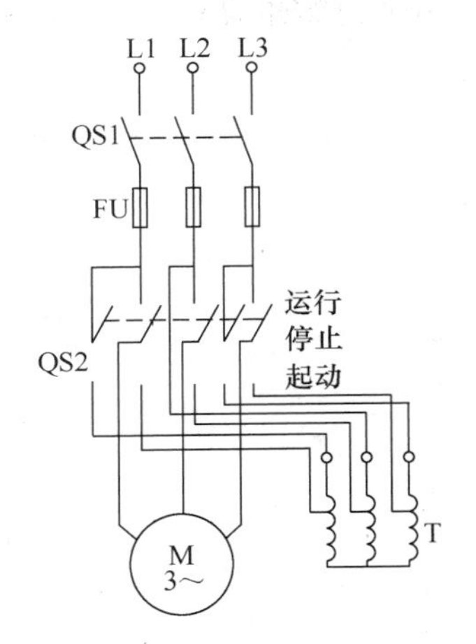

图 4-39　手动控制起动补偿器减压起动原理图

（1）手动控制起动补偿器减压起动　起动原理如图 4-39 所示。起动时，合上电源开关 QS1，将开关 QS2 扳向“起动”位置，使电源加到自耦变压器 T 上，而电动机定子绕组与自耦变压器的抽头连接，电动机进入减压起动阶段。待电动机转速上升至一定值时，再将 QS2 迅速扳向“运行”位置，使电动机直接与电源相接，在额定电压下正常运行。工厂中常用的手动控制起动补偿器的成品有 QJ3 和 QJ5 等。图 4-40 所示为 QJ3 型手动控制补偿器控制电路。

这种补偿器中，自耦变压器采用Y接法。各相绕组有一次电压的 65% 和 80% 两组抽头，

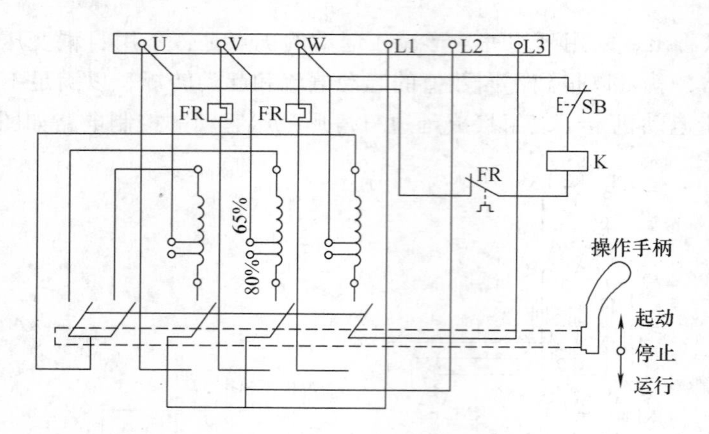

图 4-40 QJ3 型手动控制起动补偿器控制电路

可以根据起动时负载大小来选择，出厂时接在 65% 的抽头上。起动器的 U、V、W 的接线柱和电动机的定子绕组相连接，L1、L2、L3 的接线柱和三相电源相连接。

图 4-40 所示为手动控制起动补偿器控制电路。操作机构中，当手柄处在“停止”位置时，装在主轴上的动触点与两排触点都不接触，电动机不通电，处于停止状态；当手柄向前推到“起动”位置时，动触点与上面一排起动触点接触，电源通过动触点→起动静触点→自耦变压器→65%（或其他）抽头→电动机减压起动；当电动机转速升高到一定值时，将手柄扳到“运行”位置，此时动触点与下面一排运行静触点接触，电源通过动触点→运行静触点→热继电器→电动机，在额定电压下正常运行。若要停止，只要按下停止按钮，跨接在两相电源间的失电压脱扣线圈断电，衔铁释放，通过机械操作机构使补偿器手柄回到“停止”位置，电动机停转。

（2）时间继电器控制的自动控制起动补偿器减压起动　在许多需要自动控制的场合，常采用时间继电器的自动控制起动补偿器减压起动。其控制电路如图 4-41 所示，其工作原理如下。

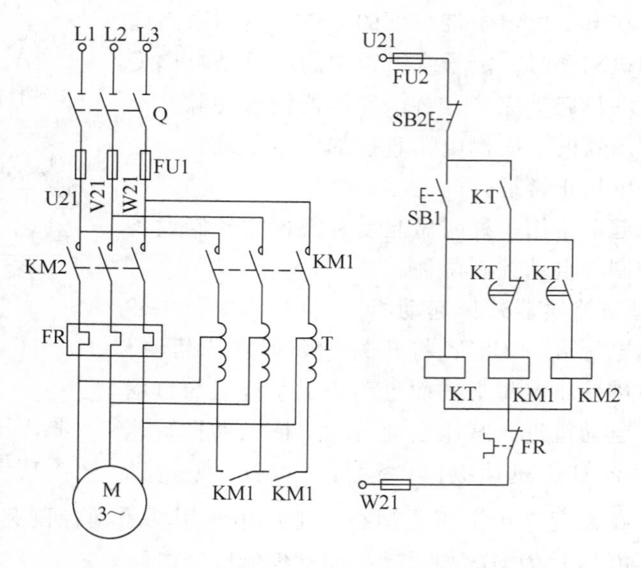

图 4-41 时间继电器控制起动补偿器减压起动电路

起动时按下按钮SB1，接触器KM1和时间继电器KT同时通电，电动机通过自耦变压器减压起动。当电动机转速升高到一定值时，KT延时断开常闭触点动作，切断KM1线圈回路，KM1释放使自耦变压器脱离电源。同时，KT常开延时触点闭合，使KM2线圈通电，电动机直接接电源，在额定电压下运行。其中SB2为停止按钮。该控制电路一般只能用于30kW以下电机。

我国生产的XJ01系列自动起动补偿器是目前广泛应用的自耦变压器减压起动的自动控制设备，适用于额定电压为380V、功率为14～300kW的三相笼型异步电动机的减压起动。

XJ01系列自动起动补偿器由自耦变压器、交流接触器、中间继电器、热继电器、时间继电器和按钮等电气元件组成。对于14～75kW的产品，采用自动控制方式；80～300kW的产品，可以采用手动控制和自动控制两种控制方法，由转换开关进行切换。时间继电器为可调式，调节时间在5～120s以内，可以自由地调节来控制起动时间。自耦变压器备有额定电压60%及80%两挡抽头，出厂时接在60%的抽头上。补偿器具有过载和失电压保护，最大起动时间为2min（包括一次或连续数次起动时间的总和）。若起动时间超过2min，则必须冷却4h以上，才能再次起动。图4-42所示为XJ01系列自动起动补偿器的控制电路。图中点画线框内的SB1和SB2是异地控制按钮。

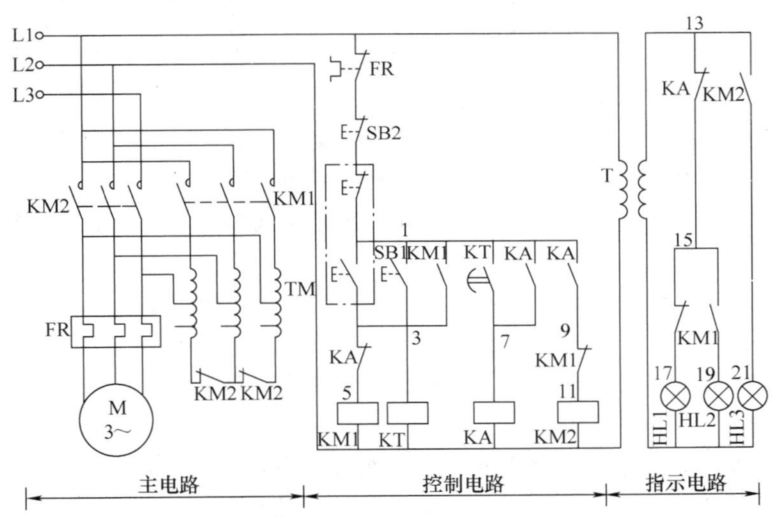

图4-42　XJ01系列自动起动补偿器的控制电路

整个控制电路分为三部分：主电路、控制电路和信号指示电路。其工作原理如下：

按下SB1，KM1线圈得电，KM1常开触点闭合并自锁，主触点闭合，电动机M接入自耦变压器TM减压起动，KM1的常闭触点断开，切断KM2线圈回路实现互锁；KM1的另一常闭触点断开HL1回路，使HL1指示灯熄灭，KM1的另一常开触点闭合，接通HL2回路，使HL2指示灯发亮。同时KT线圈得电，为电动机M的正常运行做准备。当电动机M的转速上升到一定值时，KT延时结束，延时触点闭合，使中间继电器KA线圈得电，其常开触点闭合自锁，KA的常闭触点断开KM1线圈回路，使KM1线圈失电，KM1的辅助触点全部复位，KM1主触点分断，将自耦变压器TM切除。KA的另一常开触点闭合，接通KM2线圈回路，使KM2线圈得电，KM2两对常闭触点分断，解除自耦变压器TM的星形联结。KM2的辅助常开触点闭合，接通指示灯HL3，使HL3发亮，KM2的主触点闭合，使电动机M在全压下运行。KA 的另一常闭触点断开，切断 HL1、HL2 指示灯回路，使 HL1、HL2 熄灭。

所以指示灯 HL1 亮，表示电源有电、电动机处于停止状态；指示灯 HL2 亮，表示电动机处于减压起动状态；指示灯 HL3 亮，表示电动机处于全压运行状态。

停止时，按下停止按钮 SB2，使控制电路失电压，各继电器、接触器触点均复位，电动机停止。自耦变压器减压起动的优点是：起动转矩和起动电流可以调节、但设备庞大、成本较高。因此，这种起动方法适用于额定电压为 220V/380V、接法为Y/△、容量较大的三相异步电动机的减压起动。

4.8 三相异步电动机调速控制电路

由三相异步电动机的转速公式 $n=(1-s)\dfrac{60f_1}{p}$ 可知，改变异步电动机转速可通过三种方法来实现：一是改变电源的频率 f_1；二是改变转差率 s；三是改变磁场极对数 p。本节讨论改变磁场极对数 p 来实现三相异步电动机调速的基本控制电路。

1. 变极调速原理

当电源的频率固定后，电动机的同步转速（$n=\dfrac{60f}{p}$）是与它的磁场极对数成反比的。运行中，通过改变定子绕组的接法来改变定子绕组的极对数，使其同步转速也随之变化，从而实现对异步电动机调速的目的。若变更一次电动机绕组的极数，可以获得两个同步转速等级的电动机，称为双速电动机；若变更二次电动机绕组的极数，获得三个同步转速等级的电动机，称为三速电动机。同理可有四速、五速等多速电动机，但要受定子结构及绕组接线的限制。

当电动机定子绕组极对数改变以后，它的转子绕组必须相应地重新组合。而绕线转子异步电动机往往无法满足这一要求。由于笼型异步电动机转子绕组本身没有固定的极数，所以变更绕组极对数的调速方法一般仅适用于这种类型的异步电动机。变更笼型异步电动机定子绕组极对数可采用下列两种方法：

1）改变定子绕组的接法，或者变更定子绕组每相电流方向。

2）在定子上设置具有不同极对数的两套互相独立的绕组。

有时为了使同一台电动机获得更多的速度等级，常将上述两种方法同时采用，这样，既在定子上设置了两套互相独立的绕组，又使每套绕组具有变更电流方向的能力，可获更多的速度等级。下面以双速异步电动机为例，说明用变更绕组接法来实现变极对数的原理。

图 4-43 所示为 4 极/2 极定子绕组接线示意图。

其中图 4-43a 表示出了三相定子绕组接成三角形（U、V、W 接电源，U"、V"、W" 接线端悬空）。此时每相绕组中 1、2 线圈相互串联，其电流方向如图 4-43 中虚箭头。应用右手螺旋定则就可判断它的磁场方向，磁场具有 S、N、S、N 四个极（即两对磁极），如图 4-44a 所示。同理，三相定子绕组接成双星形接线（U"、V"、W" 接电源，U、V、W 接线短接），接线图见图 4-43 所示。此时每组绕组中 1 和 2 线圈互相并联，电流方向如图 4-43a 中实线箭头所示，磁场具有 S、N 两个极（即一对磁极），如图 4-44b 所示。

由上述可知，变更电动机定子绕组的接线，就改变了定子绕组磁场的极对数，也改变了

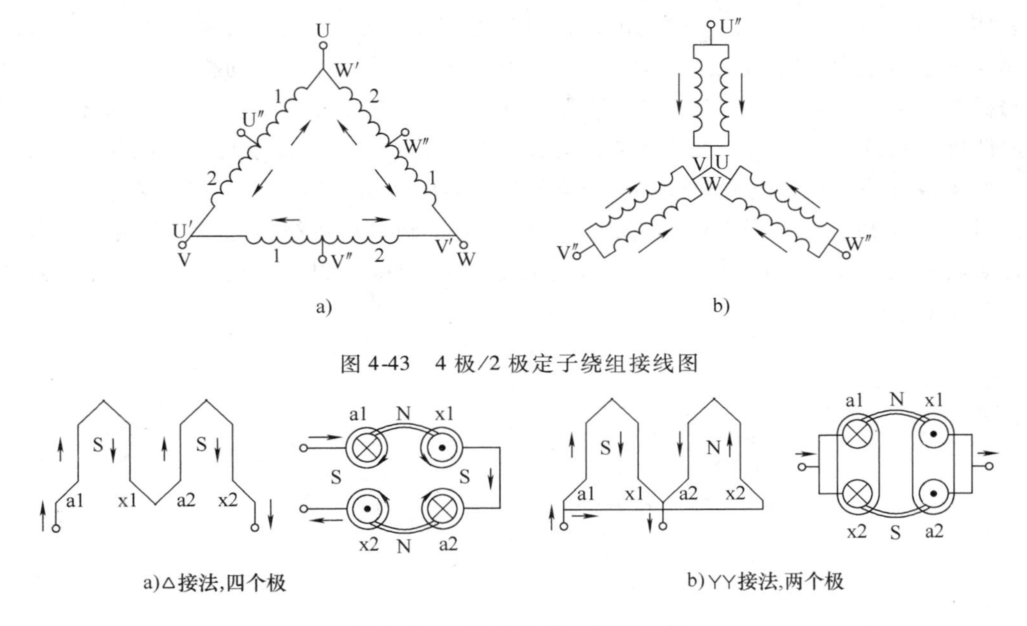

图 4-43　4 极/2 极定子绕组接线图

图 4-44　4 极/2 极定子绕组磁场

同步转速等级，所以变极调速是有级调速。对双速电动机而言，其中△接线时为 4 极对应低速，而丫丫接线时为 2 极对应高速。

2. 双速电动机控制电路

双速异步电动机是变极调速中最常用的一种形式。

（1）双速异步电动机定子绕组的联结　如图 4-45 所示为双速异步电动机定子绕组的△/丫丫接线图。它的绕组结构是特殊的，有两种联结方法，其中图 4-45a 所示为电动机的三相绕组接成三角形，三相电源线连接在定子绕组作三角形连接到顶点的接线端 U、V、W 上，每相绕组的中点接出的接线端 U"、V"、W" 空着不接，如图 4-45a 所示的接线端，此时电动机磁极为 4 极（$p=2$），同步转速为 1500r/min。

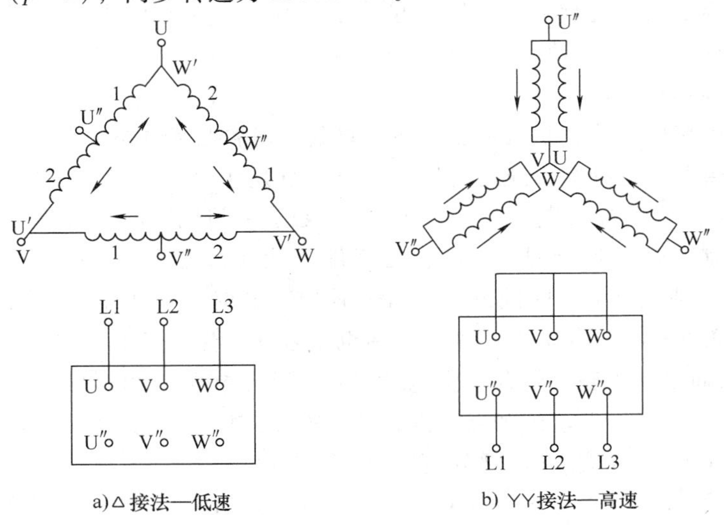

a)△接法—低速　　b) YY接法—高速

图 4-45　双速电动机定子绕组的△/丫丫接线图

要使电动机以高速工作，只需把电动机绕组的三个接线端 U、V、W 短接在一起，U"、V"、W" 的三个接线端接到三相电源上，如图 4-45b 所示。这时电动机定子绕组为丫丫联结，磁极为 2 极（$p=1$）同步转速为 3000r/min。可见双速电动机高速运转时的转速是低速运转的两倍。必须注意，从一种接法转换为另一种接法时，由于绕组在空间的几何角度保持不变，而 4 极电动机是 2 极电动机在相同空间角度时的电角度的 2 倍，所以滞后 120°电角度变为滞后 240°电角度，相当于超前 120°电角度，使接到电动机绕组上的电源相序反了。为了保证旋转方向不变，变极时应把电源相序反过来以维持加到电动机绕组上的电源相序不变，如图 4-46 所示。

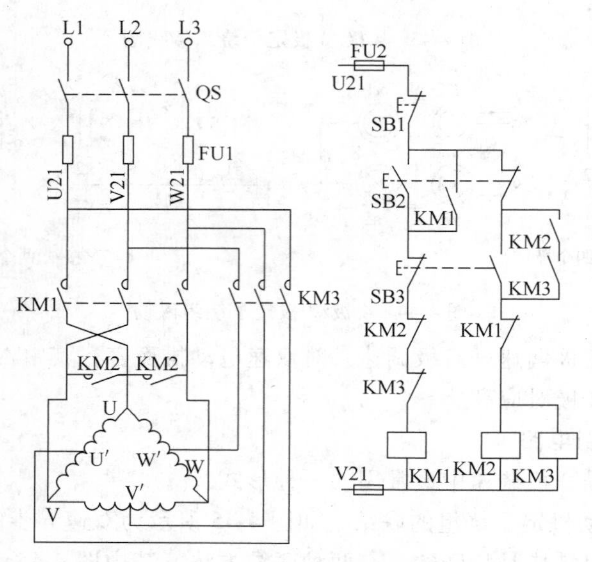

图 4-46　双速电动机手动控制调速电路

（2）手动控制电路　双速电动机手动控制电路如图 4-46 所示。工作原理如下：先合上电源开关 QS，按下低速起动按钮 SB2，接触器 KM1 通电吸合并自锁，电动机作△形联结，以低速运转，如需换为高速旋转，可按下起动按钮 SB3，使接触器 KM1 线圈断电释放，同时接触器 KM2 通电吸合并自锁，电动机定子绕组作丫丫联结，并且电源相序已改变，所以电动机作同方向高速运行。

实质上控制电路的形式就是按钮、接触器双重互锁的控制电路。停机时按下 SB1 即可。

（3）利用组合开关选择高低速运行控制电路　利用组合开关 SA，选择高低速运行控制电路如图 4-47 所示。SA 有三个位置，当开关 SA 处于中间位置时，所有接触器和时间继电器都不接通，控制电路不起作用，电动机处于停止状态，当开关 SA 处于低速位置时接通 KM1 线圈电路，其他接触器和时间继电器都不通电，此时电动机定子绕组接成三角形，以低速运行；当开关 SA 处于高速位置时，时间继电器 KT 首先通电，其瞬时动合触点闭合，接触器 KM1 线圈通电，主触点闭合，将电动机定子绕组接成三角形做低速起动，经过一段时间延时后，KT 的延时断开动断触点断开，使 KM1 线圈失电，其触点复位；而延时闭合的动合触点闭合，使 KM2 线圈通电，KM2 的主触点将 U1、V1、W1 连在一起，同时通过 KM2 的动合触点闭合使 KM3 线圈通电，KM3 的主触点闭合，使电动机定子绕组成双星形联结，以高速运行。

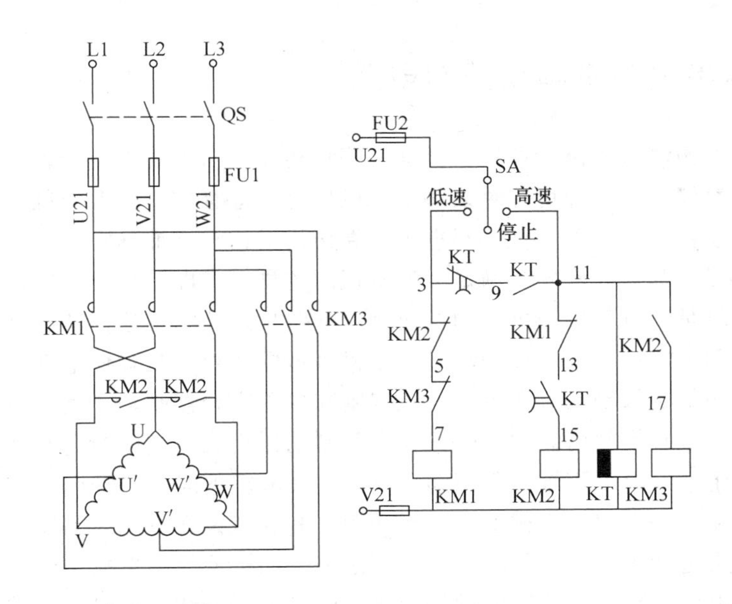

图 4-47　SA 控制双速电动机调速电路

此电路可以实现变极调速电动机的调速控制，开关 SA 处高速位时，是由低速起动、经时间继电器延时，过渡到高速运行的。

（4）时间继电器控制的自动加速控制电路　类似于上述开关 SA 处于高速位置的情况，双速电动机高速运行，起动时电动机定子绕组先接成三角形，低速起动，然后自动地将电动机定子绕组转为双星形联结，作高速运行，以减少高速起动时的能耗。这个过程可以用时间继电器来控制，电路如图 4-48 所示。其工作原理如下，按下 SB2 时，时间继电器 KT 通电，其延时断开的常开触点瞬时闭合，接通 KM1 线圈回路，使 KM1 得电，主触点吸合，电动机定子绕组接成△形以低速起动，同时 KM1 的常闭触点断开，切断 KM2 线圈回路实现互锁。KM1 的辅助常开触点闭合，使中间继电器 KA 线圈通电，KA 的常开触点闭合自锁，KA 的常闭断开，使时间继电器 KT 线圈断电，延时断开触点继续保持闭合状态。经过一定延时时间，延时断开触点 KT 断开，切断接触器 KM1 线圈，使接触器 KM1 断电释放，KM1 常闭复位，接通接触器 KM2 线圈，KM2 通电吸合，电动机便自动地从△形联结改变成丫丫形联结而高速运转，完成了低速起动自动加速的过程。KM2 要有五个常开主触点，否则应用两接触器并接。KM2 常闭触点切断 KM1 线圈回路实现互锁。

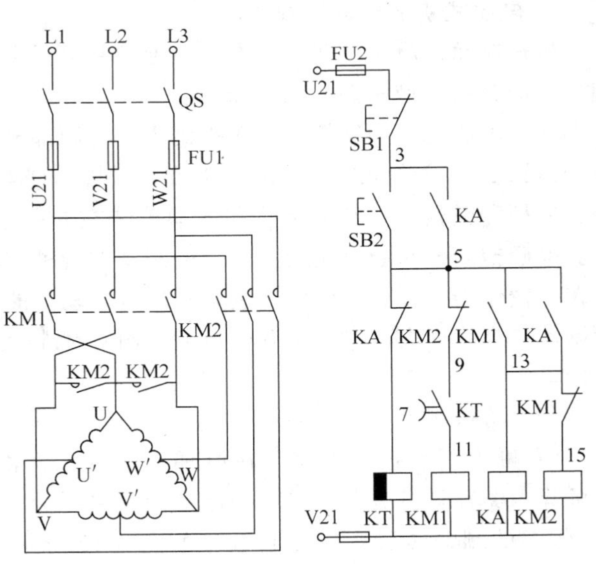

图 4-48　时间继电器控制双速电动机自动加速控制电路

4.9 三相异步电动机制动控制电路

电动机断开电源以后，由于惯性不会马上停止转动，而需要继续转动一段时间才会完全停下来，这是自然停车。这种情况对某些生产机械是不适宜的，如万能铣床、卧式镗床、组合机床都要求迅速停车和准确定位；起重机、卷扬机吊钩需要准确定位。这就要求对电动机采取有效措施，强迫其立即停转。满足生产机械的这种要求即是对电动机进行制动。

所谓制动，就是给电动机一个转动方向相反的转矩迫使它迅速停转。制动的方式分为两大类：机械制动和电气制动。机械制动是采用机械抱闸或液压装置使电动机断开电源后迅速停转的方法，常用的机械制动方法有：电磁抱闸和电磁离合器制动，其中电磁抱闸就是常用的制动方法之一。电磁抱闸由制动电磁铁和闸瓦制动器组成。其中断电制动型是在电磁铁线圈断电时，利用闸瓦对电动机轴进行制动。电磁铁线圈得电时，松开闸瓦，电动机轴可以自由转动。这种制动方法在起重机械上被广泛采用，其优点是在供电线路发生故障时，电磁抱闸能迅速对电动机进行制动，从而防止重物下落和电动机反转的事故。电气制动方法，首先将电动机定子从电源脱离，在停转的过程中接入能产生一个和电动机实际转动方向相反的电磁力矩作为制动力矩，迫使电动机迅速停转，机床中常用的电气制动方法有反接制动和能耗制动等。

1. 电磁式机械制动控制电路

机械制动，应用较普遍的有电磁抱闸和电磁离合器两种，这两种方法的制动原理基本相同，下面介绍机械制动的工作原理。

（1）电磁抱闸的结构　电磁抱闸主要有两部分组成：制动电磁铁和闸瓦制动器。制动电磁铁由铁心、衔铁和线圈三部分组成，线圈有单相和三相之分。闸瓦制动器包括闸轮、闸瓦、杠杆和弹簧等，其中闸轮和电动机装在同一轴上。制动强度可通过调整机械结构来改变。电磁抱闸分为断电制动型和通电制动型两种。断电制动型的电磁抱闸当线圈失电时，闸瓦在弹簧作用下紧紧抱住闸轮制动；通电制动型的电磁抱闸当线圈得电时，闸瓦紧紧抱住闸轮制动，当线圈失电时，闸瓦与闸轮分开，无制动作用。

（2）机械制动控制电路

1）断电制动控制电路。在电梯、起重机、卷扬机等一类升降机械上，采用的制动闸是平时处于"抱住"的制动装置，其控制电路如图 4-49 所示。其工作原理如下：先合上电源开关 QS，按下起动按钮 SB1 接触器 KM 线圈得电，辅助常开触点闭合自锁，主触点闭合，电动机 M 接通电源，同时电磁抱闸线圈 YA 通电，吸引衔铁与铁心闭合，衔铁克服了弹簧阻力，迫使制动器的闸瓦与闸轮分开，电动机起动运行。当需要制动时，按下停止按钮 SB2，接触器 KM 线圈失电，其自锁触点和主触点分断，电动机 M 失电，同时电磁抱闸线圈 YA 也失

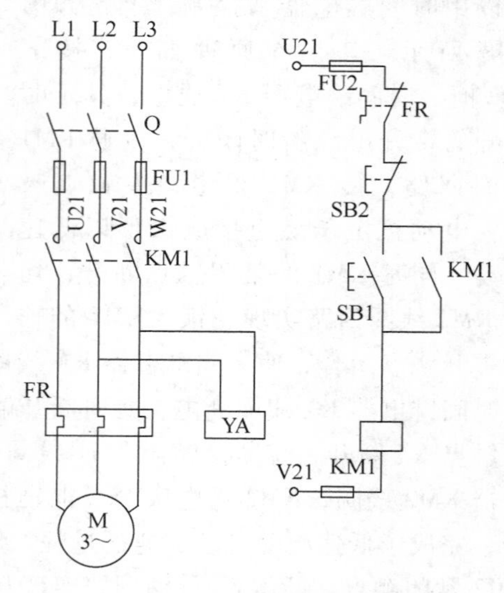

图 4-49　电磁抱闸断电制动控制电路

电，衔铁与铁心分开，在弹簧拉力的作用下，使闸瓦紧紧抱住闸轮，电动机被迅速制动而停转。这种制动方法在起重机上被广泛采用。其优点是能够正确定位，同时可防止中途突然停电或电气故障在重物自行坠落而造成事故，比较安全可靠。但缺点是电磁抱闸线圈耗电时间与电动机一样长，耗电多、不经济；另外在切断电源后，电动机轴就被制动刹住不能转动，做调整工作较困难。所以要求电动机停止时能调整工作位置的机床设备不宜采用这种制动方法，可采用通电制动控制电路。

2）通电制动控制电路。对机床一类经常需要调整加工工件位置的机械设备，采用制动闸平时处于“松开”状态的制动装置。图 4-50 所示为电磁抱闸通电控制电路，该控制电路与断电制动型不同，制动的结构也有所不同。当电动机得电运行时，电磁抱闸线圈处于断电状态，这时闸瓦与闸轮松开无制动作用。当电动机断电需要制动时，电磁抱闸线圈得电，使闸瓦紧紧抱住闸轮制动。当电动机处于停止运行状态时，电磁抱闸线圈也无电，闸瓦与闸轮也处松开状态。这样，在电动机未通电时，操作人员可以用手扳动主轴进行调整工件和对刀等。

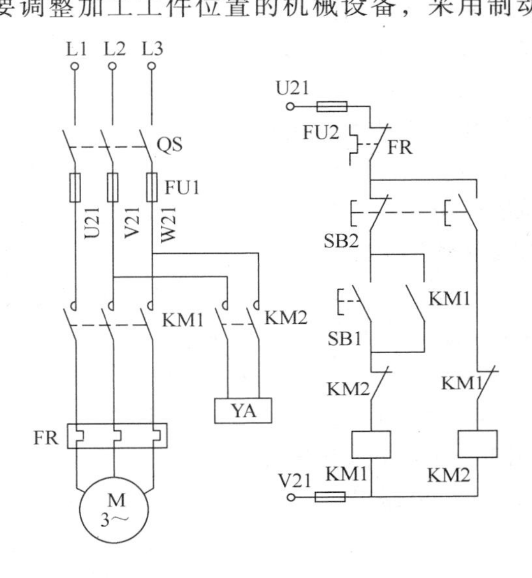

图 4-50　电磁抱闸通电制动控制电路

工作原理如下：先合上电源开关 QS，按下起动按钮 SB1，接触器 KM1 线圈得电，其自锁触点和主触点闭合，电动机 M 起动运行。由于 KM1 的互锁触点断开，使接触器 KM2 不能得电动作，所以电磁抱闸线圈无电，衔铁与铁心分开，在弹簧拉力作用下，使闸瓦与闸轮分开，电动机不受制动影响正常运行。

停止制动时，按停止按钮 SB2，其常闭触点先断开，使接触器 KM1 线圈失电，其所有触点都复位，电动机 M 失电，KM1 的互锁触点复位，SB2 的常开触点闭合后，接触器 KM2 线圈得电，KM2 主触点闭合，电磁抱闸 YA 线圈得电，使铁心与衔铁吸合，抱闸紧紧抱住闸轮进行制动，电动机被迅速制动而停转。当松开复合按钮 SB2 时，其常开触点复位，接触器 KM2 线圈断电，电磁抱闸 YA 线圈断电，抱闸又松开。

该控制电路的另一个优点是：只有将停止按钮 SB2 按到底，接通 KM2 线圈电路才有制动作用，松开 SB2，制动就结束。所以，如只要停车而不需制动时，可不将 SB2 按到底或按一下 SB2 立即松开，电动机属自然停车。这样，可以根据实际需要决定是否需要制动，从而延长电磁抱闸的使用寿命。

2. 电气制动控制电路

电动机在切断电源停转的过程中，产生一个和电动机实际旋转方向相反的电磁转矩，迫使电机迅速制动的方法叫电气制动。电气制动常用的方法有：反接制动、能耗制动、电容制动和再生发电制动等。

（1）反接制动

1）反接制动的基本原理。依靠改变电动机定子绕组的电源相序来产生制动力矩，迫使电动机迅速停转的方法，叫反接制动。其制动原理如图 4-51 所示。

在图 4-51a 所示电路中，当 QS 向上投合时，电动机定子绕组的电源相序为 L1→L2→L3（正相序），电动机沿旋转磁场方向（顺时针方向）以 $n<n_1$ 的转速正常运行。在电动机需停转时，可拉开电源开关 QS，使电动机断开电源（此时电动机在惯性作用下按原方向继续旋转），随后，将电源开关 QS 迅速向下投合，使加到电动机定子绕组上的电源相序变为 L3→L2→L1，产生的旋转磁场为逆时针方向，此时，转子将以 n_1+n 的相对速度按原转动方向切削旋转磁场，在转子绕组中产生感应电流，方向如图 4-51b 所示。该电流受旋转磁场的作用产生电磁转矩，其方向与电动机转动方向相反，使电动机受制动迅速停车。

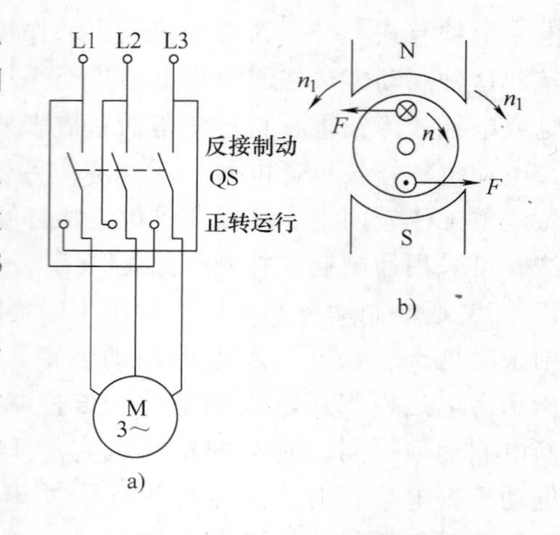

图 4-51 反接制动原理图

必须注意的是：当电动机转速下降到接近零时，应立即切断电动机电源，否则电动机将反转。所以在反接制动控制电路，为保证电动机的转速被制动到接近零时能迅速切断电源，防止反向起动，常利用速度继电器（又称反接制动继电器）来自动地及时切断电源。

2）单方向起动的反接制动控制电路。图 4-52 所示为单方向起动的反接制动控制电路原理图。由于反接制动时电流比直接起动时的起动电流还要大，故在主电路中串入了三个限流电阻 R。电路中，KM1 为正常运转接触器；KM2 为反接制动接触器；KS 为速度继电器，其轴与电动机轴相连（图中用虚线表示）。

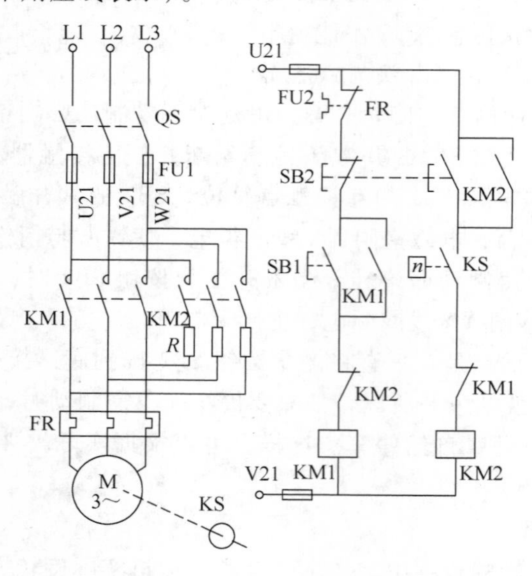

图 4-52 单方向起动的反接制动控制电路

工作原理如下：先合上电源开关 QS，按下起动按钮 SB1，正接触器 KM1 吸合，电动机直接起动；电动机转速升高到一定值（100r/min）时，速度继电器的常开触点 KS 闭合，为反接制动接触器 KM2 接通做准备。停车时，按下停止按钮 SB2，SB2 的常闭触点分断，常开触点闭合，此时接触器 KM1 断电释放，其常闭互锁触点闭合，使 KM2 通电吸合，将电动机的电源反接，进行反接制动。电动机转速迅速降低，当转速接近于零（100r/min 左右）时速度继电器的常开触点 KS 分断，KM2 断电释放，电动机脱离电源停止转动，制动结束。

反接制动的制动力矩较大、冲击强烈、易损坏传动零件，且频繁的制动可能使电动机过热，使用时必须引起注意。

另外，反接制动时，定子绕组中的电流很大，必须在定子电路中串入限流电阻 R，以限制反接制动电流。限流电阻 R 值可取为

$$R = 1.5 \times \frac{220\text{V}}{I_{st}}$$

若使反接制动电流等于起动电流 I_{st}，则每相串入的电阻 R' 的值可取为

$$R' = 1.3 \times \frac{220\text{V}}{I_{st}}$$

如果反接制动时只在电源两相中串接电阻，则电阻值分别取上述估算电阻值的 1.5 倍。

（2）能耗制动　能耗制动是将转子惯性转动的机械能量转化为电能，又消耗在转子过程中。其原理如图 4-53 所示。

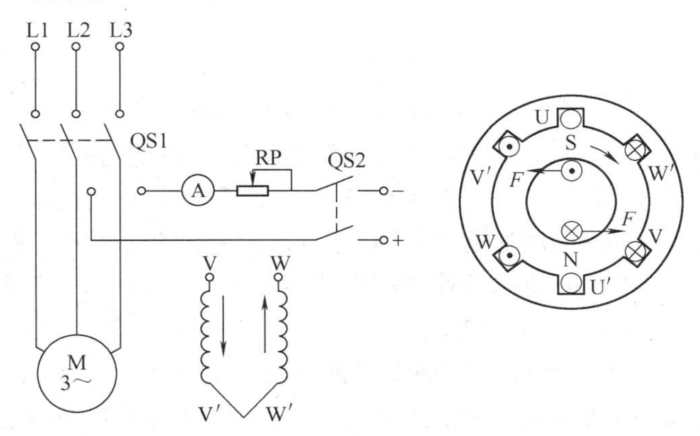

图 4-53　能耗制动原理图

在进行能耗制动时，先将运转的电动机从三相交流电源上切除下来，此时电动机处于自然停车状态，然后将一直流电源接入电动机定子绕组的任意两相，使电动机产生一个静止的磁场。由于电动机转子因惯性仍然按原方向旋转，所以转子导体切割静止磁场的磁力线而在其内部产生转子感应电流。根据右手定则，判别感应电流的方向如图 4-53 中所示。这样转子绕组就成为载流导体，当它处于静止磁场中时，必然产生一个作用力 F，由左手定则判定作用力 F 的方向如图 4-53 中所示。可见，所产生的作用力在电动机轴上所形成的转矩是与转子惯性旋转方向相反的，是一个反向的制动转矩，能够迫使电动机迅速停车，达到制动目的。

能耗制动的制动转矩大小与通入直流电流的大小及电动机的转速有关。在同样转速下，通入的直流电流越大，制动力越大，制动作用越强。一般情况下，通入直流电流的大小是电动机空载电流的 3 ~ 5 倍，若通入的直流电流过大，也可能烧毁电动机的定子绕组。可通过调节直流电源电路中串接的可调电阻的阻值来调节制动电流的大小。

能耗制动时，制动的转矩大小也与转速有关：转速越高，切割磁力线的速度越快，产生的转子感应电流越大，制动转矩越小。随着转速的降低，制动转矩也下降。当转速为零时，制动转矩也消失，电动机停转，制动结束。此时应切除直流电源。

图 4-54 所示为时间原则控制电动机单向运行能耗制动电路。图中 KM1 为单向运行接触器，KM2 为能耗制动接触器，KT 为时间继电器，T 为整流变压器，VC 为桥式整流电路。

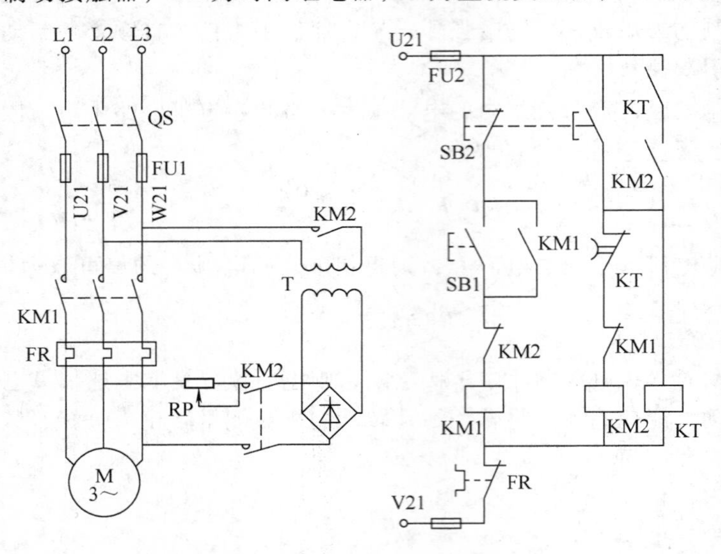

图 4-54 时间原则控制电动机能耗动电路

该电路工作原理如下：按起动按钮 SB1，接触器 KM1 得电自锁，电动机起动并正常运行。若要使电动机停转，按下停止按钮 SB2、KM1 线圈断电，电动机定子绕组脱离三相交流电源；同时，KM2、KT 线圈同时通电并自锁。KM2 主触点将电动机二相定子绕组接入直流电源进行能耗制动，使电动机转速迅速降低。当转速接近零时，时间继电器 KT 延时时间到，其常闭延时断开触点动作，使 KM2、KT 线圈相继断电，制动过程结束。

该电路中，将 KT 常开瞬动触点与 KM2 自锁触点串联，是考虑时间继电器线圈断线或其他故障时，因 KT 常闭通电延时断开触点打不开而致使 KM2 线圈长期通电，造成电动机定子长期通入直流电源。引入 KT 常开瞬动触点后，则避免了上述故障的发生。

(3) 电容制动　电容制动又称自励发电制动。由上分析可知，反接制动与能耗制动均由外界供给一定的能量，而电容制动则是利用异步电动机转子剩磁与转子旋转动能来实现快速制动的一种方法。它无需外界供给制动能量，且线路简单、制动效果好，是一种实用可靠、节约电能的好方法，特别适用于存在机械摩擦和阻尼的工作机械、需多台电动机同时制动的场合。

图 4-55 所示为电动机电容制动电路。图中 KM1 为主电路接触器，KM2 为制动接触器，KT 为制动时间继电器，C 为制动电容，R 为放电电阻。

电路工作原理：电动机起动时按下起动按钮 SB1、KM1 通电并自锁，电动机直接起动。需停止时，按下停止按钮 SB2、KM1 断电，电动机切除交流电源。当按钮 SB2 按到底时，KT 线圈通电，其断电延时常开触点立即闭合，为 KM2 线圈通电做准备。当松开停止按钮 SB2 后，KT 线圈断电，但 KT 断电延时断开触点仍处于闭合状态，所以 KM2 线圈通电，KM2 主触点将电阻—电容电路接入电动机定子电路。这时电动机转子因惯性继续旋转。而转子中存有剩磁，这一旋转的转子磁场切割电动机定子绕组，在定子绕组中产生感应电动势，在定子电阻—电容电路中流过电容电流，这一电容电流流过定子绕组建立磁场，使转子

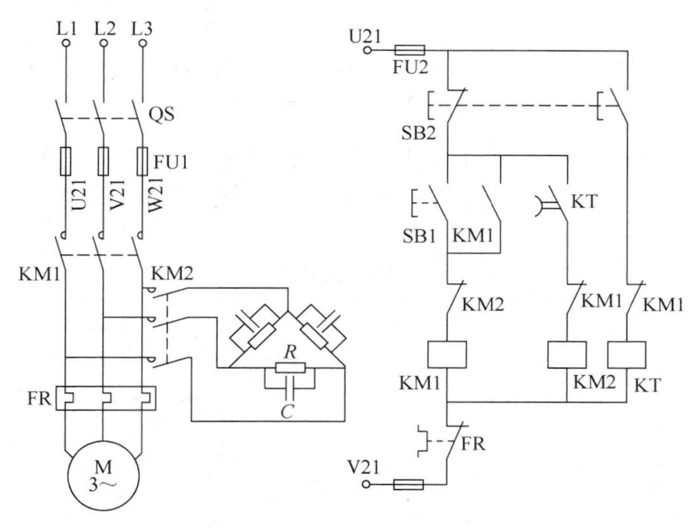

图 4-55　电动机的电容制动控制电路

剩余磁场得到加强，产生了感应电动机的自励磁。由于电路并没有注入能量，所以随着转子旋转，其动能转化为电能向定子输入并在 RC 电路中消耗掉，使电动机很快停止。当 KT 延时时间一到，KT 延时断开触点断开，KM2 断电释放，电阻—电容电路从定子电路中切除，电动机电容制动结束。图中 KT 延时时间即为电动机电容制动时间。

4.10　按钮控制丫—△减压起动控制电路的安装与检修

1. 原理图

按钮控制丫—△减压起动控制电路的原理图如图 4-56 所示。

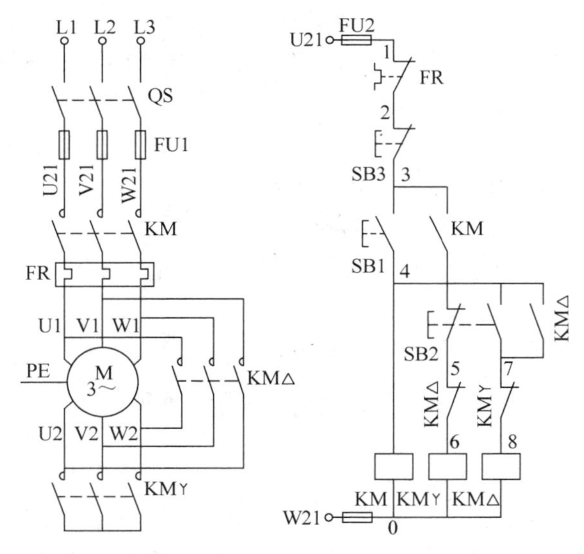

图 4-56　按钮控制丫—△减压起动控制电路

2. 实习目的

掌握按钮控制丫—△减压起动控制电路的安装与检修方法。

3. 工具、仪表及器材

(1) 工具　螺钉旋具、尖嘴钳、平口钳、斜口钳、剥线钳、电工刀等。

(2) 仪表　MF47 型万用表、绝缘电阻表、钳形电流表。

(3) 器材　导线规格：主电路采用 BV1.5mm²；控制电路采用 BV1mm²；按钮线采用 BVR0.75mm²；接地线采用 BVR1.5mm²（黄绿双色）。导线数量由教师根据实际情况确定。

电气元件明细见表 4-7 所示：

表 4-7　电气元件明细表

代号	名称	型号	规格	数量
M1	三相异步电动机	Y112M-4	4kW、380V、△接法、8.8A、1440r/min	1
QS	组合开关	HZ10-25/3	三极、额定电流 25A	1
FU1	螺旋式熔断器	RL1-60/25	500V、60A、配熔体额定电流 25A	3
FU2	螺旋式熔断器	RL1-15/2	500V、15A、配熔体额定电流 2A	2
KM1 ~ KM3	交流接触器	CJ20-10	10A、线圈电压 380V	3
FR	热继电器	JR36-20/3	三极、20A、额定电流 8.8A	1
SB1、SB2	按钮	LA10-3H	保护式、按钮数 3	1
XT	端子板	JX2-1015	10A、15 节、380V	1

4. 安装步骤和工艺要求

1) 识读电路图，熟悉电路所用的电气元件及其作用以及电路的工作原理。

2) 检查电气元件的质量是否合格。

3) 绘制电气元件布置图，经指导教师检查合格后，在控制板上按布置图固定元件，并贴上文字符号。

4) 绘制接线图，在控制板上按接线图的走线方法进行板前明布线，并套编码管。布线要做到横平竖直、整齐、分布均匀、紧贴安装面、走线合理；套编码管要正确；严禁损伤线芯和导线绝缘；接点牢固，不得松动，不得压绝缘层、不反圈、不露铜过长等。

5) 根据电路原理图检查控制板布线是否正确。

6) 安装电动机。

7) 连接电动机和按钮金属外壳的保护接地线。

8) 连接电源、电动机等控制板外部的导线。

9) 自检：安装完毕的控制电路板，必须经过认真检查后，才允许通电试车，以防止接错、漏接造成不能正常运转或短路事故。

10) 交验：交指导教师检查无误后方可通电试车。

11) 通电试车完毕，停机、切断电源。然后先拆除三相电源线，再拆除电动机负载线。

5. 注意事项

1) 用Y—△降压起动控制的电动机，必须有 6 个出线端子，且定子绕组在△接法时的额定电压等于三相电源线电压。

2) 接线时要保证电动机△形接法的正确性，即接触器 $KM_{\triangle}$ 主触点闭合时，应保证定子绕组的 U1 与 W2、V1 与 U2、W1 与 V2 相连接。

3) 接触器 KM_{Y} 的进线必须从三相定子绕组的末端引入，若误将其首端引入，则 KM_{Y}

在吸合时，会产生三相电源短路事故。一定要注意不能接错。

4）通电校验前要再检查一下熔体规格及时间继电器、热继电器的各整定值是否符合要求。

5）在规定时间内完成，同时要做到安全操作和文明生产。

6. 安装接线考核评分标准

考核评分标准如表 4-8 所示。

表 4-8　安装接线评分标准

项目内容	配分	评分标准		扣分
装前检查	15	（1）电动机质量检查，每漏一处　扣 5 分 （2）电气元件漏检或错检，每处　扣 2 分		
安装元件	15	（1）不按电器布置图安装元件　扣 15 分 （2）元件安装不紧固每只　扣 4 分 （3）元件安装不整齐、不匀称、不合理每只　扣 3 分 （4）损坏元件　扣 15 分		
布线	30	（1）不按电气原理图接线　扣 25 分 （2）布线不符合要求，主电路每根　扣 4 分 控制电路每根　扣 2 分 （3）接点不符合要求，每个接点　扣 1 分 （4）损伤导线绝缘或线芯，每根　扣 5 分 （5）漏接接地线　扣 10 分		
通电试车	40	（1）热继电器未整定或整定错　扣 5 分 （2）熔体规格配错，主、控电路各　扣 5 分 （3）第一次试车不成功　扣 20 分 第二次试车不成功　扣 30 分 第三次试车不成功　扣 40 分		
安全文明生产		违反安全文明生产规程　扣 5～40 分		
定额时间 3.5h		按每超时 2min，总分扣 1 分		
备注		各项扣分不得超过该项配分	成绩	
开始时间		结束时间	实际时间	

7. 检修训练

（1）故障设置　在控制电路或主电路中人为设置电气故障两处。

（2）故障检修　其检修步骤及要求如下：

1）用通电试验法观察故障现象。主要注意观察电动机、各电气元件及电路的工作是否正常。若发现异常现象，应立即断电检查。

2）用逻辑分析法缩小故障范围，并在电路图上用虚线标出故障部位的最小范围。

3）用测量法正确、迅速地找出故障点。

4）根据故障点的不同情况，采用正确的修复方法，迅速排除故障。

5）排除故障后通电试车。

（3）注意事项

1）检修前要先掌握电路图中各个控制环节的作用和原理，并熟悉电动机的接线方法。

2）在检修过程中严禁扩大和产生新的故障，否则，要立即停止检修。

3）在排除故障过程中，检修思路和方法要正确。

4）带电检修故障时，必须有教师在现场监护，并要确保用电安全。

5）排除故障要在规定的时间内完成。

（4）检修训练评分标准　见表4-9。

表4-9　检修训练评分标准

项目内容	配分	评分标准			扣分
故障分析	30	（1）故障分析、排除故障思路不正确，每个 （2）标错电路故障范围，每个		扣5~10分 扣15分	
排除故障	70	（1）停电不验电 （2）测量仪器和工具使用不正确，每次 （3）排除故障的顺序不正确 （4）不能查出故障，每个 （5）查出故障点，但不能排除，每个故障 （6）产生新的故障： 不能排除，每个 已经排除，每个 （7）损坏电动机 （8）损坏电器元件，每个		扣5分 扣5分 扣10分 扣35分 扣20分 扣35分 扣15分 扣70分 扣5~20分	
安全文明生产		违反安全文明生产规程		扣10~70分	
定额时间1h		检查不允许超时，修复故障过程中的超时，每超时1min总分扣5分			
备注		除定额时间外，各项内容的最高扣分不得超过配分数		成绩	
开始时间		结束时间		实际时间	

4.11　双速电动机手动控制电路的安装与检修

1. 原理图

双速电动机手动控制电路如图4-57所示。

2. 实习目的

掌握双速电动机手动控制电路的安装与检修方法。

3. 工具、仪表及器材

（1）工具　螺钉旋具、尖嘴钳、平口钳、斜口钳、剥线钳、电工刀等。

（2）仪表　MF47型万用表、绝缘电阻表、钳形电流表、转速表。

（3）器材　导线规格：主电路采用BV1.5mm^2；控制电路采用BV1mm^2；按钮线采用BVR0.75mm^2；接地线采用BVR1.5mm^2（黄绿双色）。导线数量由教师根据实际情况确定。

电气元件明细如表4-10所示。

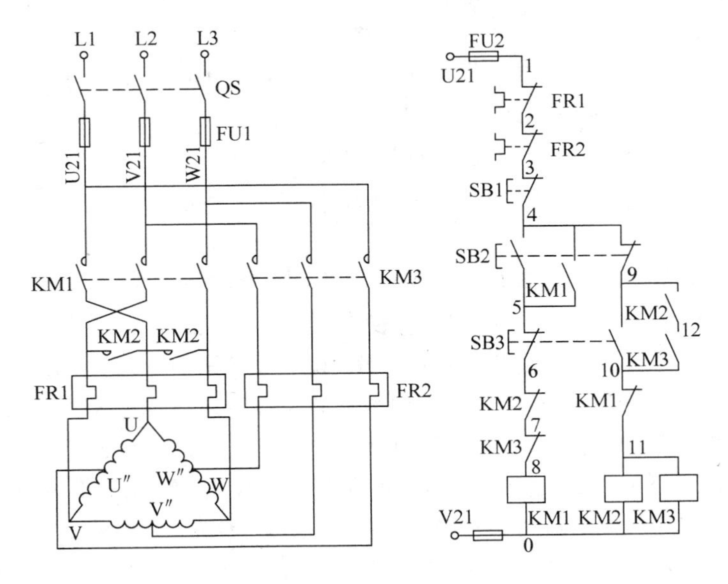

图 4-57　双速电动机手动控制电路

表 4-10　电气元件明细表

代号	名称	型号	规格	数量
M1	三相异步电动机	Y112M-4/2	3.3kW/4kW、380V、△/YY接法、7.4A/8.8A、1440r/min 或 2890r/min	1
QS	组合开关	HZ10-25/3	三极、额定电流 25A	1
FU1	螺旋式熔断器	RL1-60/25	500V、60A、配熔体额定电流 25A	3
FU2	螺旋式熔断器	RL1-15/2	500V、15A、配熔体额定电流 2A	2
KM1 ~ KM3	交流接触器	CJ20-10	10A、线圈电压 380V	3
FR1	热继电器	JR36-20/3	三极、20A、额定电流 7.4A	1
FR2	热继电器	JR16-20/3	三极、20A、额定电流 8.6A	1
SB1、SB2	按钮	LA10-3H	保护式、按钮数 3	1
XT	端子板	JX2-1015	10A、15 节、380V	1

4. 安装步骤和工艺要求

1）识读电路图，熟悉电路所用电气元件及其作用，以及电路的工作原理。

2）检查电气元件的质量是否合格。

3）绘制电气元件布置图，经教师检查合格后，在控制板上按布置图固定元件，并贴上文字符号。

4）绘制接线图，在控制板上按接线图的走线方法进行板前明布线并套编码管。布线要做到横平竖直、整齐、分布均匀、紧贴安装面、走线合理；套编码管要正确；严禁损伤线芯和导线绝缘；接点牢固，不得松动，不得压绝缘层、不反圈、不露铜过长等。

5）根据电路原理图检查控制板布线是否正确。

6）安装电动机。

7）连接电动机和按钮金属外壳的保护接地线。

8）连接电源、电动机等控制板外部的导线。

9）自检：安装完毕的控制电路板，必须经过认真检查后，才允许通电试车，以防止接错、漏接造成不能正常运转或短路事故。

10）交验：交指导教师检查无误后方可通电试车。

11）通电试车时，用转速表测量电动机转速。

5. 注意事项

1）接线时，注意主电路中接触器 KM1、KM2 在两种转速下电源相序的改变，不能接错；否则，两种转速下电动机的转向相反，换向时将产生很大的冲击电流。

2）控制双速电动机△形接法的接触器 KM1 和丫丫接法的 KM2 的主触头不能对换接线，否则不但无法实现双速控制要求，而且会在丫丫形运行时造成电源短路事故。

3）热继电器 FR1、FR2 的整定电流及其在主电路中的接线不要搞错。

4）通电校验前要再检查一下电动机的接线是否正确，并测试绝缘电阻是否符合要求。

5）在规定时间内完成，同时要做到安全操作和文明生产。

6. 安装接线考核评分标准

考核评分标准如表 4-11 所示。

表 4-11 安装接线评分标准

项目内容	配分	评分标准		扣分
装前检查	15	（1）电动机质量检查，每漏一处 （2）电气元件漏检或错检，每处	扣 5 分 扣 2 分	
安装元件	15	（1）不按电气元件布置图安装元件 （2）元件安装不紧固每只 （3）元件安装不整齐、不匀称、不合理每只 （4）损坏元件	扣 15 分 扣 4 分 扣 3 分 扣 15 分	
布线	30	（1）不按电气原理图接线， （2）布线不符合要求，主电路每根 控制电路每根 （3）接点不符合要求，每个接点 （4）损伤导线绝缘或线芯，每根 （5）漏接接地线	扣 25 分 扣 4 分 扣 2 分 扣 1 分 扣 5 分 扣 10 分	
通电试车	40	（1）热继电器未整定或整定错 （2）熔体规格配错，主、控电路各 （3）第一次试车不成功 第二次试车不成功 第三次试车不成功	扣 5 分 扣 5 分 扣 20 分 扣 30 分 扣 40 分	
安全文明生产		违反安全文明生产规程	扣 5～40 分	
定额时间 3.5h		按每超时 2min，总分扣 1 分计算		
备注		各项扣分不得超过该项配分	成绩	
开始时间		结束时间	实际时间	

7. 检修训练

（1）故障设置　在控制电路或主电路中人为设置电气故障两处。

（2）故障检修　由学生自编检修步骤。经教师审阅合格后，参照上课题技能训练中的检修步骤和方法进行检修训练。

（3）注意事项

1）检修前要认真阅读电路图，掌握线路的构成、工作原理及接线方式。

2）检修过程中，故障分析、排除故障的思路和方法要正确，严禁扩大和产生新的故障。

3）工具、仪表使用要正确，带电检修故障时，必须有教师在现场监护，并要确保用电安全。

4）排除故障要在规定的时间内完成。

（4）检修训练评分标准　见表 4-12。

表 4-12　检修训练评分标准

项目内容	配分	评分标准		扣分
故障分析	30	（1）故障分析、排除故障思路不正确，每个 （2）标错电路故障范围，每个	扣 5 ~ 10 分 扣 15 分	
排除故障	70	（1）停电不验电 （2）测量仪器和工具使用不正确，每次 （3）排除故障的顺序不正确 （4）不能查出故障，每个 （5）查出故障点，但不能排除，每个故障 （6）产生新的故障： 不能排除，每个 已经排除，每个 （7）损坏电动机 （8）损坏电器元件，每个	扣 5 分 扣 5 分 扣 10 分 扣 35 分 扣 20 分 扣 35 分 扣 15 分 扣 70 分 扣 5 ~ 20 分	
安全文明生产		违反安全文明生产规程	扣 10 ~ 70 分	
额定时间 1h		检查不允许超时，修复故障过程中的超时，按每超时 1min 总分扣 5 分计算		
备注		除定额时间外，各项内容的最高扣分不得超过配分数	成绩	
开始时间		结束时间	实际时间	

思考题与习题

4.1　什么是电气图中的图形符号和文字符号，它们各有什么要素或符号组成？

4.2　什么是电气原理图、电气元件布置图和电器安装接线图？它们各起什么作用？

4.3　什么是欠电压、失电压保护？哪些电器可以实现失电压和欠电压保护？

4.4　点动和长动有什么不同？各应用在什么场合？同一电路如何实现既能点动又能长动的控制？

4.5　图 4-1 所示的电气原理图中，QS、FU、KM、KA、SB、SQ 分别表示是什么电气元件的文字符号？

4.6 在电动机的主电路中，既然装有熔断器，为什么还要装热继电器？它们各起什么作用？

4.7 画出三相交流异步电动机既能点动、又能起动后连续旋转的控制电路？

4.8 电气控制系统的控制线路图有哪几种？各有什么用途？

4.9 在可逆运行（正反转）控制线路中，为什么已经采用了按钮的机械互锁，还要采用接触器电气互锁？

4.10 什么是自锁？什么是互锁？请举例说明。

4.11 画出按钮和接触器双重互锁的正反转控制电路（包括主电路与控制电路）。

4.12 画出自动往复循环控制电路，要求有限位保护。

4.13 自动往复循环控制电路是如何构成的？说明SQ1～SQ4的作用。

4.14 什么为位置控制电路？它一般应用于哪些场合？

4.15 位置控制是如何实现对电动机的起动、停止控制的？它可分为哪些控制？

4.16 进行三相异步电动机的正反转控制电路的安装应注意哪些事项？

4.17 什么是组合机床？

4.18 多台电动机同时起动控制电路使用中应注意些什么？

4.19 何谓“危险区”？

4.20 为避开刀具在危险区发生相撞的现象，加工中采用什么方法？

4.21 某机床有两台电动机，要求主电动机M1起动后，辅助电动机M2延迟10s自动起动，试设计控制电路。

4.22 有两台电动机M1和M2，要求：(1) M1先起动，经过10s后，才能用按钮起动电动机M2；(2) 电动机M2起动后，M1立即停转。试设计控制电路。

4.23 三相交流异步电动机什么情况下可以全压起动？什么情况下必须减压起动？这两种起动方法有什么优缺点？

4.24 三相笼型异步电动机减压起动方法有哪几种，作三角形联结的电动机应采用哪种减压起动方法？

4.25 三相笼型异步电动机的制动方法有哪几种？它们的原理和优缺点如何？

4.26 双速电动机变速时对相序有什么要求？

4.27 定子绕组为星形联结的笼型异步电动机能否采用星形—三角形减压起动方法？为什么？

4.28 三相笼型异步电动机调速方法有哪几种？各有什么特点？

4.29 正常运行时定子绕组为三角形接法的笼型异步电动机，若采用减压起动来减小起动电流，最好采用哪一种起动方法？

4.30 什么是延边三角形减压起动？这种起动方法对电动机有什么特殊要求？

4.31 降压起动用的自耦变压器二次侧一般有几组抽头，其作用是什么？

4.32 什么叫能耗制动？什么叫反接制动？各有什么特点及适用场合？

4.33 常用的制动方式有哪几种？各用在什么场合？

4.34 某双速电动机，按下列要求设计控制电路：(1) 能低速或高速运行；(2) 高速运行时先低速起动；(3) 能实现低速点动。

4.35　某升降台由一台笼型异步电动机拖动，直接起动，制动用电磁抱闸。控制要求为：按下起动按钮后先松闸，经3s后电动机正向起动，工作台升起，再经5s后，电动机自动反向，工作台下降，再经5s后电动机停转，电磁抱闸抱紧。试设计主电路与控制电路。

4.36　4/2极双速异步电动机的出线端分别为U1、V1、W1和U2、V2、W2，它为4极时与电源的接线为U1接L1，V1接L2，W1接L3。当它为2极时，为了保持电动机的转向不变，该如何接线？

第5章　典型机床的电气控制

各种生产机械的电气控制设备，其拖动方式和电气控制电路各不相同。本章通过一些典型机床的分析，以便掌握阅读电气原理图的方法、培养读图能力，并通过分析典型机床的工作原理，为电气控制电路的设计、调试、维护等方面打下良好的基础。

本章主要介绍常用的 CA6140A 卧式车床、M7475B 磨床、Z3050 钻床、X62W 铣床、T68 镗床及组合机床等六大类机床的电气控制电路及检修机床的一般方法。

5.1　普通车床的电气控制

5.1.1　走一走，看一看

普通车床是应用极为广泛的金属切削机床。主要用于车削外圆、内圆、端面、螺纹和定型表面，并可通过尾架进行钻孔、铰孔和攻螺纹等切削加工。

生产中应用最多的是卧式车床，其典型型号是 CA6140A 型。

1. CA6140A 型卧式车床主要组成及作用

该 CA6140A 型车床型号含义：C——类代号（车床类）；A——结构特性代号；6——组代号（普通落地及卧式车床组）；1——系代号（卧式车床系）；40——主参数折算值（床身上最大工件回转直径的 1/10）；A——改进顺序号。

CA6140A 型卧式车床的外形如图 5-1 所示。

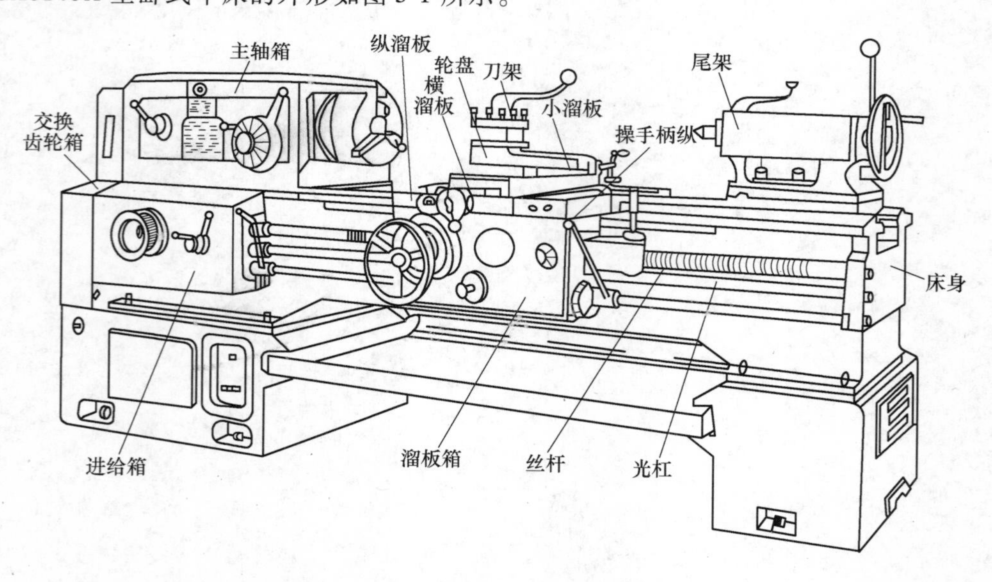

图 5-1　CA6140A 型卧式车床的外形图

它主要由主轴箱、交换齿轮箱、进给箱、丝杠与光杠、溜板箱、刀架、床身、尾架等运动部分组成。主轴箱用于支撑主轴并带动工件作回转运动。交换齿轮箱用于将主轴的回转传递到进给箱。进给箱把交换齿轮箱传递来的运动，经过变速后传递给丝杠或光杠。溜板箱接受丝杠或光杠传递的运动，驱动床鞍和中、小滑板及刀架实现车刀的纵、横向进给运动。刀架部分由床鞍、两层滑板（中、小滑板）和刀架体共同组成，用于装夹车刀并带动车刀做纵向、横向和斜向运动。床身用来支撑和连接车床的各部件。尾架主要用来安装后顶尖，以支撑较长的工件，也可以安装钻头、铰刀等切削工具进行孔加工。

2. CA6140A 型卧式车床的运动形式

车床的切削运动包括工件旋转的主运动和刀具的直线进给运动。

（1）主运动　车床的主轴电动机带动被固定在卡盘上的工件的旋转运动。其传动过程为：主轴电动机→带轮→主轴箱→主轴→卡盘→工件的旋转运动。主轴转速正转 24 种，速度范围为 11～1600r/min；反转 12 种，速度范围为 14～1580r/min。

（2）进给运动　车床的刀架带动刀具的直线运动。其传动过程为：主轴箱→交换齿轮箱→进给箱→光杠（丝杠）→溜板箱→滑板→刀架→车刀的纵、横向直线运动（车螺纹）。

（3）辅助运动　除车床切削运动以外必需的运动，如：工件的夹紧与放松、尾架的纵向移动等。

5.1.2 想一想，谈一谈

1. 电力拖动及控制要求

1）主电动机选用三相笼型异步电动机，无电气调速。

2）采用齿轮箱进行机械有级调速。主电动机通过 V 带将动力传给主轴箱。

3）采用机械方法（多片摩擦离合器）实现主轴正、反转，满足车螺纹的要求。

4）主电动机的起动及停止采用按钮操作。

5）为了满足螺纹加工的需要，刀架移动和主轴转动有固定的比例关系。

6）车削加工时，刀具及工件需要冷却，配有冷却泵电动机，且要求它在主电动机起动后起动，在主电动机停止时立即停止。

7）有过载、短路、欠电压及失电压保护。

8）有安全的局部照明装置。

2. 电气控制线路分析

CA6140A 型卧式车床电路图如图 5-2 所示。

（1）阅读机床电路图的基本知识

1）电气原理图一般由电源电路、主电路、控制电路和辅助电路四部分组成。除电源电路水平画出外，其他电路依次垂直画出。

2）电气原理图中每个电路在机床电气操作中的用途，必须用文字标明在电气原理图上部的用途栏内。

3）电气原理图按功能划分成若干各图区，通常是一个回路或一条支路划为一个图区并从左向右依次用阿拉伯数字编号，标注在图形下部的图区栏中。

4）在电气原理图中，每个接触器线圈的文字符号 KM1、KM2、KM3 的下面画有两条竖直线，分成左、中、右三栏。其中左栏为主触点所处的图区号，中栏为辅助常开触点所处的图区号，右栏为辅助常闭触点所处的图区号。未用的触点，在相应的栏中用记号“×”标出

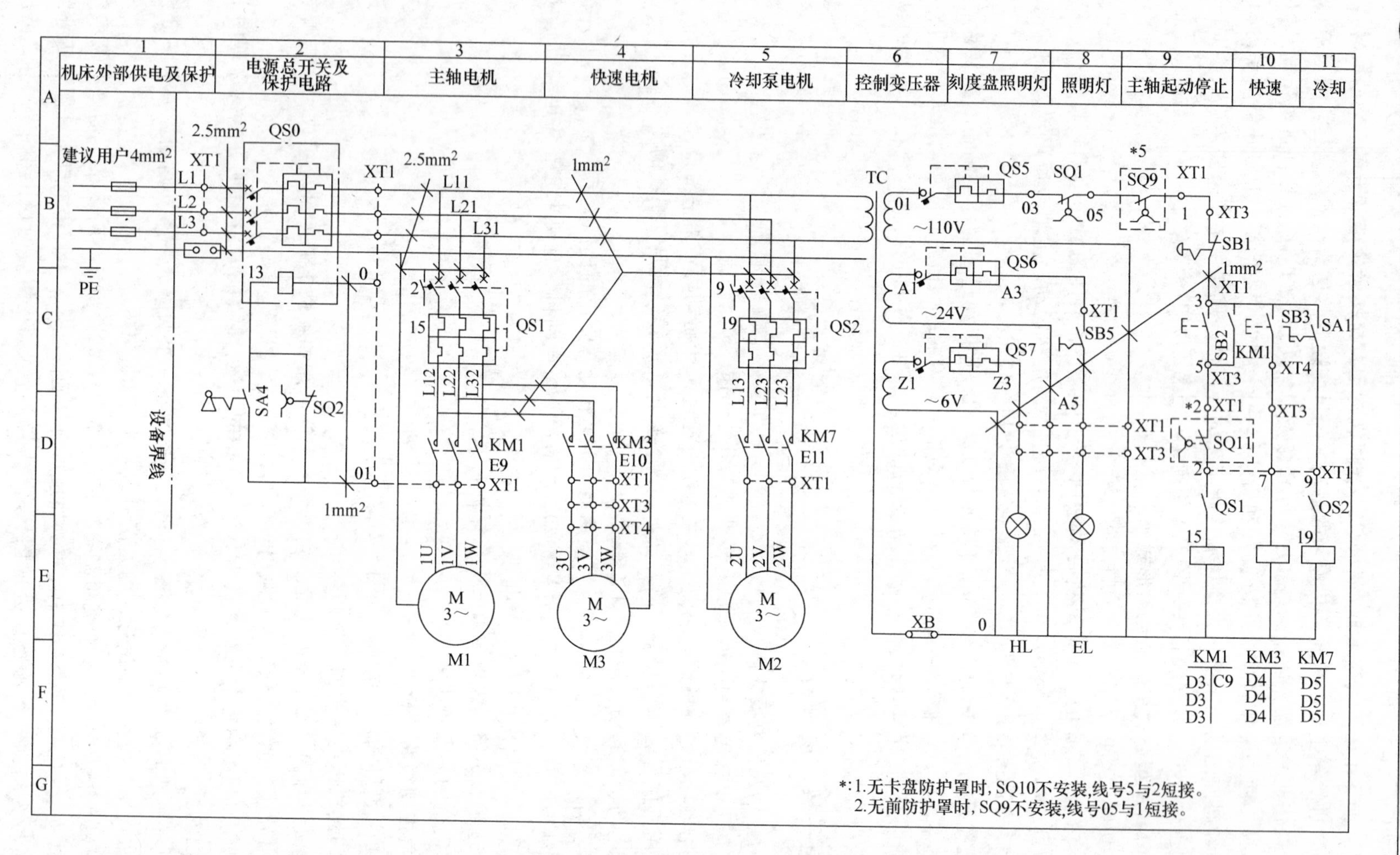

图 5-2　CA6140A 型卧式车床电路图

或不标。

5）在电气原理图中，每个继电器线圈的符号下面画有一条竖直线，分成左、右两栏。其中左栏常开触点所处的图区号，右栏为常闭触点所处的图区号。未用的触点，在相应的栏中用记号“×”标出或不标出任何符号。

6）在电气原理图中，触点文字符号下面的数字表示该电器线圈所处的图区号。

（2）用查线读图法来读图　读电路图一般方法是先读主电路，再读控制电路，通过控制电路回路的分析去研究主电路的控制程序，最后读辅助电路。具体的方法主要有两种：查线读图法和控制过程图法。查线读图法是指通过具体对某个电气控制电路的剖析、学习阅读和分析电气控制电路的方法。具体做法为：

1）分析主电路。从主电路入手，根据每台电动机和执行电器的控制要求去分析各电动机和执行电器的控制内容，包括电动机起动、转向控制、调速、制动等基本环节。

2）分析控制电路。根据主电路中主触点的文字符号，在控制电路中找相应的控制支路（环节），将控制电路“化整为零”，即按功能的不同划分若干个局部控制电路来分析。假定操作按钮、行程开关动作，分析电动机的运转情况。

3）分析联锁和保护环节。注意各个环节相互的联系和制约关系（自锁、互锁、保护环节），以及各个环节与机械、液压部件的动作关系。

4）分析辅助电路。辅助电路包括信号电路、照明电路、保护电路等。多是由控制电路中的电器元件来控制，可对照控制电路进行分析。

5）分析特殊控制环节。在某些控制线路中，设置了相对独立的特殊环节，如产品计数装置、晶闸管触发电路等。读图可参照上述分析方法，灵活处理。

6）总体检查。在局部电路的原理及各部分关系明白后，必须用“集零为整”的方法，检查整个控制电路，看是否有遗漏。从整体角度进一步理解各环节的联系，清楚地理解控制线路的工作原理。

（3）主电路分析　主电路共有三台电动机：M1为主轴电动机；M2为冷却泵电动机；M3为刀架快速移动电动机。接通QF1、QF2、QF5、QF6、QF7、QF8，钥匙开关SA4右旋至I位置（断开），向上扳动总电源开关QF0至ON位置接通三相电源。各电动机控制及保护电器如表5-1所示。

表5-1　各电动机控制及保护电器

电动机代号	控制电器	短路保护电器	过载保护电器	欠电压、失电压保护电器
M1	KM1	QF1	QF1	KM1
M2	KM7	QF2	QF2	KM7
M3	KM3	QF1	QF1	KM3

（4）控制电路分析　控制电路的电源由控制变压器TC二次侧输出110V电压提供。在正常工作时，位置开关SQ1的常开触点闭合。打开皮带罩后，SQ1断开，切断控制电路的电源。位置开关SQ2在正常工作时是断开的，QF0线圈不通电，断路器QF0能合闸。打开配电盘壁龛门时，SQ2闭合，QF0线圈获电，断路器QF0自动断开。

1）主轴电动机M1的控制。将电源开关锁SA4旋至I位置（断开），合上总电源开关QF0至ON位置，刻度盘照明灯HL亮。①M1起动。按下SB2，接触器KM1线圈得电，

KM1 主触点、自锁触点闭合，主轴电动机 M1 起动运转。

KM1 线圈得电回路是：TC—01—03—05—1—3—5—2—15—0。

② M1 停止。按下 SB1，接触器 KM1 失电复位，M1 停止运转。

2）冷却泵电动机 M2 的控制。将旋钮 SA1 旋至 1 位置（接通），接触器 KM7 线圈得电，KM7 主触点闭合，冷却泵 M2 旋转。旋至 OFF 位置，冷却泵 M2 停止旋转。

3）刀架快移电动机 M3 的控制。将快速移动手柄扳到所需方向，按下按钮 SB3，KM3 线圈得电，KM3 主触点闭合，快速电动机 M3 旋转（刀架向该方向快速移动）。松开 SB3，电动机 M3 停止旋转。

（5）照明、信号电路分析　控制变压器 TC 二次侧输出分别输出 24V 和 6V 电压，作为车床低压照明灯和信号灯的电源。按下按钮 SB5，照明灯 EL 亮；再按一下 SB5，照明灯 EL 灭。HL 为刻度盘照明灯。

3. 常见故障分析

（1）主轴电动机 M1 不能正常运转　合上总电源开关后，按下 SB2，M1 不能正常运转。

1）主轴电动机 M1 缺相运行。电动机运行时，发出嗡嗡声，检查主电路各相。

2）主轴电动机 M1 点动运转。按下 SB2，M1 正常运转；松开 SB2，M1 停转。故障在相应的控制电路，检查自锁触点及其引线。

3）主轴电动机 M1 不运转。

① 接触器 KM1 吸合。故障在主电路，检查主电路各相。

② 接触器 KM1 不吸合。故障在控制电路，检查 KM1 线圈通电回路，确定故障点并排除。

（2）主轴电动机 M1 不能正常停车　按下 SB1，M1 不能正常停车。该故障原因为 KM1 主触点熔焊，或 SB1 的触点之间击穿短路等。

（3）刀架快移电动机 M3 不能起动　按下按钮 SB3，电动机 M3 仍停止。若 KM3 吸合，故障在主电路，检查主电路各相。若 KM3 不吸合，故障在控制电路；检查 KM3 线圈得电通路，确定故障点并排除。

5.2 磨床的电气控制

5.2.1 走一走，看一看

磨床是用砂轮的周边或端面对工件的表面进行加工的一种精密机床，加工精度一般比较高。磨床的种类很多，有平面磨床、内圆磨床、外圆磨床、无心磨床以及一些专门用途的磨床等。

平面磨床用砂轮来磨削加工各种零件的平面。本节以 M7475B 型立轴圆台平面磨床为例进行介绍。

1. M7475B 型平面磨床主要组成及作用

该 M7475B 型平面磨床型号含义：M——类代号（磨床类）；7——组代号（平面磨床组）；4——系代号（立轴圆台式）；75——工作台直径 750mm；B——第二次改进设计。

M7475B 型立轴圆台平面磨床的外形图如图 5-3 所示。

它主要由床身、立柱、磨头、圆工作台等部分组成。床身用来支撑和连接磨床的各部件，立柱通过导轨来固定磨头，磨头用来加工工件，圆工作台用来放置工件。

M7475B 型平面磨床采用立式磨头，用砂轮的端面磨削工件表面，用于粗磨毛坯或磨削一般精度的工件，适用于成批量件加工。

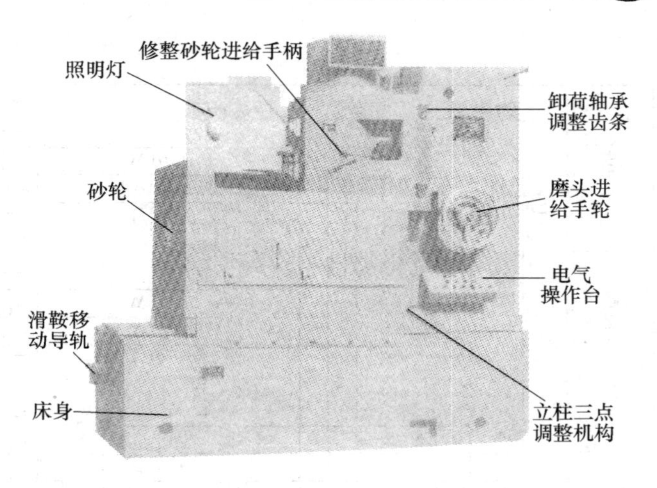

图 5-3　M7475B 型立轴圆台平面磨床的外形图

2. M7475B 型平面磨床运动形式

（1）主运动　砂轮电动机 M1 带动砂轮的旋转运动。

（2）进给运动　工作台转动电动机 M2 带动圆工作台旋转及自动进给电动机 M6 带动磨头自动进给运动。

（3）辅助运动　工作台移动电动机 M3 拖动工作台的左右移动及磨头升降电动机 M4 带动磨头沿立柱导轨的上下移动。

5.2.2　想一想，谈一谈

1. 电力拖动及控制要求

1）磨床的砂轮和工作台分别由单独的电动机拖动，6 台电动机选用三相笼型异步的电动机，采用继电器、接触器系统控制，属于纯电气控制。

2）砂轮电动机 M1 只要求单方向运转。因电动机容量大，采用Y—△型减压起动。

3）工作台转动电动机 M2 选用双速异步的电动机来实现高、低速旋转，简化了传动机构。低速时，电动机定子绕组接成△形，转速为 1000r/min；高速时，电动机定子绕组接成Y形，转速为 1500r/min。

4）电磁吸盘的励磁、退磁采用了电子线路控制且自动完成。

5）为了保证磨床安全，该磨床在工作台转动与磨头下降、工作台快与慢的转动、工作台左与右的移动、磨头的上升与下降的控制电路中都设有电气联锁，且在工作台左与右的移动、磨头的上升的控制电路中设有位置保护。

2. 电气控制电路分析

M7475B 型平面磨床电路图如图 5-4 所示。

（1）主电路分析　主电路共有六台电动机：M1 为砂轮电动机；M2 为工作台转动电动机；M3 为工作台移动电动机；M4 为磨头的升降电动机；M5 为冷却泵电动机；M6 为磨头自动进给电动机。

接通 QF，引入三相电源。各电动机控制电器及保护电器见表 5-2。

（2）控制电路分析

1）砂轮电动机 M1 的控制。接触器 KM3 把电动机定子绕组接成△形，接触器 KM2 把电动机定子绕组接成Y形。控制电路电源电压为 220V。

① 零电压保护。为防止电源突然断后又恢复通电而导致电动机停转后自动起动而出现危险情况，在控制电路中设置了中间继电器 KA1 起零电压保护作用。合上电源开关 QF，然后：

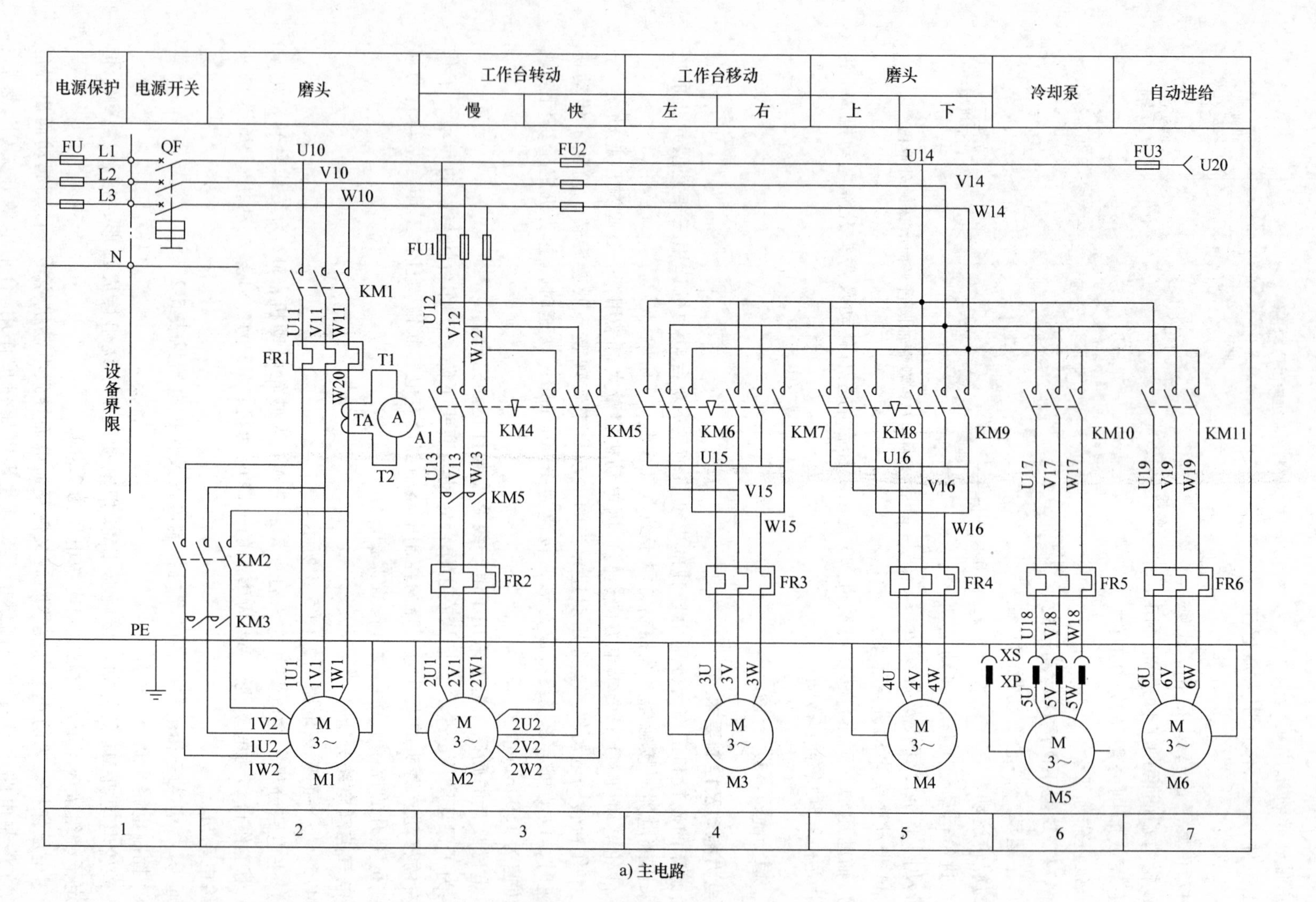

a) 主电路

图 5-4 M7475B 型平面磨床电路图

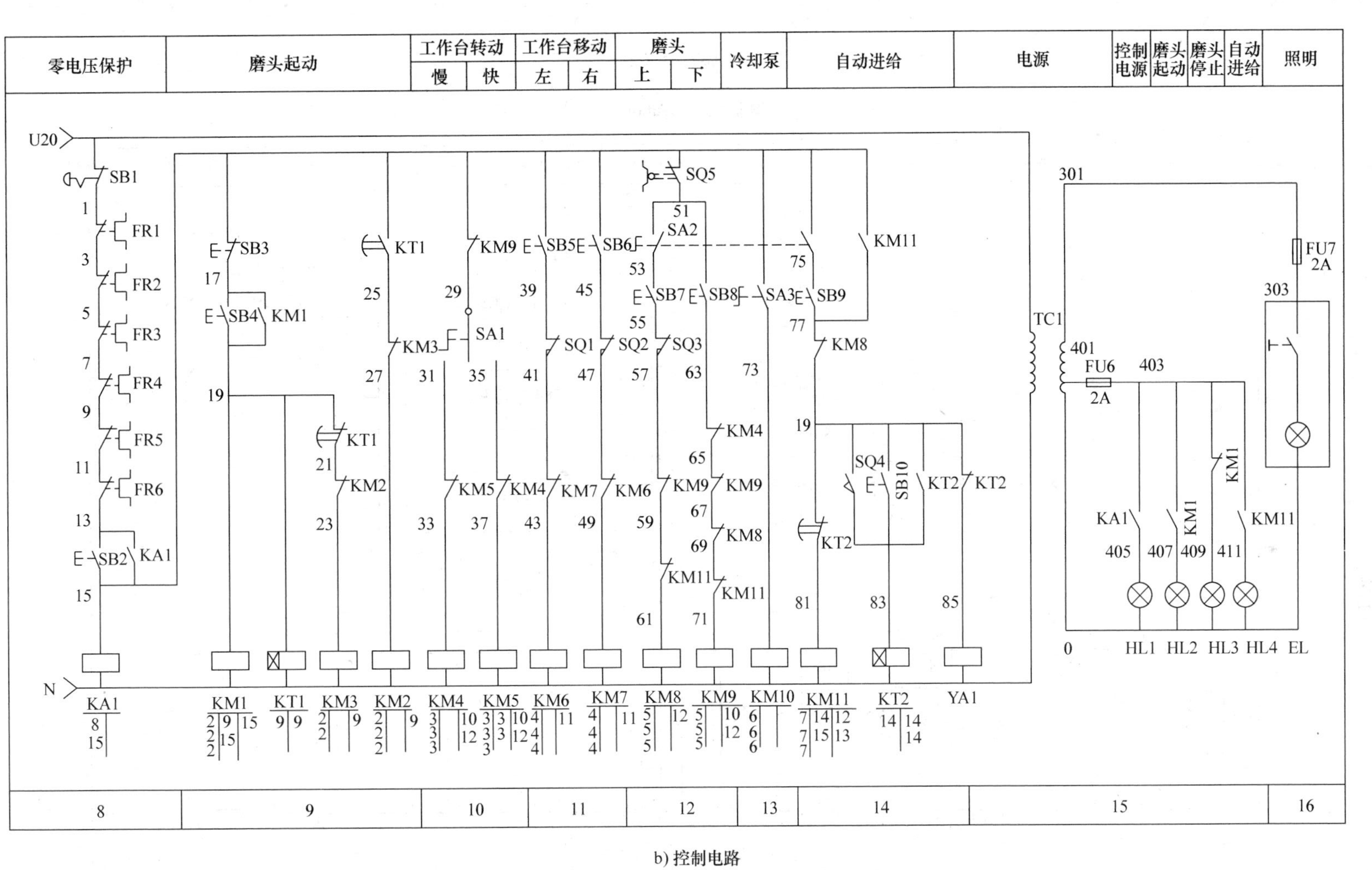
零电压保护
磨头起动
工作台转动
慢
快
工作台移动
左
右
磨头
上
下
冷却泵
自动进给
电源
控制电源
磨头起动
磨头停止
自动进给
照明
U20
N
TC1
FU6
2A
FU7
2A
HL1 HL2 HL3 HL4 EL
YA1
8
9
10
11
12
13
14
15
16

b) 控制电路

图 5-4 （续）

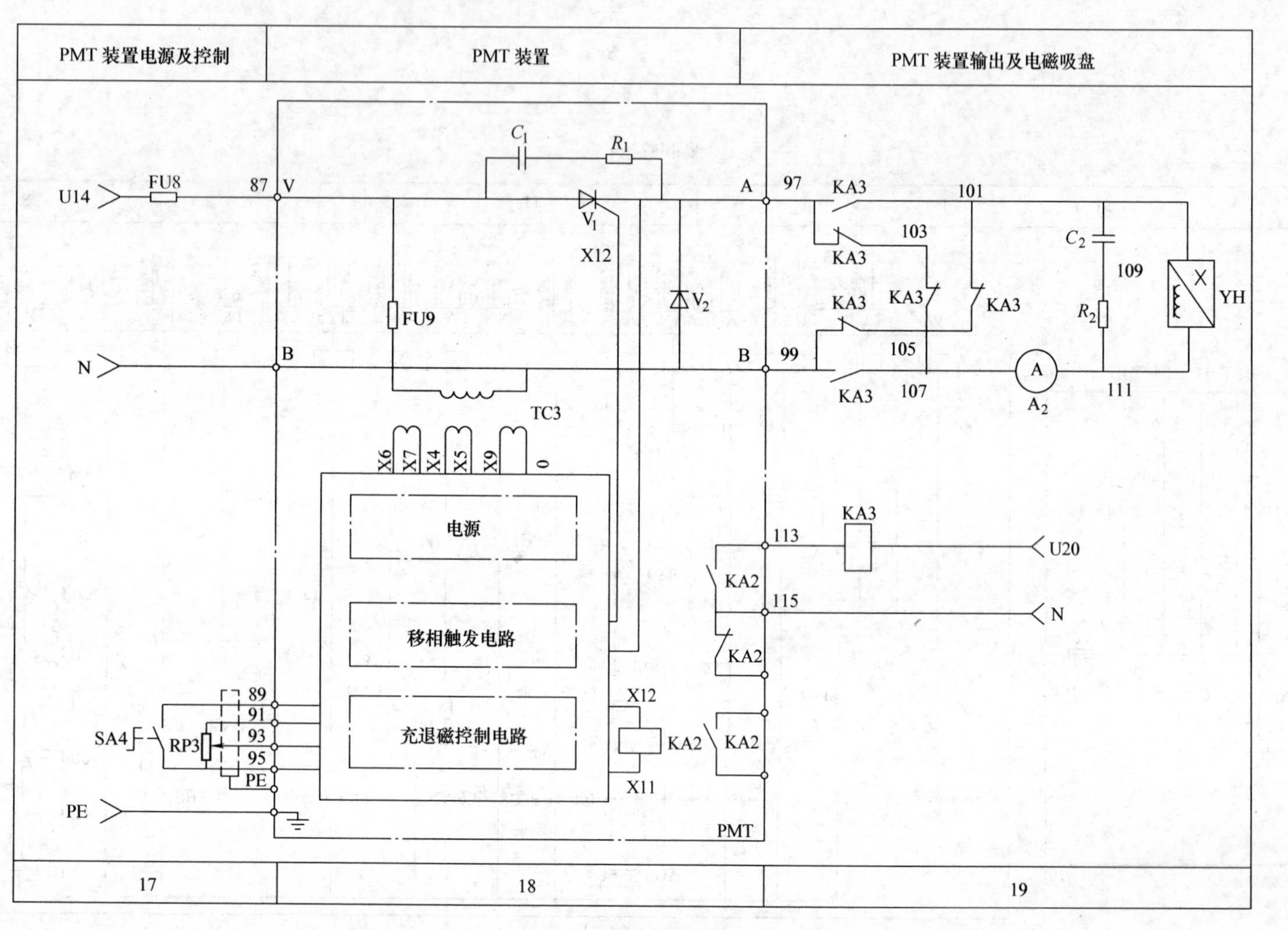

c) 电磁吸盘电路图

图 5-4 （续）

表 5-2　各电动机控制及保护电器

电动机代号	控制电器	短路保护电器	过载保护电器	欠电压、失电压保护电器
M1	KM1	QF	FR1	KM1
M2	KM4、KM5	FU1	FR2	KM4、KM5
M3	KM6、KM7	FU2	FR3	KM6、KM7
M4	KM8、KM9	FU2	FR4	KM8、KM9
M5	KM10	FU2	FR5	KM10
M6	KM11	FU2	FR6	KM11

按下 SB2，中间继电器 KA1 线圈得电，KA1 自锁触点（8 区）、常开触点（15 区）闭合。前者触点闭合，给各控制电路提供电源。后者触点闭合，使指示灯 HL1 亮。

② 电动机 M1 起动。按下 SB4，使接触器 KM1、KM3 线圈及时间继电器 KT1 线圈得电。接触器 KM1 吸合，KM1 常闭触点（15 区）断开，HL3 熄灭；KM1 常开触点（15 区）闭合，指示灯 HL2 亮；KM1 主触点（2 区）、常开触点（9 区）闭合，给电动机 M1 供电。接触器 KM3 吸合，KM3 常闭触点（9 区）断开，对 KM2 联锁；KM3 主触点（2 区）闭合，电动机 M1 成Y形减压起动。时间继电器 KT1 动作，经延时，KT1 常闭触点（9 区）先断开，KT1 常开触点（9 区）后闭合。前者，使接触器 KM3 失电释放，电动机 M1 解除Y形联结。后者，使接触器 KM2 线圈得电，接触器吸合，KM2 常闭触点（9 区）先断开，对 KM3 联锁；KM2 主触点（2 区）闭合，电动机 M1 成△形全压运行。

KA1、KM1 ~ KM3、KT1 各线圈得电的公共通路为：L1—U10—U14—U20—1—3—5—7—9—11—13—15。为叙述方便，用“L1……15”代替。

KA1 线圈得电回路为：L1……15—N

KM1、KT1 线圈得电回路为：L1……15—17—19—N

KM3 线圈得电回路为：L1……15—17—19—21—23—N

KM2 线圈得电回路为：L1……15—25—27—N

③ 电动机 M1 停止。按下 SB3，KM1、KT1 线圈失电，KM1、KT1 触点复位，接触器 KM2 线圈得电，KM2 触点复位，电动机 M1 失电停转止、HL2 熄灭、HL3 亮。

2）工作台转动电动机 M2 的控制。

① 电动机 M2 慢速起动。将选择开关 SA1 置于“—”，接触器 KM4 线圈得电吸合，KM2 两对常闭触点（10 区、12 区）先断开，分别对 KM5、KM9 联锁；KM2 主触点（3 区）后闭合，电动机 M2 慢速起动运转。

KM4 线圈得电回路为：L1……15—29—31—33—N

② 电动机 M2 停止。将选择开关 SA1 置于“○”，接触器 KM4 线圈失电，KM4 触点复位，电动机 M2 失电停转。

③ 电动机 M2 快速起动。将选择开关 SA1 置于“+”，接触器 KM5 线圈得电吸合，KM5 两对常闭触点（10 区、12 区）先断开，分别对 KM4、KM9 联锁；KM5 主触点（3 区）后闭合，电动机 M2 快速起动。

KM5 线圈得电回路为：L1……15—29—35—37—N

3）工作台移动电动机 M3 的控制。合上电源开关 QF，按下 SB2，中间继电器 KA1 得电吸合。

① 工作台左移控制。按住按钮 SB5，接触器 KM6 线圈得电吸合，KM6 常闭触点（11 区）先断开，对 KM7 联锁；KM6 主触点（4 区）后闭合，电动机 M3 正转。

KM6 线圈得电回路为：L1……15—39—41—43—N

松开按钮 SB5（或 SQ1 压断），接触器 KM6 线圈失电，KM6 触点复位，电动机 M3 失电，工作台停止。

② 工作台右移控制。它与工作台左移控制类似，请自行分析。

4）磨头升降电动机 M4 的控制。

① 磨头上升控制。把选择开关 SA2 右旋至“手动”位置，按住磨头上升按钮 SB7，接触器 KM8 两对常闭触点（12 区、14 区）先断开，分别对 KM9、KM11 联锁；KM8 主触点（5 区）后闭合，电动机 M4 正转，磨头上升。

KM8 线圈得电回路为：L1……15—51—53—55—57—59—61—N

松开按钮 SB7（或上限位开关 SQ31 压断），接触器 KM8 线圈失电，KM8 触点复位，电动机 M4 失电，磨头停止上升。

② 磨头下降控制。它与磨头上升控制类似，请自行分析。

5）冷却泵电动机 M5 的控制。①M5 的起动。将选择开关 SA3 闭合，接触器 KM10 线圈得电，KM10 主触点闭合，冷却泵电动机 M5 得电运转。

KM10 线圈得电回路为：L1……15—73—N。②M5 的停止。将选择开关 SA3 断开，接触器 KM10 线圈失电，KM10 主触点复位，冷却泵电动机 M5 失电停转。

6）磨头自动进给电动机 M6 的控制。

① 自动进给。把选择开关 SA2 置于“自动”位置。按下 SB9，接触器 KM11 线圈及电磁铁 YA 线圈同时得电。前者，使接触器 KM11 吸合，KM11 两对常闭触点（12 区）先断开，分别对 KM8、KM9 联锁；KM11 主触点（7 区）及自锁触点（14 区）闭合，电动机 M6 运转；KM11 常开触点（15 区）闭合，使指示灯 HL4 亮。后者，使电磁铁 YA1 动作，磨头自动进给。

KM11 线圈得电回路为：L1……15—75—77—79—81—N

YA1 线圈得电回路为：L1……15—75—77—79—85—N

② 停止。按下 SB10（或自动到位压合 SQ4），KT2 线圈得电，KT2 常闭触点（14 区）断开，YA1 线圈失电；KT2 常开触点（14 区）闭合，对 KT2 自锁；经延时，KT2 延时常闭触点（14 区）断开，使接触器 KM11 失电释放，KM11 触点复位，使 HL4 熄灭及 KT2 线圈失电，KT2 触点复位，电动机 M6 失电停转。

KT2 线圈得电回路为：L1……15—75—77—79—83—N

（3）电磁吸盘的控制电路分析

1）电磁吸盘。电磁吸盘（电磁工作台）是利用电磁吸力吸持铁磁材料工件的一种夹具。电磁吸盘吸持工件迅速，效率高，一次能吸多个工件，不损伤工件，加工中发热工件可自由伸缩。但不能吸牢非磁性材料（如铝、铜等）的工件。

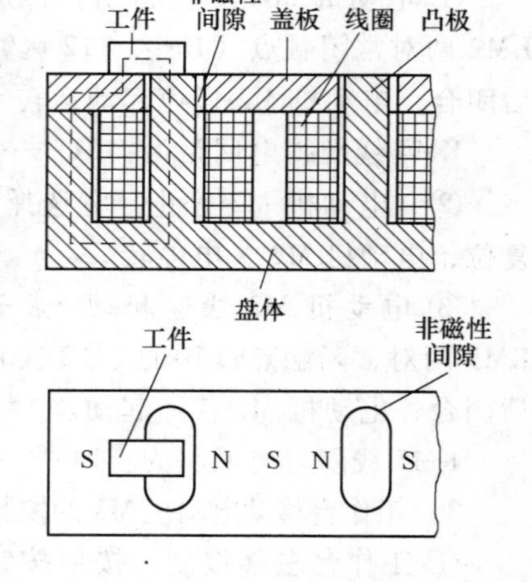

图 5-5 电磁吸盘结构

电磁吸盘有长方形和圆形两种外形。它由盘体、线圈和盖板三部分组成，结构如图 5-5 所示。盘体的材料大多采用铸钢，其中间为凸极，与盘体一起铸成。凸极外围绕有线圈。盖板由接合盘体的多块铁心块组成，铁心块之间用非磁性材料（黄铜和巴氏合金）隔离。当线圈通入直流电后，铁心被磁化，形成 N 极和 S 极。磁力线经盘体—铁心块—工件—盘体形成闭合回路。若无隔磁，则不能吸持工件。

电磁吸盘的额定直流电压有 24V、40V、110V、220V 几种。

M7475B 型平面磨床采用额定直流电压为 110V 的圆形电磁吸盘。

2）原理分析。M7475B 型平面磨床电磁吸盘电路分主电路和控制电路两部分。

① 主电路。主要由晶闸管及继电器组成。晶闸管起半波整流和电压控制作用；继电器 KA3 用于改变电磁吸盘充退磁过程中的电流方向。继电器 KA3 的通断由充退磁装置中间继电器 KA2 控制的。继电器 KA3 的通断在主电路电流趋近于零时发生，以便延长触点寿命。

R_2 和 C_2 组成了保护电路。该电路在电磁吸盘断电瞬间给线圈提供放电通路，吸收线圈释放的磁场能量，起到保护电磁吸盘的作用。

② 控制电路。该电路主要由两部分组成。一是晶闸管移相角度控制电路，由锯齿波形成、移相、触发等电路组成。二是退磁过程控制电路，由环形振荡器、退磁电流衰减控制等电路组成。该部分电路只在退磁过程中才启用。PMT 充退磁装置框图如图 5-6 所示。

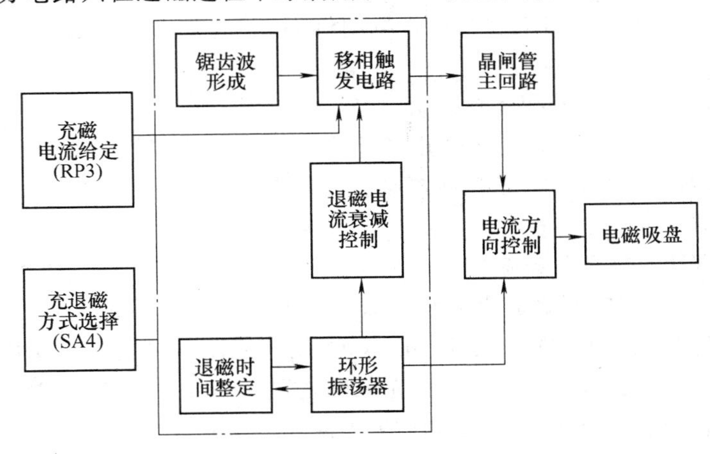

图 5-6　PMT 充退磁装置框图

PMT 充退磁装置的工作状态，由选择开关 SA4 控制。SA4 有充磁、退磁两种选择。

充磁时，选择开关 SA4 置于“充磁”位置，此时输出继电器 KA2 释放。调节外接电位器 RP3，改变晶闸管 V1 的导通角，电磁吸盘的电流大小发生改变。

退磁时，选择开关 SA4 置于“退磁”位置，退磁开始首先关断晶闸管，PMT 输出电压为零，而 YH 的电流沿续流通路按指数曲线下降。当电流降到接近零时，输出继电器 KA2 切换，KA3 也相应切换。经短暂延时，晶闸管导通，YH 的电流上升。再过一段时间，又关断晶闸管，重复上述过程。KA3 切换，使 YH 的电流流向改变，达到退磁目的。在整个退磁过程中，YH 的电流大小值在自动减小，直到退磁结束。

5.2.3　常见故障分析

1. 磨头电动机 M1 不能正常运转

合上总电源开关后，按下 SB4，M1 不能正常运转。

1）磨头电动机 M1 不起动。检查接触器 KM1、KM3 是否吸合。若接触器吸合，检查电动机 M1 主电路。若接触器不吸合，检查 KM1、KM3 线圈得电通路。

2）磨头电动机 M1 起动不转换　电动机 M1 起动后，不转换成△形，检查时间继电器 KT1 线圈得电通路。

3）磨头电动机 M1 不能△形运转　检查接触器 KM2 是否吸合。若接触器吸合，检查电动机 M1 主电路。若接触器不吸合，检查 KM2 线圈得电通路。

2. 工作台电动机 M2 不能转动

合上总电源开关，KA1 吸合，转动选择开关 SA1，M2 不能快或慢转动。检查 KM4 或 KM5 是否吸合。若接触器吸合，检查电动机 M2 主电路。若接触器不吸合，检查 KM4 或 KM5 线圈得电通路。

3. 工作台不能移动

1）工作台不能左移。合上总电源开关，KA1 吸合，按下按钮 SB5，工作台不能左移，检查接触器 KM6 是否吸合。若接触器吸合，检查电动机 M3 主电路。若接触器不吸合，检查 KM6 线圈得电通路。

2）工作台不能右移。合上总电源开关，KA1 吸合，按下按钮 SB6，工作台不能右移。检查 KM7 是否吸合。若接触器吸合，检查电动机 M3 主电路。若接触器不吸合，检查 KM7 线圈得电通路。

4. 磨头在手动时不能上升和下降

合上总电源开关，KA1 吸合，转动选择开关 SA2 处“手动”位置，磨头不能上升和下降，检查 KM8、KM9 是否吸合。若接触器吸合，检查电动机 M4 主电路。若接触器不吸合，检查 KM8、KM9 线圈得电。

5. 电磁吸盘 YH 不能正常充磁

电磁吸盘 YH 不能正常充磁造成无吸力或吸力不足，其原因是 PMT 充退磁装置、外接继电器 KA3 及电磁吸盘 YH 故障。合上 QF，SA4 放“充磁”位置，调节 RP3，检查电磁吸盘 YH 是否有吸力。吸力不足，检查 PMT 充退磁装置。无吸力，检查 PMT 充退磁装置有无输出。若 PMT 有输出，检查电磁吸盘 YH 得电通路。若 PMT 无输出，检查 PMT 充退磁装置。PMT 充退磁装置的检测是通过各测试点电平或测试波形来判断的。

5.3　钻床的电气控制

5.3.1　走一走，看一看

钻床是一种用钻头来钻削精度要求不太高孔的通用加工机床，还可以用来扩孔、铰孔、镗孔以及攻螺纹等。

钻床的结构形式很多，有立式钻床、卧式钻床、台式钻床、深孔钻床等。摇臂钻床是一种立式钻床，它适用于单件或带有多孔的大型零件的孔加工。本节以 Z3050 型摇臂钻床为例进行介绍。

1. Z3050 型摇臂钻床的主要组成及作用

该 Z3050 型摇臂钻床型号含义：Z——类代号（钻床类）；3——组代号（摇臂钻床组）；0——系代号（圆柱形立柱）；50——最大钻孔直径 50mm。

Z3050型摇臂钻床的外形如图5-7所示。

它主要由底座、内立柱、外立柱、摇臂、主轴箱、工作台等部分组成。底座用来支撑和连接钻床的各部件。内立柱固定在底座上，外立柱套在外面。外立柱与摇臂一端的套筒部分滑动配合，它们可以绕内立柱回转360°。摇臂上有主轴箱，可沿外立柱的升降运动。主轴箱用于支撑主轴并带动主轴做回转运动。

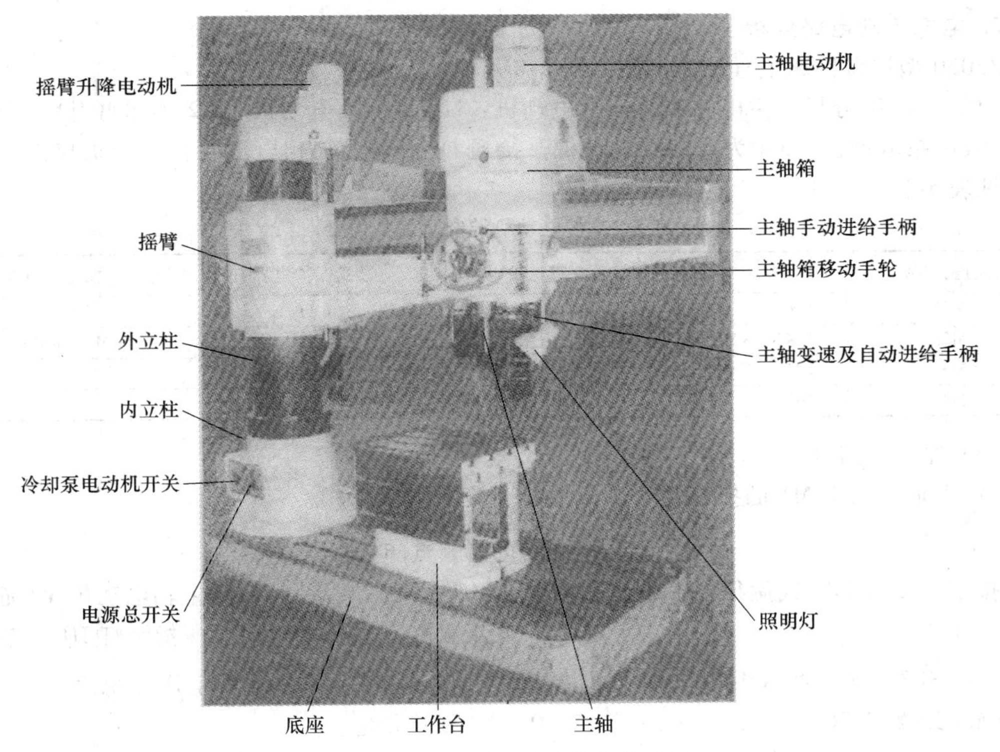

图5-7　Z3050型摇臂钻床的外形图

机床各主要部件的装配关系如下：

主轴 $\xrightarrow{\text{安装在}}$ 主轴箱 $\xrightarrow{\text{坐落在}}$ 摇臂 $\xrightarrow{\text{套在}}$ 外立柱 $\xrightarrow{\text{套在}}$ 内立柱 $\xrightarrow{\text{固定在}}$ 底座 $\xleftarrow{\text{固定在}}$ 工作台 $\xleftarrow{\text{固定在}}$ 工件

注："——→"表示用液压夹紧机构相连。

2. Z3050型摇臂钻床的运动形式

1）主运动：摇臂钻床主轴带动钻头（刀具）的旋转运动。

2）进给运动：摇臂钻床主轴的垂直运动（手动或自动）。

3）辅助运动：辅助运动是用来调整主轴（刀具）与工件纵向、横向即水平面上的相对位置以及相对高度的运动。即摇臂沿外立柱的升降运动、外立柱绕内立柱的旋转运动、主轴箱在摇臂导轨上的水平运动。

5.3.2　想一想，谈一谈

1. Z3050型摇臂钻床电力拖动及控制要求

1）主轴电动机M1只要求单方向运转，拖动齿轮泵。齿轮泵供给的液压油通过操纵主轴变速及自动进给手柄可以实现主轴的正反转、制动停车、空挡、变速等控制。

2）摇臂升降电动机 M2 经丝杆带动摇臂升降，需正反转。

3）液压泵电动机 M3 正反转拖动液压泵供给双向压力油通过电磁阀使内外立柱之间、摇臂与外立柱之间和主轴箱与摇臂之间实现夹紧、放松。

4）冷却泵电动机 M4 拖动冷却泵供冷却液，只需单方向旋转。

2. 电气控制电路分析

Z3050 型摇臂钻床电气控制电路如图 5-8 所示。

（1）主电路分析　主电路共有四台电动机：M1 为主轴电动机；M2 为摇臂升降电动机；M3 为液压泵电动机；M4 为冷却泵电动机。接通 QF，引入三相电源。各电动机控制及保护电器见表 5-3。

表 5-3　各电动机控制及保护电器

电动机代号	控制电器	短路保护电器	过载保护电器	欠电压、失电压保护电器
M1	KM1	QF1	FR1	KM1
M2	KM2、KM3	QF3	QF3	KM2、KM3
M3	KM4、KM5	FU2	FR2	—
M4	QF2	QF2	QF2	—

（2）控制电路分析

1）主轴电动机 M1 的控制。合上电源总开关 QF1 及 QF3。

按下 SB3→KM1 线圈得电 KM1 →KM1 自锁触点闭合 ┐
　　　　　　　　　　　　　　→主触点闭合 ──┴──→ 主轴电动机 M1 起动
　　　　　　　　　　　　　　→KM1 常开触点（102—105）闭合→指示灯 HL2 点亮

松开 SB3，接触器 KM1 失电而复位，电动机 M1 停转，同时指示灯 HL2 熄灭。

KM1 线圈经 TC—1—2—4—5—6—7—0—TC 回路得电。

2）摇臂升降控制。在控制摇臂升降时，除升降电动机 M2 要转动外，还需液压系统、夹紧机构协调配合。工作过程如下：

摇臂夹紧（SQ2 释放，SQ3 压下）——按下 SB4 或 SB5，M3 反转——→摇臂松开（SQ2 压下，SQ3 释放）
↑　　　　　　　　　　　　　　　　　　　　　　　　　　　　　　↓
←M3 正转—— 摇　臂　到　位 ←—松开 SB4 或 SB5，M2 停转—— 摇　臂　升　降 ←—M2 正转或反转——

① 摇臂上升控制。松开：闭合电源总开关 QF1、QF2。按下 SB4 不动，KT1 线圈得电，KT1 延时闭合常闭触点（24—25）断开，KT1 常开触点（16—17）闭合。后者使接触器 KM4 线圈得电，M3 反转。M3 拖动液压泵 YB 让压力油经液压阀 HF［YA 不通电时，二位六通液压阀 HF 的（1—6）、（2—5）相通］供给摇臂夹紧机构，液压使夹紧机构放松，摇臂松开。

夹紧机构液压系统工作简图如图 5-9 所示：

KM4 线圈得电回路是：TC—1—2—4—8—9—16—17—18—19—22—0—TC。

上升：摇臂夹紧机构松开后，微动开关 SQ3 释放，SQ2 压合，SQ2 常闭触点（9—16）先断开，使接触器 KM4 线圈失电，M3 停转；SQ2 常开触点（9—10）后闭合，使接触器 KM2 得电吸合，M2 正转，摇臂上升。

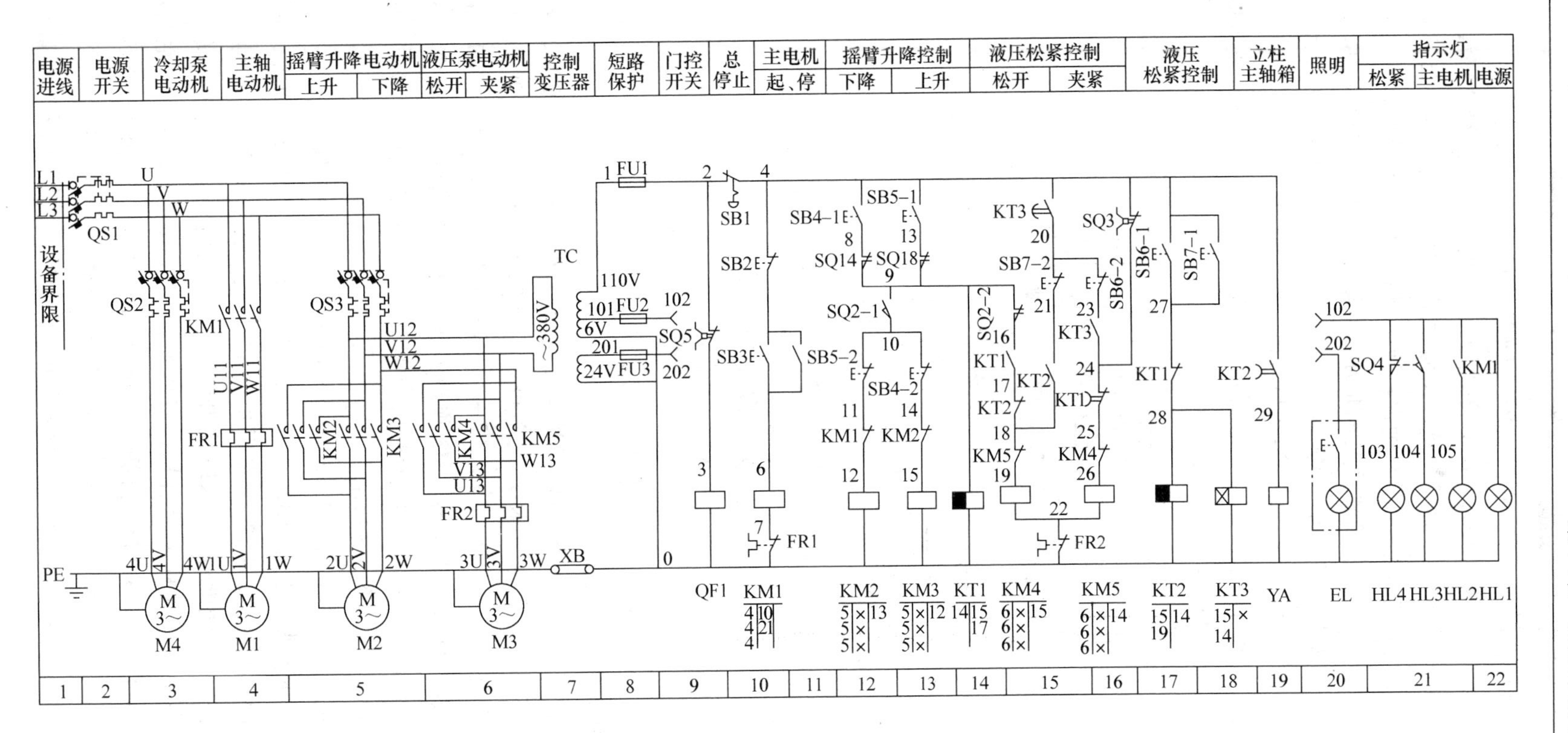

图 5-8　Z3050 型摇臂钻床电气控制电路

KM2 线圈得电回路是：TC—1—2—4—8—9—10—11—12—0—TC。

夹紧：摇臂到位后，松开 SB4，KM2、KT1 线圈失电。前者，接触器 KM2 释放，M2 停转，摇臂停止；后者，时间继电器 KT1 延时后，使 KTI 延时闭合常闭触点（24—25）闭合，KM5 线圈得电，M3 正转。M3 拖动液压泵 YB 让压力油经液压阀 HF［YA 不通电时，二位六通液压阀 HF 的（1—6）、（2—5）相通］供给摇臂夹紧机构，摇臂夹紧，SQ2 释放及 SQ3 压下，SQ3 常闭触点（4—24）断开，KM5 线圈失电，M3 停转，摇臂夹紧结束。如图 5-9 所示。

KM5 线圈得电回路是：TC—1—2—4—24—25—26—22—0—TC。

② 摇臂下降控制。摇臂下降的工作原理与上升的原理相似，只是按下按钮 SB5，M2 反转，摇臂下降。具体的工作原理可自己分析。

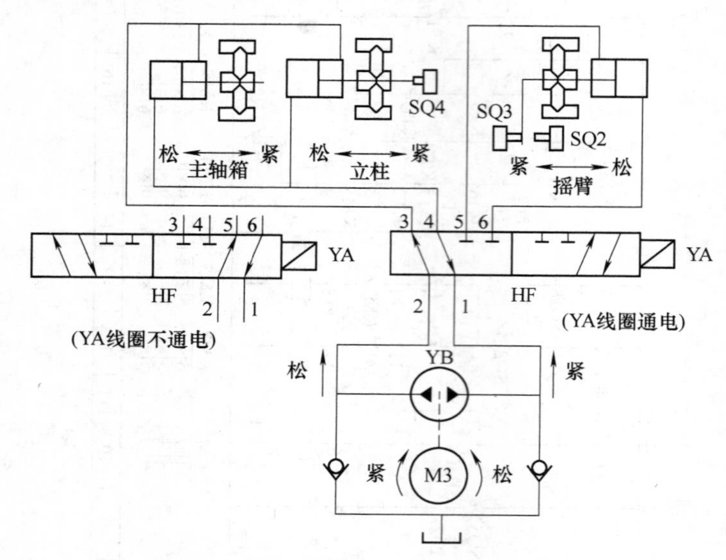

图 5-9　夹紧机构液压系统工作简图

3）立柱、主轴箱的松开和夹紧。

① 立柱、主轴箱同时松开。按下 SB6，SB6-2 先断开，SB6-1 后闭合。前者，与 KM5 联锁；后者，使 KT2、KT3 线圈得电 。KT2 线圈得电，KT2 常开触点（4—29）、常开触点（21—18）闭合，YA 得电，HF 的（1—4）、（2—3）相通；KT3 线圈得电 ，KT3 常开触点（4—20）闭合，KM4 线圈得电，M3 反转。M3 拖动液压泵让压力油供给主轴箱、立柱夹紧机构，液压使夹紧机构放松，立柱、主轴箱松开，SQ4 复位，SQ4 常闭触点闭合，HL4 指示灯亮。松开 SB6，松开完毕。如图 5-9 所示。

KM4 线圈得电回路是：TC—1—2—4—20—21—18—19—22—0—TC 。

② 立柱、主轴箱同时夹紧。按下 SB7，SB7-2 先断开，SB7-1 后闭合。前者，对 KM4 联锁；后者，KT2、KT3 线圈得电。KT2 线圈得电，KT2 常开触点闭合，YA 得电，HF 的（1—4）、（2—3）相通；KT3 线圈得电，KT3 常开闭合，KM5 线圈得电，M3 正转。M3 拖动液压泵让压力油供给主轴箱、立柱夹紧机构，液压使夹紧机构夹紧，立柱、主轴箱夹紧，SQ4 压合，SQ4 常开触点闭合，HL3 指示灯亮。松开 SB7，夹紧完毕。如图 5-9 所示。

KM5 线圈得电回路是 TC—1—2—4—20—23—24—25—26—22—0—TC。

4）冷却泵电动机 M4 及照明灯的控制。冷却泵电动机 M4 由 QF2 直接控制的起动和停止。照明灯由开关直接控制。

3. 常见故障分析

（1）主轴电动机 M1 的常见故障　常见故障有不能起动、点动、缺相运行、不能停止等。该内容与车床的主轴电动机的常见故障相似，请自己分析。

（2）摇臂升降的故障

1）摇臂不能上升。按下 SB4，KM4 是否吸合。KM4 不吸合时，请检查 KM4 线圈通电回路。KM4 吸合时，M3 是否反转。若 M3 不反转，请检查 M3 反转主电路。若 M3 反转，摇臂是否松开。若摇臂不松开，请检查液压系统。若摇臂松开，SQ2 是否压下。若 SQ2 未压下，请检查 SQ2 的安装位置、触点等。若 SQ2 压下，KM2 是否吸合。不吸合时，请检查 KM2 线圈通电回路。吸合时，请检查 M2 主电路。

2）摇臂不能下降。按下 SB5，KM4 是否吸合。不吸合时，请检查 KM4 线圈通电回路。吸合时，M3 是否反转。若 M3 不反转，请检查 M3 反转主电路。若 M3 反转，摇臂是否松开。若摇臂不松开，请检查液压系统。若松开，SQ2 是否压下。若 SQ2 未压下，请检查 SQ2 的安装位置、触点等。若 SQ2 压下，KM3 是否吸合。不吸合时，请检查 KM3 线圈通电回路。吸合时，检查 M2 主电路。

（3）立柱、主轴箱的故障

1）立柱、主轴箱不能松开。接通电源，按下 SB6 不动，KT2、KT3 是否吸合。不吸合时，请检查 KT2、KT3 线圈通电回路。若 KT2、KT3 吸合，KM4 是否吸合。不吸合时，请检查 KM4 线圈通电回路。若 KM4 吸合时，M3 是否反转。若 M3 不反转，检查 M3 主电路。若 M3 反转，YB 是否供给压力油。若 YB 不供压力油，检查液压泵 YB 是否工作。若 YB 供压力油，YA 是否吸合。若 YA 不吸合，请检查 YA 线圈通电回路及二位六通液压阀 HF。若 YA 吸合，请检查机械、液压夹紧系统。

2）立柱、主轴箱不能夹紧。该检修思路与立柱、主轴箱不能松开检修有相似之处，请自己分析。

5.4　铣床的电气控制

铣床种类很多，可分为立式铣床、卧式铣床、仿形铣床、龙门铣床、专用铣床和万能铣床。铣床是一种用来加工平面、斜面及成型表面，装上分度头可以加工齿轮和螺旋面，装上圆工作台可以加工凸轮和弧形槽的常用机床。

本课题以 X62W 型万能铣床为例进行介绍。

5.4.1　走一走，看一看

1. X62W 型万能铣床主要组成及作用

该铣床型号意义：X——类代号（铣床类）；6——组代号（卧式铣床组）；2——2 号工作台（宽 320mm）；W——万能型。

X62W 型万能铣床的的外形结构如图 5-10 所示。

X62W 型万能铣床主要由底座、床身、主轴、悬梁、挂架、升降台、横溜板及工作台等组成。底座用来支撑床身。床身内有主轴的传动机构和变速操纵机构。悬梁用来安装刀杆支

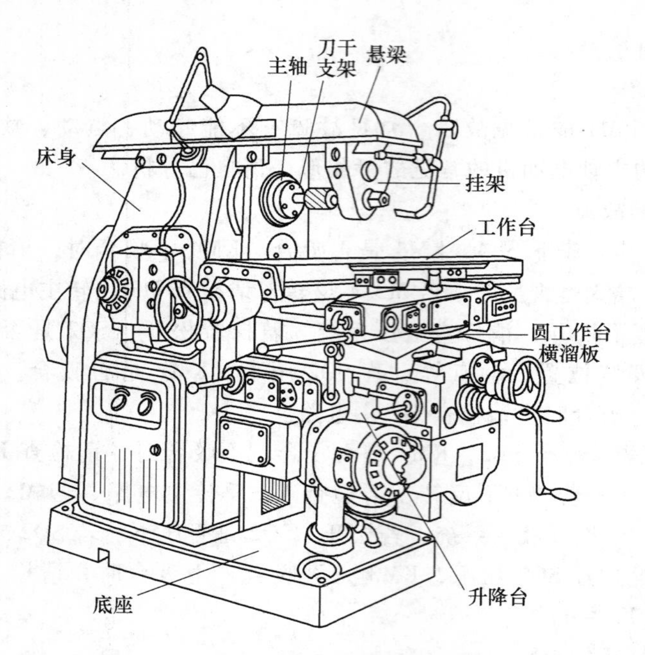

图 5-10　X62W 型万能铣床的外形结构图

架。升降台使工作台上升下降。横溜板使工作台在前、后方向移动。工作台用来固定工件及其左、右方向移动。

2. X62W 型万能铣床的运动形式

（1）主运动　铣床的主轴带动铣刀的旋转运动。

（2）进给运动　铣床的工作台带动工件在上、下、左、右、前、后六个方向上作直线运动或工作台带动工件作旋转运动。

（3）辅助运动　铣床工作台带动工件在上、下、左、右、前、后六个方向上的快速移动。

5.4.2　想一想，谈一谈

1. X62W 电力拖动及控制要求

1）主轴电动机 M1 有三种控制：正反转，由 SA2 控制，带动主轴正反转，满足铣床顺铣及逆铣的需要；电磁离合器制动，满足准确停车的需要；变速冲动，满足变速箱内齿轮齿合及减小齿轮端面冲击的需要。

2）通过两个手柄、快速移动按钮、电磁离合器 YC1、YC2 和机械联动机构控制相应的位置开关，使进给电动机 M3 正转或反转，实现工作台在三个坐标六个方向上的常速或快速移动，并且六个方向的运动是联锁的。通过蘑菇形进给变速操纵手柄，使进给电动机 M3 正向瞬时点动（即进给变速冲动）。在工作台上可以加装圆形工作台，其运动由进给电动机 M3 驱动。

3）主轴电动机 M1 与进给电动机 M3 是顺序起动，逆序停止（电气上，同时停止，实际中因惯性，逆序停止）。

4）主轴电动机 M1 或冷却泵电动机 M2 过载时，进给运动必需停止。

5）有冷却系统、照明设施和各种保护措施。

2. X62W 电气控制电路分析

X62W 型万能铣床电路图如图 5-11 所示。

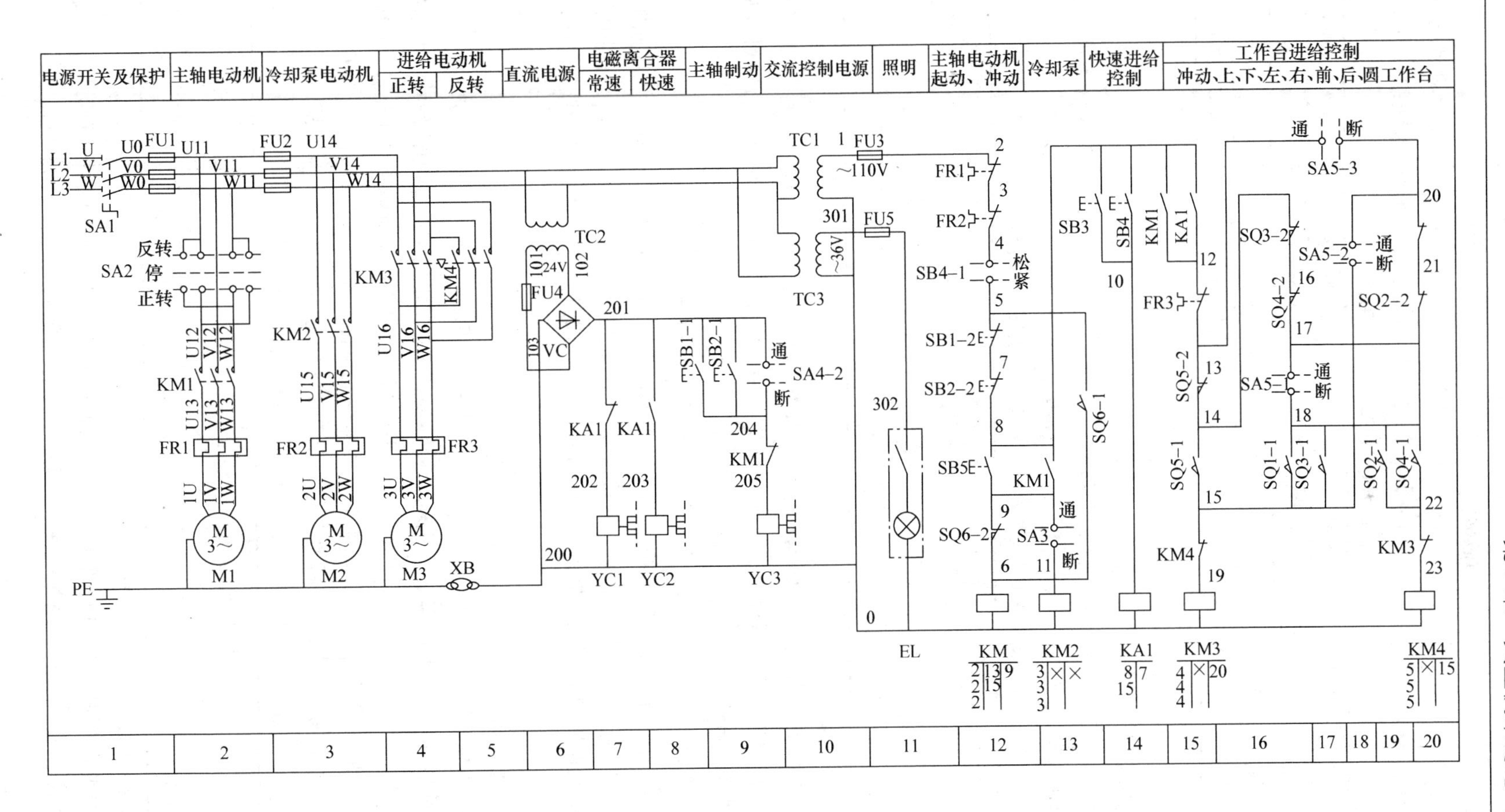

图 5-11　X62W 型万能铣床电路图

（1）主电路分析　主电路共有三台电动机：M1 为主轴电动机；M2 为冷却泵电动机；M3 为进给电动机。接通 SA1，引入三相电源。各电动机控制电器及保护电器见表 5-4。

表 5-4　各电动机控制电器及保护电器

电动机代号	控制电器	短路保护电器	过载保护电器	欠电压、失电压保护电器
M1	KM1	FU1	FR1	KM1
M2	KM2	FU2	FR2	KM2
M3	KM3、KM4	FU2	FR3	KM3、KM4

（2）控制电路分析

1）主轴电动机 M1 的控制。

① M1 的起动。选择主轴的转速，把主轴换向转换开关 SA2 扳至所需的旋转方向上，见表 5-5，合上电源总开关 SA1。

表 5-5　主轴换向转换开关 SA2 的位置及动作说明

位置	SA2—1	SA2—2	SA2—3	SA2—4
正转	–	+	+	–
停转	–	–	–	–
反转	+	–	–	+

注：表中“+”表示接通；“–”表示断开。

按下 SB5，KM1 线圈得电，KM1 常闭触点（204—205）先断开，对电磁离合器 YC3 联锁；KM1 常开触点（8—12）后闭合，为工作台进给引入电源；KM1 主触点、自锁触点后闭合，主轴电动机 M1 起动。

KM1 线圈得电通路是：TC1—1—2—3—4—5—7—8—9—6—TC1（0）

② M1 停车制动。铣削完成后，按下 SB1（或 SB2）不动，SB1-2（5—7）触点先断开，SB1-1（201—204）触点后闭合。前者，使接触器 KM1 线圈失电，KM1 主触点、自锁触点、联锁触点、顺序触点皆复位，M1 失电惯性运转；后者，使电磁离合器 YC3 线圈得电，M1 制动停车。

M1 制动停车后，松开 SB1（或 SB2）即可。

YC3 线圈得电通路是：TC2（101）—103—201—204—205—200—TC2（102）。

③ 主轴换铣刀控制。M1 停车后，主轴仍可转动，换铣刀时，应把主轴制动。把主轴制动上刀转换开关 SA4 旋至“夹紧”位置（即换刀位置），SA4-1 常闭触点（4—5）先断开，SA4-2 常开触点（201—205）后闭合。前者，切断控制电路，确保安全；后者，使电磁离合器 YC3 线圈得电，主轴制动。主轴制动上刀转换开关 SA4 的位置说明见表 5-6。

表 5-6　主轴制动上刀转换开关 SA4 的位置及动作说明

位　置	SA4—1	SA4—2
夹紧	–	+
放松	+	–

注：表中“+”表示接通；“–”表示断开。

④ 主轴变速冲动控制。主轴变速选择时，主轴变速时的冲动控制是利用变速操纵手柄与主轴变速点动位置开关 SQ6，通过机械上的联动机构进行的，如图 5-12 所示。

变速时，把主轴变速操纵手柄1压下，让手柄的榫块从定位槽中脱出，然后向外拉动手柄使榫块落入第二道槽内，齿轮间相互脱离。手动旋转变速盘2使箭头对准变速盘上所需要的转速刻度（实质是改变齿轮传动比）后，把主轴变速操纵手柄1向右推回原位，使榫块重新落入槽内，改变传动比后的齿轮重新啮合。变速时为了齿轮容易啮合，在主轴变速操纵手柄1推进时，手柄上装的凸轮3将弹簧杆4推动一下又返回，使位置开关SQ6动作后又复位，SQ6-2常闭触点（6—9）先断开，切断控制电路；SQ6-1常开触点（5—6）后闭合，接触器KM1瞬时得电动作，主轴电动机M1瞬时点动。主轴电动机M1因未制动而惯性旋转，使齿轮系统抖动，主轴在抖动时刻，把变速操纵手柄1先快后慢的推进去，齿轮便顺利地啮合。若齿轮未很好地啮合，可以重复操作，直到很好啮合为止。变速前应先停车。

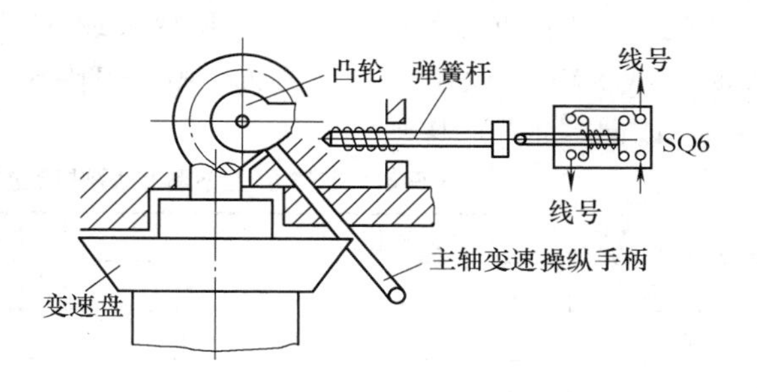

图5-12　主轴变速冲动控制示意图

KM1线圈瞬时得电通路是：TC1—1—2—3—4—5—6—TC1（0）。

2）进给电动机M3的控制。主轴电动机M1起动后，进给电动机M3方可起动。工作台在三个坐标六个方向上的常速或快速移动，并且六个方向的运动是联锁的。

① 工作台的左右进给运动。准备：把工作台横向及升降进给十字操纵手柄扳至“中间”位置（SQ3、SQ4不受压）；把圆工作台转换开关SA5旋至“断开”位置；SQ5不受压；主轴电动机M1起动，接通电源。工作台纵向（左右）进给操纵手柄位置及其控制关系见表5-7。

表5-7　工作台纵向（左右）进给操纵手柄位置及其控制关系

手柄位置	位置开关动作	接触器动作	电动机M3转向	传动链搭合丝杠	工作台运动方向
向右	SQ1	KM3	正转	左右进给丝杠	向右
居中	—	—	停止	—	停止
向左	SQ2	KM4	反转	左右进给丝杠	向左

把纵向进给操纵手柄向“右”（或左），SQ1（或SQ2）动作，SQ1-2（或SQ2-2）常闭触点先断开，切断上下、前后进给控制电路；SQ1-1（或SQ2-1）常开触点后闭合，接触器KM3（或KM4）得电吸合，触点动作。一方面，对接触器KM4（或KM3）联锁；另一方面，M3正转（或反转），工作台向右（或左）移动。

KM3线圈得电通路是：TC1—1—2—3—4—5—7—8—12—13—14—16—17—18—15—19—TC1（0）。

KM4线圈得电通路是：TC1—1—2—3—4—5—7—8—12—13—14—16—17—18—22—23—TC1（0）。

② 工作台上下和前后进给运动。准备：把工作台纵向进给操纵手柄向放至“中间”位置（SQ1、SQ2不受压）；把圆工作台转换开关SA5旋至“断开”位置；SQ5不受压；主轴电动机M1起动，接通电源。工作台上下和前后进给操纵手柄位置及其控制关系见表5-8。

把横向及升降进给十字操纵手柄扳向“上”或向“后”（向“下”或向“前”），SQ4

（或 SQ3 ）动作，SQ4-2（或 SQ3-2）常闭触点先断开，切断左右进给控制电路；SQ4-1（或 SQ3-1）常开触点后闭合，接触器 KM4（或 KM3）得电吸合，触点动作。一方面，对接触器 KM3（或 KM4）联锁；另一方面，M3 反转（或正转），工作台向“上”或向“后”（向“下”或向“前”）移动。

表 5-8　工作台上下和前后进给进给操纵手柄位置及其控制关系

手柄位置	位置开关动作	接触器动作	电动机 M3 转向	传动链搭合丝杠	工作台运动方向
向上	SQ4	KM4	反转	上下进给丝杠	向上
向下	SQ3	KM3	正转	上下进给丝杠	向下
居中	—	—	停止	—	停止
向前	SQ3	KM3	正转	前后进给丝杠	向前
向后	SQ4	KM4	反转	前后进给丝杠	向后

KM4 线圈得电通路是：TC1—1—2—3—4—5—7—8—12—13—20—21—17—18—22—23—TC1（0）。

KM3 线圈得电通路是：TC1—1—2—3—4—5—7—8—12—13—20—21—17—18—15—19—TC1（0）。

特别注意，左右进给操纵手柄与工作台横向及升降进给十字操纵手柄存在着联锁控制关系。在操作时，一个进给操纵手柄置方向位，另一个进给操纵手柄置“居中”位，否则无法进给运动。

③ 工作台进给变速时的瞬时点动（即进给变速冲动）。

进给变速冲动与主轴进给变速冲动一样，是由蘑菇形进给变速操纵手柄配合位置开关 SQ5 来完成。进给变速冲动时，工作台纵向进给移动手柄和工作台横向及升降十字操纵手柄均应置中间位置。起动 M1 电动机，接通控制电路电源。

把蘑菇形进给变速操纵手柄向外拉开，使齿轮间相互脱离，手动旋转变速盘使箭头对准变速盘上所需要的转速刻度，再把蘑菇形进给变速操纵手柄继续向外拉到极限位置，随即推回原位，变速结束。

在把蘑菇形进给变速操纵手柄推回原位过程中，位置开关 SQ5 有瞬时动作过程。SQ5 动作，SQ5-2 常闭触点先断开，切断左右、圆工作台进给控制电路；SQ5-1 常开触点后闭合，接触器 KM3 得电吸合，触点动作。一方面，对接触器 KM4 联锁；另一方面，M3 瞬时点动，齿轮啮合。

KM3 线圈得电通路是：TC1—1—2—3—4—5—7—8—12—13—20—21—17—16—14—15—19—TC1（0）。

④ 工作台的快速移动。为了提高劳动生产率，减少生产辅助时间，在加工过程中，铣床不做铣削加工时，要求工作台快速移动。它是通过各个方向的操纵手柄与快速移动按钮 SB3 或 SB4 配合控制的。若需工作台在某个方向的快速移动，把操纵手柄扳到相应的方向。

按住 SB3（或 SB4）不放，中间继电器 KA1 得电吸合，KA1 常闭触点（201—202）先断开，切断电磁离合器 YC1 的电路；KA1 常开触点（201—203）后闭合，接通电磁离合器 YC2 的电路；KA1 常开触点（8—10）闭合，接触器 KM3（或 KM4）得电吸合，触点动作。一方面，对接触器 KM4（或 KM3）联锁；另一方面，M3 正转（或反转），工作台快速移动。

KA1线圈得电通路是：TC1—1—2—3—4—5—7—8—10—TC1（0）。

YC2线圈得电通路是：TC1—103—201—203—200—TC2（102）。

松开SB3（或SB4），接触器KM3（或KM4）失电释放，电磁离合器YC2先失电释放，电磁离合器YC1后得电吸合，工作台在原方向进给运动。⑤圆工作台进给运动。为扩大加工范围，可安装圆工作台，进行圆弧或凸轮的铣削加工。圆工作台进给运动由转换开关SA5控制，其功能见表5-9。

表5-9 圆工作台转换开关SA5触点工作状态

触点	断开圆工作台	接通圆工作台
SA5—1	+	-
SA5—2	-	+
SA5—3	+	-

注：表中“+”表示接通；“-”表示断开。

准备：把工作台纵向进给移动手柄和工作台横向及升降十字操纵手柄均应置“中间”位置（SQ1到SQ42不受压）；SQ5不受压；主轴电动机M1起动，把圆工作台转换开关SA5旋至“接通”位置；接通圆工作台进给电源。

转换开关SA5动作，SA5-1常闭触点断开，切断左右、上下、前后工作台进给控制电路；SA5-3常闭触点断开，切断工作台进给变速冲动控制电路；SA5-2常开触点后闭合，接触器KM3得电吸合，触点动作。一方面，对接触器KM4联锁；另一方面，M3正转，圆工作台旋转。

KM3线圈得电通路是：TC1—1—2—3—4—5—7—8—12—13—14—16—17—21—20—15—19—TC1（0）。

按下按钮SB1或SB2，接触器KM1、KM3依次失电复位，电动机M3停转，圆工作台停止进给运动。

3）冷却泵电动机M2的控制及照明电路。主轴电动机M1起动后，合上SA3，接触器KM2得电吸合，M2起动。断开SA3，接触器KM2复位，电动机M2停转。

照明电路由变压器TC3二次侧提供36V交流电压。照明灯由照明灯开关控制。

3. X62W常见故障分析

1）主轴电动机M1不能正常运转。合上电源，按下按钮SB5，主轴电动机M1是否运转。若主轴电动机缺相运转，检查M1主电路各相。若主轴电动机M1不运转，检查TC1是否正常。若TC1无输出，检查TC1一次侧电路。若TC1正常，检查主轴变速冲动是否正常。若主轴变速不冲动，检查主轴冲动时通电支路。若主轴变速冲动正常，检查接触器KM1是否吸合。若接触器KM1吸合，检查主电路。若接触器KM1不吸合，检查接触器KM1线圈得电通路。

2）工作台各方向不能进给。主轴电动机M1起动后，工作台各方向不能进给，多是进给电动机M3不能正常运转引起。检查SA5是否在“断开”位。若SA5到位，检查M3是否运转。若M3缺相运转，检查M3主电路各相。若进给电动机M3不运转，检查KM3、KM4是否吸合。若KM3、KM4吸合，检查M3主电路是否正常。若M3主电路正常，检查直流控制电路，直到找到故障点。若KM3、KM4都不吸合，检查电动机M3是否有进给冲动。若电动机M3无进给冲动，检查公共线路部分0号线或8—12—13线路。若电动机M3有进给冲动，检查 SA5-1 触点。

3）冷却泵电动机 M2 不运转。M1 运转后，合上 SA3，冷却泵电动机 M2 不运转，检查接触器 KM2 是否吸合。若接触器 KM1 吸合，故障在主电路，检查主电路各相。若接触器 KM2 不吸合，故障在控制电路，检查 KM2 线圈通电回路，确定故障点并排除。

5.5 镗床的电气控制

镗床是一种精密加工机床，主要用来钻孔、扩孔、铰孔、镗孔等，使用一些附件后，还可以车削圆柱表面、螺纹，装上铣刀还可以铣削。它可以分为卧式镗床和坐标镗床两类。

现以 T68 镗床为例进行介绍。

5.5.1 走一走，看一看

1. T68 镗床主要组成及作用

该镗床型号意义：T——类代号（镗床类）；6——组代号（卧式镗床组）；8——镗轴直径 85mm。

T68 型镗床的外形如图 5-13 所示。

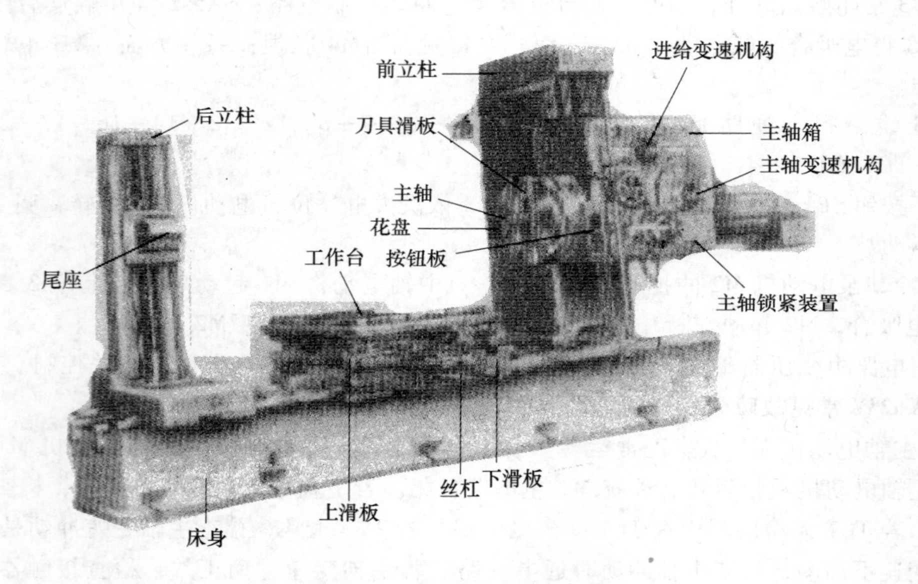

图 5-13 T68 型镗床的外形图

T68 型镗床主要由床身、主轴箱、前立柱、带尾座的后立柱、工作台等部分组成。床身用来支撑前立柱、后立柱及工作台。前立柱上有主轴箱。主轴箱内有主轴的传动机构和变速操纵机构。工作台用来固定工件。

2. T68 镗床运动形式

（1）主运动　镗床主轴和花盘的旋转运动。

（2）进给运动　镗床主轴的轴向进给，花盘上刀具滑板的径向进给，主轴箱沿前立柱导轨的升降运动及工作台的横向和纵向进给。

(3) 辅助运动　镗床工作台的回转，尾座的垂直移动，后立柱的轴向水平移动及各部分的快速移动。

5.5.2　想一想，谈一谈

1. T68镗床电力拖动及控制要求

1) 主电动机M1采用双速电动机（△—YY），用于拖动主运动和进给运动，调速范围较大。定子绕组为△接法，低速转速1460 r/min；定子绕组为YY接法，高速转速2880r/min。

2) 主电动机M1能正反转、点动控制及串电阻反接制动，以满足进给运动的要求及调整需要。

3) 主电动机M1既可以低速全压运行，又可以由低速起动后自动切换到高速运行。

4) 快速电动机M2拖动机床各进给部分的快速移动。

5) 冷却泵电动机M3拖动冷却泵供冷却液，只需单方向旋转。

2. T68镗床电气控制电路分析

T68型镗床电气原理图如图5-14所示。

(1) 主电路分析　主电路共有二台电动机：M1为主轴电动机；M2为快进电动机。接通QS，引入三相电源。各电动机控制及保护电器见表5-10。

表5-10　各电动机控制及保护电器

控制电器	短路保护电器	过载保护电器	欠电压、失电压保护电器
KM4、KM5	FU1	FR1	KM4、KM5
KM6、KM7	FU2	—	KM6、KM7

(2) 控制电路分析

1) 主轴电动机M1的起动控制。

① 主轴电动机M1的点动控制。正向：按下SB4，接触器KM1线圈得电，KM1主触点闭合，为主轴电动机M1起动做准备；KM1常开触点（5—25）闭合，接触器KM4线圈得电，KM4主触点闭合，主轴电动机M1接成△形串电阻R正向低速转动。

松开SB4，接触器KM1、KM4失电复位，主轴电动机M1停转。

KM1线圈得电通路是：TC—1—3—5—7—27—31—0—TC（0）

KM4线圈得电通路是：TC—1—3—5—25—39—41—0—TC（0）

反向：按下SB5，接触器KM2线圈得电，KM2主触点闭合，为主轴电动机M1起动做准备；KM2常开触点（5—25）闭合，接触器KM4线圈得电，KM4主触点闭合，主轴电动机M1接成△形串电阻R反向低速转动。

松开SB5，接触器KM2、KM4失电，触点复位，主轴电动机M1停转。

KM2线圈得电通路是：TC—1—3—5—7—35—37—0—TC（0）

KM4线圈得电通路是：TC—1—3—5—25—39—41—0—TC（0）

② 主轴电动机M1正反向低速转动控制。正向：按下SB2，中间继电器KA1线圈得电，KA1三对常开触点（7—9）、（19—21）、（27—33）闭合。第一对触点闭合，对KA1实现自锁。第二对触点闭合，使接触器KM3线圈得电，KM3主触点闭合，短接起动电阻R；

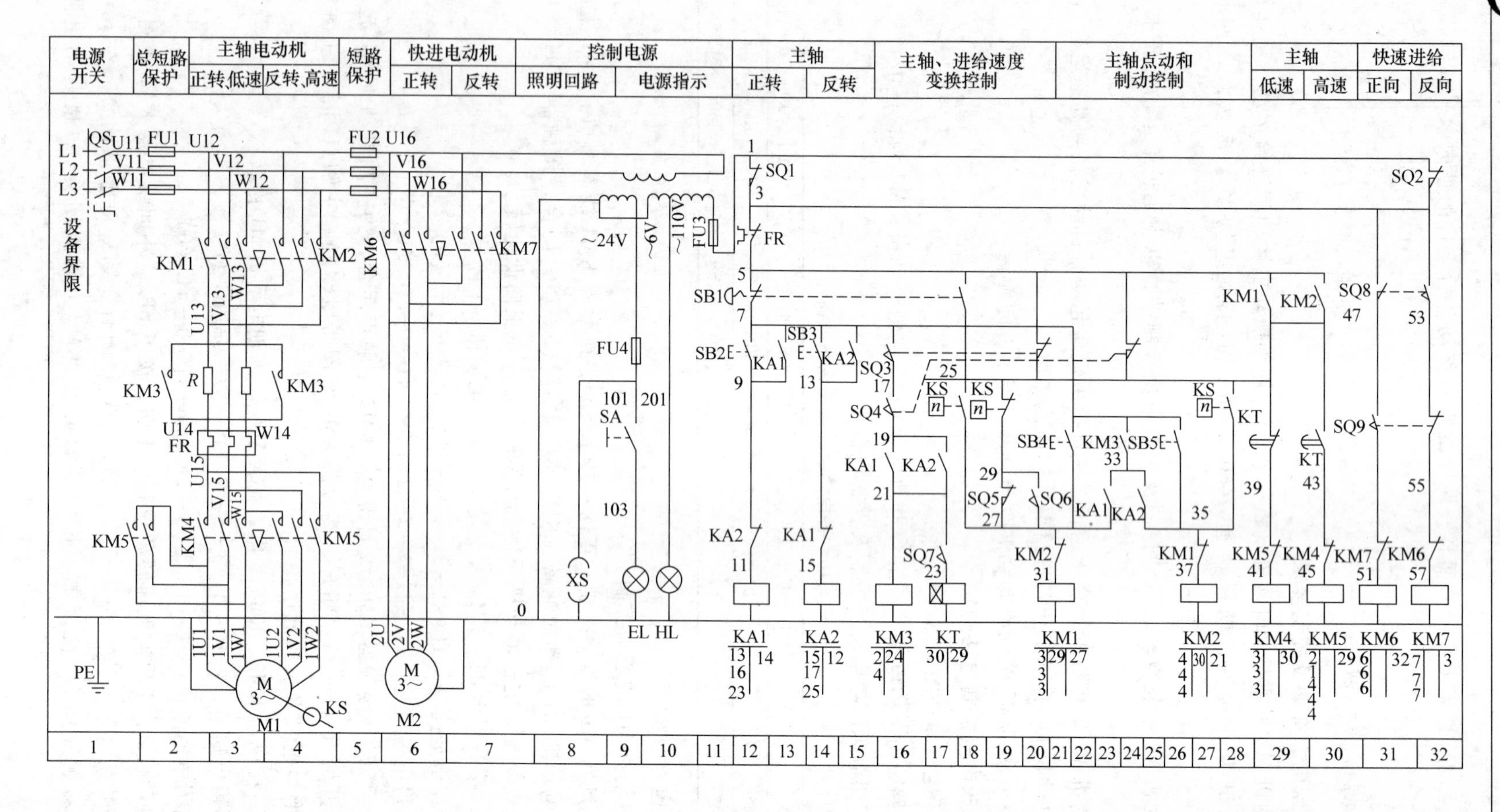

图 5-14 T68 型镗床电气原理图

KM3常开触点（7—33）闭合，为KM1得电做准备。第三对触点闭合，使接触器KM1线圈得电，KM1主触点闭合，为主轴电动机M1起动做准备；KM1常开触点（5—25）闭合，接触器KM4线圈得电，KM4主触点闭合，主轴电动机M1接成△形全压正向低速转动。

KA1线圈得电通路是：TC—1—3—5—7—9—11—0—TC（0）。

KM3线圈得电通路是：TC—1—3—5—7—17—19—21—0—TC（0）。

KM1线圈得电通路是：TC—1—3—5—7—33—27—31—0—TC（0）。

KM4线圈得电通路是：TC—1—3—5—25—39—41—0—TC（0）。

反向：按下SB3，由中间继电器KA1、接触器KM2配合接触器KM3、KM4实现反转。原理与正转类似，不再详述。

③ 主轴电动机M1正反向高速转动控制。为了减小电流，低速全压起动，自动切换高速运转。把主轴变速操纵手柄置于“高速”位置，位置开关SQ7被压合，常开触点SQ7（21—23）闭合。

正向：按下SB2，中间继电器KA1线圈得电，KA1三对常开触点（7—9）、（27—33）、（19—21）闭合。第一对触点闭合，对KA1实现自锁。第二对触点闭合，使接触器KM3、时间继电器KT线圈同时得电。接触器KM3吸合，KM3主触点闭合，短接起动电阻R；KM3常开触点（7—33）闭合，为KM1得电做准备。第三对触点闭合，使接触器KM1线圈得电，KM1主触点闭合，为主轴电动机M1起动做准备；KM1常开触点（5—25）闭合，接触器KM4线圈得电，KM4主触点闭合，主轴电动机M1接成△形全压正向低速转动。

时间继电器KT吸合，经延时（即低速时间段），KT延时断开常闭触点（25—39）先断开，接触器KM4线圈失电，触点复位；KT延时闭合常开触点（25—43）后闭合，接触器KM5线圈得电，触点动作，M1正向高速运行。

KA1线圈得电通路是：TC—1—3—5—7—9—11—0—TC（0）。

KM3线圈得电通路是：TC—1—2—3—4—9—19—21—0—TC（0）。

KM1线圈得电通路是：TC—1—3—5—7—33—27—31—0—TC（0）。

KM4线圈得电通路是：TC—1—3—5—25—39—41—0—TC（0）。

KM5线圈得电通路是：TC—1—3—5—25—43—45—0—TC（0）。

KT线圈得电通路是：TC—1—3—5—7—17—19—21—23—0—TC（0）。

反向：按下SB3，由中间继电器KA2、接触器KM2配合接触器KM3、KM4实现低速反转。KT得电延时后自动转换，接触器KM4失电释放，接触器KM5得电动作，M1反向高速运行。其原理与正转类似，不再详述。

2）主轴电动机M1停车制动控制。主轴电动机M1停车制动由速度继电器KS、串电阻R的双向低速反接制动。也就是把电动机M1由高速转为低速再制动。①主轴电动机M1高速正转反接制动控制。M1高速运转时，位置开关SQ7常开触点（21—23）闭合，速度继电器KS常开触点（25—35）闭合，KA1 、KM3、KM1、KT、KM5等电器得电动作，停车时按下按钮SB1 。

按下SB1，SB1常闭触点（5—7）先断开，SB1常开触点（5—25）后闭合。前者，KA1失电复位；KM3失电复位，R串入主电路；KM1失电复位，KM5失电复位，M1脱离电源和丫丫接法；KT失电复位，KT延时断开常闭触点（25—39）闭合，为KM4得电做准备。后者，使KM2、KM4线圈得电，KM2、KM4主触点及KM2常开触点（5—25）闭合，M1

低速反接制动。当转速降至120 r/min 时，KS 常开触点（25—35）分断，KM2、KM4 依次失电复位，电动机 M1 停转。②主轴电动机 M1 高速反转反接制动控制。M1 高速反转时，位置开关 SQ7 常开触点（21—23）闭合，速度继电器 KS 常开触点（25—27）闭合，KA2 、KM3、KM2、KT、KM5 等电器得电动作，停车时按下按钮 SB1。工作原理与上述相似，不再详述。

3）主轴变速或进给变速冲动控制。主轴变速和进给变速分别是通过各自的变速操纵盘操作改变传动链的传动比来实现的。调速在 M1 停车和运行两种情况下都可以进行。调速时，M1 可获得低速连续冲动，以达良好的齿轮啮合效果。①主轴变速冲动控制。M1 停车时主轴变速冲动控制，主轴变速操纵手柄在原位，KS 常闭触点（25—29）闭合，位置开关 SQ3、SQ5 受压，SQ3 常闭触点（5—25）断开，SQ5 常闭触点（29—27）断开。拉出手柄反压，转动变速操纵盘变速。位置开关 SQ3、SQ5 复位，接触器 KM1、KM4 得电吸合，M1 经限流电阻 R（KM3 未得电）接成△形低速正向转动。当 M1 转速升至一定值（120r/min）时，KS 常闭触点（25—29）分断，接触器 KM1 失电释放，M1 脱离正转电源；KS 常开触点（25—35）闭合，接触器 KM2 得电吸合，M1 反接制动。当 M1 转速降至一定值（120r/min）时，KS 常开触点（25—35）分断，接触器 KM2 失电释放；KS 常闭触点（25—29）闭合，接触器 KM1 得电吸合，M1 又恢复起动。M1 重复上述过程，利于齿轮啮合。齿轮啮合后，把手柄推回原位，位置开关 SQ3、SQ5 受压，SQ3 常闭触点（5—25）断开及 SQ5 常闭触点（29—27）断开，SQ3 常开触点（7—17）闭合，M1 断电而停止。

KM1 线圈得电通路是：TC—1—3—5—25—29—27—31—0—TC（0）。

KM4 线圈得电通路是：TC—1—3—5—25—39—41—0—TC（0）。

KM2 线圈得电通路是：TC—1—3—5—25—35—37—0—TC（0）。

M1 高速正转时主轴变速冲动控制：

主轴变速操纵手柄在原位，位置开关 SQ3、SQ5 受压，SQ3 常闭触点（5—25）断开，SQ5 常闭触点（29—28）断开。M1 高速运转时，位置开关 SQ7 常开触点（21—23）闭合，速度继电器 KS 常开触点（25—35）闭合，KA1、KM3、KM1、KT、KM5 等电器得电动作。拉出手柄反压，转动变速操纵盘变速。位置开关 SQ3、SQ5 复位，SQ3 常开触点断开，SQ3 常闭触点（5—25）闭合，SQ5 常闭触点（29—27）闭合，使 KM3、KT 线圈失电，进而使 KM1、KM5 失电复位，切断 M1 的电源。继而接触器 KM2、KM4 得电吸合，M1 串电阻低速反接制动。制动结束时，KS 常闭触点（25—29）闭合，接触器 KM1 得电吸合，M1 正向低速冲动，有利于齿轮啮合。齿轮啮合后，把手柄推回原位，位置开关 SQ3、SQ5 受压，KM3、KT、KM1、KM4 等得电动作，M1 先正向低速起动，经 KT 延时，自动切换到高速运行。

M1 在低速正转和高、低速反转时，主轴的变速冲动控制，不再详述。

进给变速控制的工作原理与主轴变速冲动的工作原理相似。若需变速，只要将进给变速操纵手柄拉出，使 SQ4、SQ6 复位，推入进给变速操纵手柄则压动他们。

4）快速移动电动机 M2 的控制。先操作有关手柄，接通相应离合器，挂上有关方向丝杠，然后操作快速进给操纵手柄。快速进给操纵手柄有“正向”、“反向”、“停”三个位置。

① 正转。把快速进给操纵手柄置“正向”位置，SQ9 受压动作，SQ9 常闭触点（53—55）先断开，对接触器 KM7 联锁；SQ9 常开触点（47—49）后闭合，接触器 KM6 得电吸

合，KM6 主触点闭合，M2 得电正向运转。

KM6 线圈得电通路是：TC—1—3—47—49—51—0—TC（0）。

② 停止。把快速进给操纵手柄置“停”位置，SQ9 复位，接触器 KM6 失电释放，KM6 主触点分断，M2 失电停转。

③ 反转。把快速进给操纵手柄置“反向”位置，SQ8 受压动作，SQ8 常闭触点（3—47）先断开，对接触器 KM6 联锁；SQ8 常开触点（3—53）后闭合，接触器 KM7 得电吸合，KM7 主触点闭合，M2 得电反向运转。

工作台、主轴箱与主轴互锁由 SQ1、SQ2 实现。

5）照明和指示电路。变压器 TC 二次侧提供 24V 和 6V 交流电压，作为照明和指示灯的电源。照明灯 EL 由照明灯开关 SA 控制；指示灯 HL 在机床电源开关控制，通电时，HL 亮。

3. T68 镗床常见故障分析

1）主轴电动机 M1 的不能高速正转。合上电源，按下按钮 SB2，主轴电动机 M1 是否运转。若主轴电动机缺相运转，检查 M1 主电路各相。若主轴电动机 M1 不运转，检查 KA1 是否吸合。若 KA1 点动，检查自锁触点及其引线。若 KA1 不吸合，检查 TC 和 KA1 得电通路是否正常。若 KA1 吸合，检查 KM3 是否吸合。若 KM3 不吸合，检查其线圈得电通路是否正常。若 KM3 吸合，检查 KM1 是否吸合。若 KM1 不吸合，检查其线圈得电通路是否正常。若 KM1 吸合，检查 KM4 是否吸合。若 KM4 不吸合，检查其线圈得电通路是否正常。若 KM4 吸合，检查主电路各相。若 KM4 正常，检查 KT 得电通路是否正常。若 KT 得电正常，检查 KM5 是否吸合。若 KM5 不吸合，检查其线圈得电通路是否正常。若 KM5 吸合，检查主电路各相。

2）主轴电动机 M1 的不能冲动。拉出主轴变速操纵手柄，SQ3 或 SQ5 都应该复位。若 SQ3 或 SQ5 位置偏移、触点接触不良及击穿，都会导致不冲动的后果。

3）快速移动电动机 M2 不能正常旋转。若 M2 不能正常旋转，则检查位置开关 SQ8、SQ9 及接触器 KM6 或 KM7 的触点和线圈是否正常等。

5.6　组合机床的电气控制

组合机床是以通用部件为基础，配以少量的按被加工零件需要而设计的由专用部件组成的高效率自动或半自动的专用机床。它一般采用多轴、多刀、多工序、多面同时加工，大都有自动循环功能，可完成钻孔、扩孔、铰孔、镗孔、攻螺纹、车削、铣削、磨削及精加工等工序。适用于大批量和定型产品的生产。本节以具有多齿盘回转台的单机组合机床为例进行介绍。

5.6.1　走一走，看一看

1. 组合机床的主要组成及作用

单工位三面复合式组合机床结构如图 5-15 所示。它由通用部件（底座、立柱、滑台、切削头、动力箱等）、专用部件（多轴箱、夹具等）、辅助部件（控制、冷却、排屑、润滑等）组成。通用部件是由经过系列设计、试验和长期生产实践考验的，结构稳定、工作可靠的零件组成，有利于较快组成新的机床。专用部件是按被加工零件的特殊要求而设计的零

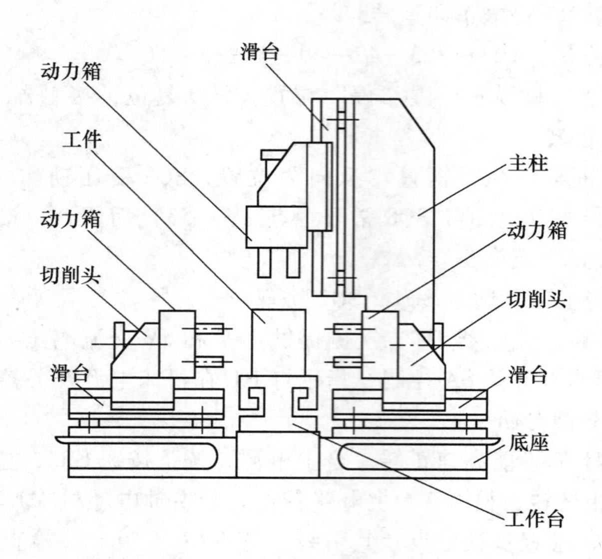

图 5-15 单工位三面复合式机组合机床结构

件，满足加工工件的要求。辅助部件保证加工正常、协调进行的必备零件。

2. 运动形式

1）主运动：主轴电动机 M1 带动刀具的旋转运动。

2）进给运动：主轴的垂直运动及滑台进给运动。

3）辅助运动：工作台的回转运动。

5.6.2 想一想，谈一谈

1. 电力拖动及控制要求

1）动力箱及多轴箱、滑台及工作台分别由单独的电动机拖动，三台电动机选用三相笼型异步电动机。

2）主轴电动机 M1 和液压泵电动机 M2，只要求单方向运转，既可同时起停，又可单独起停。

3）冷却泵电动机 M3 可手动或自动起动运转。

4）回转工作台有液压的和机械的，本机床回转工作台采用了液压控制。电气电路控制了液压系统的动作循环，进而实现液压回转工作台转位动作。

5）滑台是由油缸 YG 驱动的。电气电路控制了液压系统的动作循环，进而实现滑台一次工作循环进给运动。

2. 电气控制电路分析

具有多齿盘回转台的单机组合机床电路图如图 5-16 所示。

该线路有：主电路（2 ~ 4 区）、主电路的控制电路（5 ~ 7 区）、回转工作台的控制电路（10 ~ 16 区）、延时停留—工进控制电路（17 ~ 21 区）和辅助电路。

（1）主电路分析　主电路共有三台电动机：M1 为主轴电动机，M2 为液压泵电动机，M3 冷却泵电动机；接通 QF，引入三相电源，信号灯 HL 亮。各电动机控制及保护电器见表 5-11。

（2）主电路的控制电路分析

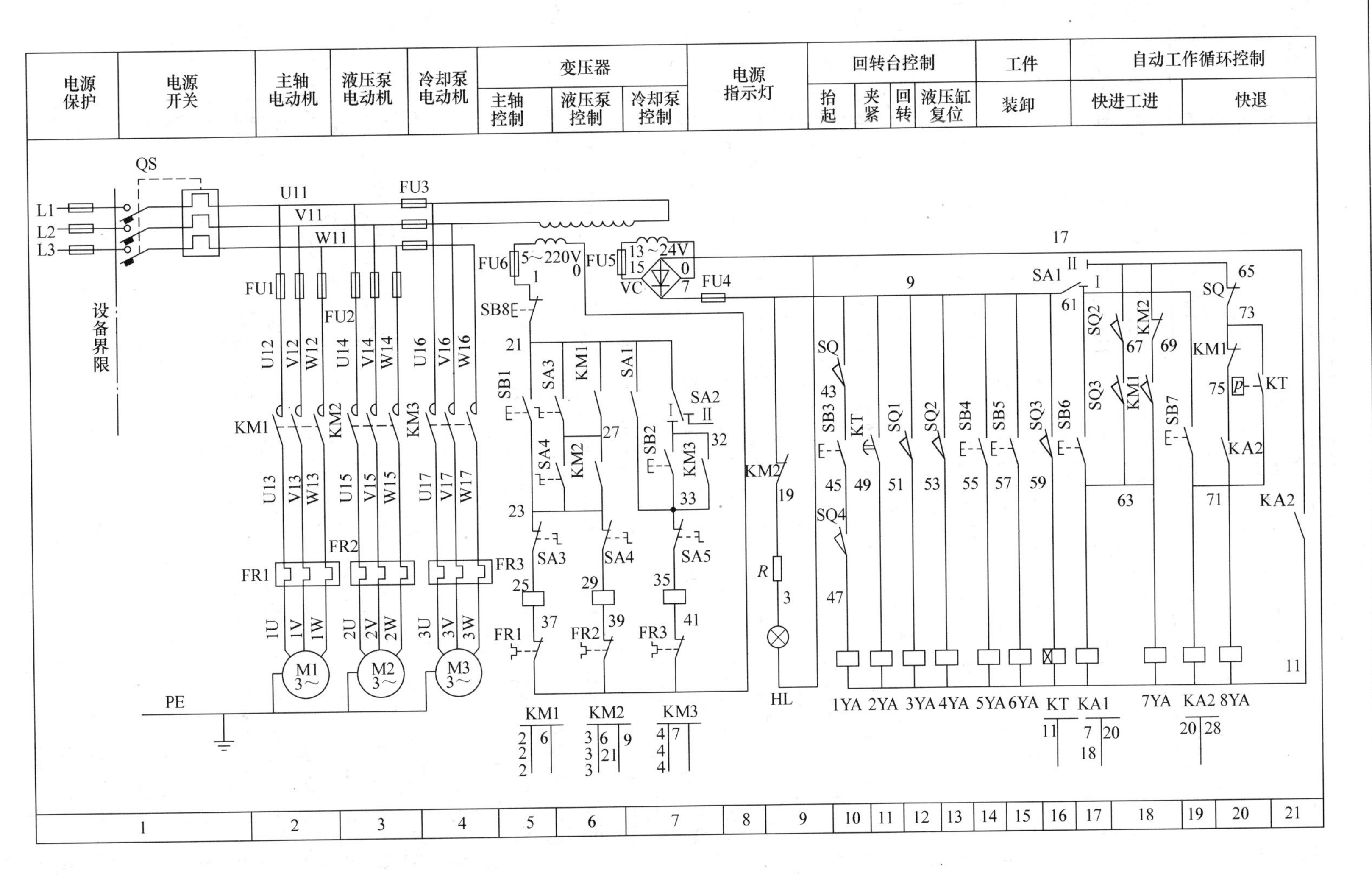

图 5-16　具有多齿盘回转台组合机床电路图

表 5-11 各电动机控制及保护电器

电动机代号	控制电器	短路保护电器	过载保护电器	欠电压、失电压保护电器
M1	KM1	FU1	FR1	KM1
M2	KM2	FU2	FR2	KM2
M3	KM3	FU3	FR3	KM3

1）若 M1 和 M2 同时起停。将复合开关 SA3 和 SA4 处图示位置，然后按下 SB1，接触器 KM1、KM2 线圈得电，KM1、KM2 主触点、自锁触点闭合，M1 和 M2 同时起动并连续运转。

KM1 线圈得电回路为：5—1—21—23—25—37—0

KM2 线圈得电回路为：5—1—21—23—29—39—0

按下 SB8，接触器 KM1、KM2 线圈失电，KM1、KM2 主触点、自锁触点复位，M1 和 M2 同时停止。

2）若 M1 起、停而 M2 不动。扳动复合开关 SA4，SA4 的常闭触点（23—29）分断，SA4 常开触点（27—23）闭合，然后按下 SB1，接触器 KM1 线圈得电，KM1 主触点、自锁触点闭合，M1 起动并连续运转。

KM1 线圈自保得电回路为：5—1—21—27—23—25—37—0

按下 SB8，接触器 KM1 线圈失电，KM1 主触点、自锁触点复位，M1 停止。

3）若 M2 起、停而 M1 不动。扳动复合开关 SA3，SA3 的常闭触点（23—25）分断，SA3 常开触点（21—27）闭合，然后按下 SB1，接触器 KM2 线圈得电，KM2 主触点、自锁触点闭合，M2 起动并连续运转。

KM2 线圈得电回路为：5—1—21—27—23—29—39—0

按下 SB8，接触器 KM2 线圈失电，KM2 主触点、自锁触点复位，M2 停止。

4）冷却泵电动机 M3 起、停。将 SA2 置于“Ⅰ”处，按下 SB2，接触器 KM3 线圈得电，KM3 主触点、自锁触点闭合，M3 起动并连续运转。

KM3 线圈得电回路为：5—1—21—31—33—35—41—0

按下 SB8 或将 SA2 置于“Ⅱ”处，M3 停止。

若中间继电器 KA1 得电，其常开触点（21—33）闭合。这时 SA2 置于“Ⅱ”处，KM3 线圈经（5—1—21—33—35—41—0）得电并自锁，M3 起动并连续运转。

（3）回转工作台的控制电路分析　回转工作台加工工位布置如图 5-17 所示。该图有四个工位，第一、二、三工位分别进行钻、扩、铰孔工序，第四工位用于装卸工件。

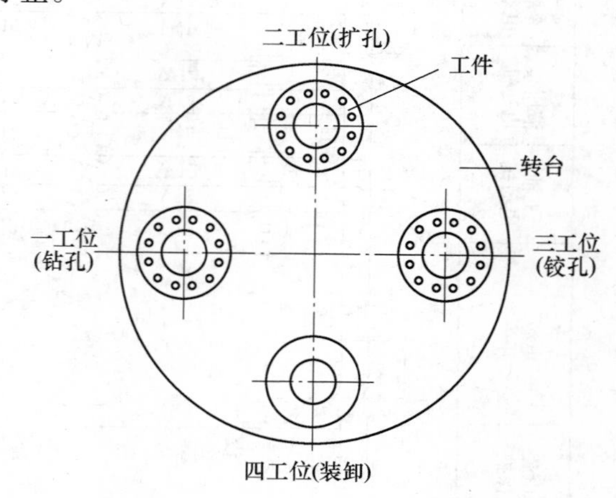

图 5-17　回转工作台加工工位布置图

回转工作台的结构简图及液压系统、电磁铁动作说明如图 5-18 所示。

回转工作台的转位自动循环如下：花

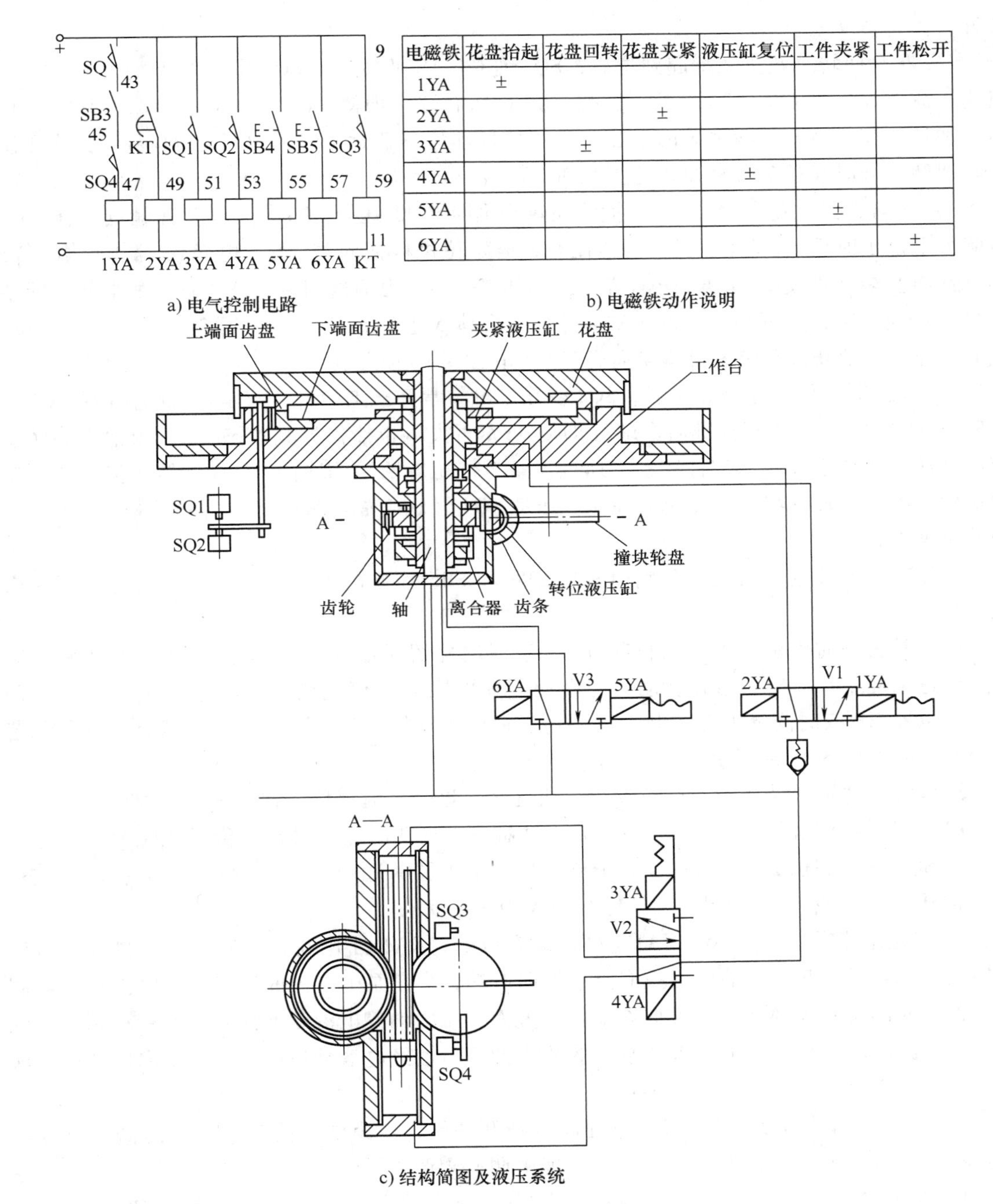

电磁铁	花盘抬起	花盘回转	花盘夹紧	液压缸复位	工件夹紧	工件松开
1YA	±					
2YA			±			
3YA		±				
4YA				±		
5YA					±	
6YA						±

图 5-18　多齿盘定位液压回转台

盘抬起→花盘回转→花盘夹紧→液压缸复位。

1）花盘抬起。在 M2 起动，滑台在原位压动 SQ（其常开触点闭合）且装卸工位的工件被夹紧后，转位液压缸活塞 8 在原位压动 SQ4，其常开触点闭合。按下 SB3，定位机构换向阀 V1 的电磁铁 1YA 得电，V1 阀杆推向右端（即使 1YA 再失电也能保持其状态），压力油送到夹紧液压缸 1 的下腔，活塞上移，花盘 2 抬起，上下端面齿盘 3 和 4（装在台体 5 上）

脱开，离合器 9 合上。

2）花盘回转。花盘 2 抬起到位后，SQ2 复位，SQ1 受压，SQ1 常开触点闭合，有定位机构换向阀 V2 的电磁铁 3YA 得电，V2 阀杆推向右端（即使 3YA 再失电也能保持其状态），压力油送到转位液压缸活塞 8 的上腔，活塞杆带动齿条 7 运动，通过齿轮 11 和离合器 9 使花盘回转，同时齿条 7 带动撞块轮盘 6 回转。

3）花盘夹紧。花盘回转 90°，撞块轮盘 6 也回转 90°压合 SQ3，SQ3 常开触点闭合，KT 线圈得电，延时后，KT 延时常开触点闭合，有定位机构换向阀 V1 的电磁铁 2YA 得电，V1 阀杆推向左端（即使 2YA 再失电也能保持其状态），压力油送到夹紧液压缸 3 的上腔，活塞下移，花盘下落，上下端面齿盘 3 和 4（装在台体 5 上）齿合，离合器 9 脱开，SQ1 复位，SQ1 常开触点断开，有定位机构换向阀 V2 的电磁铁 3YA 失电。

4）液压缸复位。花盘夹紧后，SQ2 受压，SQ2 常开触点闭合，有定位机构换向阀 V2 的电磁铁 4YA 得电，V2 阀杆推向左端（即使 4YA 再失电也能保持其状态），压力油送到转位液压缸活塞 8 的下腔，活塞杆移动，通过齿条 7 带动齿轮 11 绕轴 10 反向空转，齿条 7 带动撞块轮盘 6 也反转，液压缸复位后在原位压动 SQ4，SQ4 常开触点闭合，为下次回转工作台的转位做准备。

控制工件的夹紧和放松，分别由按钮 SB4 和 SB5 控制电磁铁 5YA、6YA 通过液压来实现。

（4）具有延时停留—工进控制电路分析　延时停留就是当加工工进完成时，压力油继续注入前进油腔中。此时，滑台和动力头在死挡铁的限制下停止前进，经过一定的延时（用压力继电器 KP 或时间继电器控制）后，再后退以实现加工工艺要求的工作状态。这种工艺的控制电路如图 5-19 所示。

滑台的自动工作循环为：原位停止—快进—工进—延时停留—快退—退回原位。

1）原位停止。滑台（或动力头）是由油缸 YG 驱动的。当滑台停留在原位时，压下行程开关 SQ，SQ 常闭触点（65—73）分断，中间继电器 KA2 线圈和电磁铁 8YA 为失电状态。KA1 常开触点（69—63）分断，KA1 和 7YA 为失电状态。

2）快进。按下按钮 SB6，KA1、7YA 线圈得电，KA1 常开触点（69—63）自锁及电液动换向阀 4（三位五通）的电磁换向阀杆推向右端，变量泵 1 泵出的压力油经电液动换向阀的电磁换向阀将液动换向阀也推向右端。一方面，压力油经电液动换向阀 4 及行程阀 7 进入滑台液压缸右腔；另一方面，液压缸左腔排出的压力油经电液动换向阀 4 及单向阀 9 进入液压缸右腔（差动式），滑台快速向前。

3）工进。挡铁压动行程阀 7，行程阀 7 断开油路，压力油只能从节流调速阀 5 进入液压缸右腔，滑台由快进变为工进（工进速度由调速阀调节）。

4）延时停留。滑台工进结束，在死挡铁的限制下滑台停止，液压缸活塞停止，液压缸右腔的油压逐渐升高，油压升高到一定值，压力继电器 KP 动作。油压升高到一定值所需的时间为延时停留时间。

5）快退。压力继电器 KP 动作，KP 常开触点（73—71）闭合，KA2、8YA 线圈得电。中间继电器 KA2 吸合，一方面，KA2 常闭触点（65—69）分断，KA1、7YA 线圈失电；另一方面，KA2 常开触点（69—63）闭合自锁。电磁铁 8YA 动作，使电液动换向阀 4 的电磁换向阀的阀杆被推向左端，液动换向阀的阀杆也被推向左端，压力油经单向阀 3 和电液动换

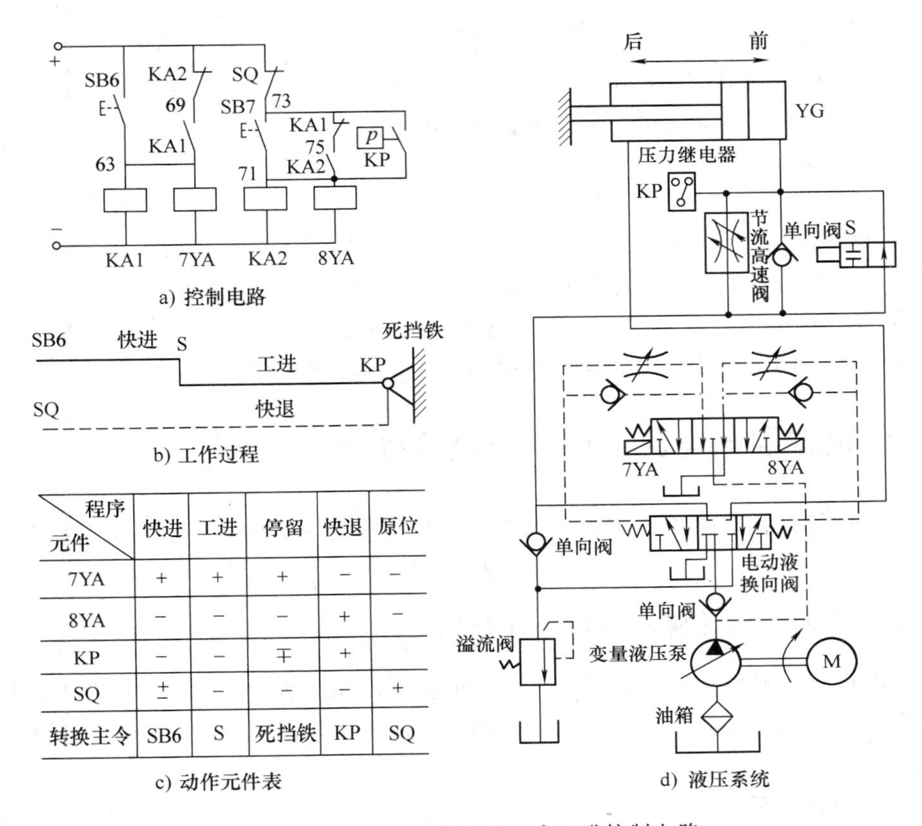

程序 元件	快进	工进	停留	快退	原位
7YA	+	+	+	−	−
8YA	−	−	−	+	−
KP	−	−	∓	+	
SQ	±	−	−	−	+
转换主令	SB6	S	死挡铁	KP	SQ

c) 动作元件表

图 5-19　具有延时停留的一次工进控制电路

向阀 4 进入液压缸左腔，液压缸右腔的压力油经单向阀 10 和电液动换向阀 4 进入油箱，滑台快速向后退回。

6）退回原位。滑台快速退回压合行程开关 SQ，SQ 常闭触点（65—73）分断，中间继电器 KA2 线圈、电磁铁 8YA 线圈失电，电动液换向阀 4 回到中间位置，滑台在原位停止。

SB7 的作用为：滑台因故未停止在原位，按下按纽 SB7，KA2、8YA 线圈得电，滑台退回原位。

若不需延时停留，去掉压力继电器 KP，在死挡铁处安装限位开关即可。若需延时时间可调，用限位开关和时间继电器取代压力继电器 KP 即可。

（5）组合机床自动工作循环的控制线路分析　将 SA1、SA2 置于“Ⅱ”处，复合开关 SA3、SA4 的常闭触点闭合。按下 SB1，KM1、KM2 线圈得电，KM1、KM2 主触点、自锁触点闭合，M1 和 M2 同时起动并连续运转。

按下 SB5，电磁铁 6YA 线圈得电，工件放松，卸下加工好的工件。装上待加工的工件，按下 SB4，电磁铁 5YA 线圈得电，工件夹紧。

滑台在原位压下行程开关 SQ 及液压缸复位后在原位压动 SQ4，SQ4 常开触点（9—43）、SQ4 常开触点（45—47）都闭合。按下 SB3，回转工作台开始自动转位循环。

花盘夹紧后，SQ2 受压，SQ2 常开触点闭合，滑台开始加工进给自动工作循环，直到结束。卸下加工好的工件，装上待加工的工件，若按下 SB3 后重复上面过程。

（6）辅助电路分析　辅助电路包括整流电路和信号电路。整流电路把变压器的二次侧电压变成24V直流电，除控制电动机的接触器KM1～KM3为220V交流电外，其他控制电路均由此直流电供电。断路器QF合上，信号灯HL点亮。若主轴电动机M1和液压泵电动机M2起动，即接触器KM2得电动作，信号灯HL熄灭。

3. 常见故障分析

（1）三台电动机M1、M2、M3不正常起停　可以参照前面继电系统的故障分析进行。

（2）回转工作台工作不正常　根据花盘抬起、花盘回转、花盘夹紧、液压缸复位四个具体环节，确定对应的电气支路及液压油路故障，进行排除。

（3）滑台的自动工进不正常　根据原位停止、快进、工进、延时停留、快退、退回原位六个具体环节，确定对应的电气支路及液压油路故障，进行排除。

5.7 典型机床控制电路的调试与故障排除

电气设备运行中，故障难免，要求维修工及时、熟练、准确、迅速、安全地查处，并加以排除。

5.7.1 电气控制电路故障检修的一般步骤

故障点的查找最能体现维修人员技术水平的高低。从某种意义上讲，故障的维修并不困难，难就难在故障的查找上，如何对控制电路的故障进行检修呢？一般来说，可按下列步骤进行。

1. 检修前故障调查

（1）“问”　询问系统的主要功能、操作方法、故障现象、故障过程、内部结构、有无其他异常现象、有无故障先兆等，通过询问，往往能得到一些很有用的信息。

（2）“看”　首先弄清电路型号、组成及功能。例如输入信号是什么，输出信号是什么，由什么元件受令、什么元件检测、什么元件分析、什么元件执行、各部分在哪些地方、操作方式有哪些等。这样可以根据以往的经验，将系统按原理和结构分成几部分，再根据控制元件的类型如接触器、时间继电器，大概分析其工作原理。然后对故障系统进行初步检查。检查的内容包括：系统的各部分连线是否正常，外观有无明显操作损伤，控制柜内元件有无损坏、烧焦，导线有无松脱等。

（3）“听”　在许可情况下，听一下电路工作时有无异常响声，如振动声、摩擦声、放电声以及其他一些声音。这对确定故障范围是十分有用的。

（4）“摸”　在刚切断电源时，尽快触摸电动机、变压器、熔断器等外壳，是否有过热现象。

2. 保养性例行检修

当电气控制系统运行到规定时间后，不管系统是否发生了故障，都必须进行保养性例行检修。因为电器在运行过程中，会磨损、老化，内部元件会蒙上污垢。特别是在湿度较高的雨季，容易造成漏电、接触不良和短路故障。所有这些都需要采取一定的措施，恢复其原有性能。

电器控制系统的“例保”检测的项目主要包括以下内容。

1）除尘和清除污垢，消除漏电隐患。

2）检查各元件导线的连接情况及端子排的锈蚀情况。

3）更换电磨损、自然磨损和疲劳致损的弹性件及电接触部件。

4）检查活动部件有无生锈、污物、油泥干涸和机械操作损伤。

5）对于已经被人检修过的电气控制系统，应检查新换上元器件的型号和参数是否符合原电路的要求、连接导线型号是否正确、接法有无错误、其他导线、元件有无移位、改接和损伤等。如果有以上情况，必须及时复原，再进行下一步检修。

3. 根据控制电路的控制按钮和可调部分，判断故障范围

由于电气控制系统种类较多，每种设备的电路互不相同，控制按钮和可调部分也无可比性，因此这种方法应根据具体设备具体制定。电路都是分“块”的，各部分相互联系，但又相对独立。根据这一特点，按照可调部分是否有效、调整范围是否改变、控制部分是否正常、互相之间联锁关系能否保持等，大致确定故障范围。一般说来，根据设备故障现象，可大致确定故障范围如下。

1）所有按钮功能失效，电源故障或熔断器故障可能性较大。

2）一部分按钮功能失效，另一部分按钮功能正常。此时出现故障的部位多在这部分电路的公共部分或这部分电路的电源部分。

3）单个的按钮或单个功能失效，按钮本身及引线发生故障的可能性较大。

4）多部分故障，若是长时间不用的设备，则可能是接触不良或漏电的故障，或由此故障引起的其他故障。

5）软故障，如果与时间和外界环境有一定规律，则有可能是电路与外界环境相联系部分性能变劣，受到一定的影响。若与工作时间有一定的关系，则电路受温度的影响较大，可能是元件性能变劣，如漏电、性能不稳或污物形成的故障。

4. 对故障范围进行外观检查

在故障范围内，对元件及导线进行外观检查。对于比较明显的故障，应单刀直入、首先排除。例如明显的电源故障、导线断线、绝缘烧焦、继电器损坏、触点烧损、行程开关卡滞等，都应该首先排除，以消除其影响，使其他故障更加直观、易于观察和测量。

5. 用试验法进一步缩小故障范围

对元件及导线外观检查未发现故障点时，在确保人身和设备安全情况下，进行通电试验。分清故障可能在电气部分还是机械等其他部分；是在电动机上还是在控制设备上；是在主电路上还是在控制电路上。

6. 用测量法确定故障点

维修电工用测试工具和仪表对电路进行带电或断电时的有关参数如电压、电流、电阻等的测量，来判断电气元件的好坏、线路的通断情况及设备的绝缘情况。常用测试工具和仪表有验电笔、校验灯、万用表、钳形电流表、兆欧表等。在电子线路部分检修时，还用到示波器。常用的方法有电压测量法、电阻测量法及短接法。

7. 是否存在液压、机械故障

在很多设备中，电气元件的动作是由液压、机械来推动的，或与它们有密切的联系，故在检修电气故障的同时，还应检修液压、机械故障。

8. 修复及注意事项

找到故障点后，着手修复、试运转 、记录等，然后交付使用。但应注意如下事项：排除完故障，需查明产生该故障的根本原因；采用正确方法修复，不许轻易改动线路或更换不同规格的元器件；在修理工作中，尽量做到复原；试运转时，需与操作者配合；排除故障后，及时总结及记录。

5.7.2 电气控制电路查找故障点的一般方法

对查找故障点的方法，常用的是：经验法和测量法。重点介绍测量法，主要是电压测量法、电阻测量法和短接法。

1. 电压测量法

电压测量法就是使用万用表检测线路的工作电压，将测量结果和正常值进行比较，从而发现故障的方法。此法简便、快速、高效，故应用广泛。电压测量法又分为电压分阶测量法和电压分段测量法。所用的电路如图 5-20 所示。

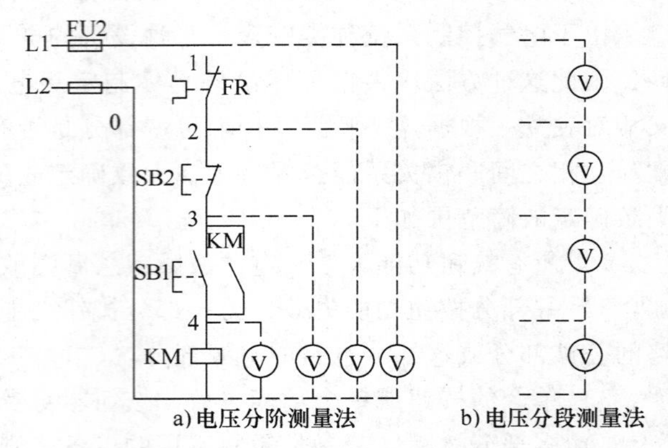

图 5-20 电压法测量

（1）分阶测量法。设电源电压交流 380V，按下 SB2，KM1 不吸合为例，查找控制电路的故障点。

首先，将万用表转换开关置于交流电压 500V 挡。其次，按图测试电压值并记录。最后，记录值与正常值（380V）比较，确定故障点。根据各阶电压值找出故障点的方法如表 5-12 所示。

表 5-12 电压分阶测量法查找故障点

故障现象	测试状态	0—1	0—2	0—3	0—4	故 障 点
按下 SB2，KM1 不吸合	按下 SB2 不放	0	0	0	0	FU2 接触不良
		380	0	0	0	FR 常闭触点接触不良
		380	380	0	0	SB2 常闭触点接触不良
		380	380	380	0	SB1 接触不良
		380	380	380	380	KM 线圈断路

（2）分段测量法　首先，将万用表转换开关置于交流电压 500V 挡。其次，按图测试电压值并记录。最后，记录值与正常值（除 0—4 两点间电压为 380V，其余的电压值均为零）比较，确定故障点。根据各段电压值找出故障点的方法如表 5-13 所示。

（3）注意事项

1）对万用表进行检测，确保绝缘完好、示数准确。

2）带电操作，双人配合工作，确保安全。

3）根据电压值，万用表选择适当的量程。

2. 电阻测量法

电阻测量法就是在电路切断电源后，用万用表检测线路的电阻值，将测量结果和正常电阻值进行比较，从而发现故障的方法。当不能上电试车时，用此法。此法安全，故应用广泛。电阻测量法又分为电阻分阶测量法和电阻分段测量法。测量所用的电路如图 5-21 所示。

表 5-13　电压分段测量法查找故障点

故障现象	测试状态	1—2	2—3	3—4	4—0	故　障　点
按下 SB2，KM1 不吸合	按下 SB2 不放	380	0	0	0	FR 常闭触点接触不良
		0	380	0	0	SB2 常闭触点接触不良
		0	0	380	0	SB1 接触不良
		0	0	0	380	KM 线圈断路

（1）分阶测量法　仍以按下 SB2，KM1 不吸合为例，查找控制电路的故障点。首先，切断电源，将万用表转换开关置于合适的挡位（R×100），调零。然后，按图测试电阻值并记录。最后，记录值与正常值（KM 线圈的电阻值 R）比较，确定故障点。

根据各阶电阻值找出故障点的方法见表 5-14。

（2）分段测量法　首先，切断电源，将万用表转换开关置于合适的挡位（R×100），调零。然后，按图测试电阻值并记录。最后，记录值与正常值（除 0—4 两点间电阻值为 R 外，其余的电阻值均为零）比较，确定故障点。根据各段电阻值找出故障点的方法见表 5-15。

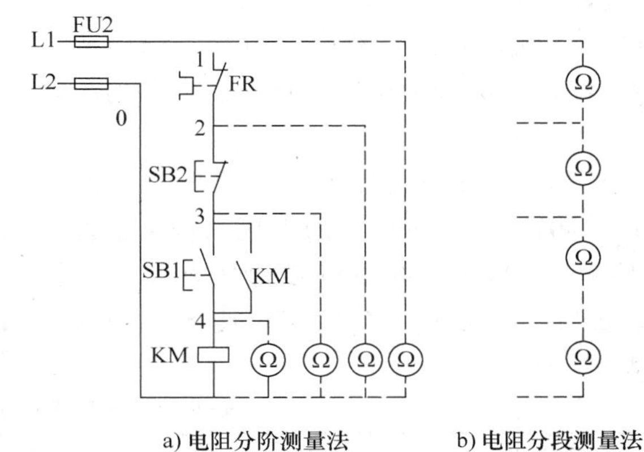

图 5-21　电阻测量法

表 5-14　电阻分阶测量法查找故障点

故障现象	测试状态	0—1	0—2	0—3	0—4	故　障　点
按下 SB2，KM1 不吸合	按下 SB2 不放	∞	R	R	R	FR 常闭触点接触不良
		∞	∞	R	R	SB2 常闭触点接触不良
		∞	∞	∞	R	SB1 接触不良
		∞	∞	∞	∞	KM 线圈断路

表 5-15　电阻分段测量法查找故障点

故障现象	测试状态	1—2	2—3	3—4	4—0	故　障　点
按下 SB2，KM1 不吸合	按下 SB2 不放	∞	0	0	R	FR 常闭触点接触不良
		0	∞	0	R	SB2 常闭触点接触不良
		0	0	∞	R	SB1 接触不良
		0	0	0	∞	KM 线圈断路

（3）注意事项

1）用此法时，一定要先切断电源。

2）所测电路若与其他电路并联，需将该电路与其他电路断开，否则所测电阻值不准确。

3）根据电气元件电阻值，万用表选择适当的量程。

3. 短接法

短接法就是用一根绝缘良好的导线，将怀疑电路有断路的部位短接。若电路接通，则故障就在短接处。当为触点、导线类断路故障时，用此法。此法简便、可靠，故应用广泛。

短接法又分为局部短接法和长短接法。测量所用的电路如图 5-22 所示。

（1）局部短接法　局部短接法就是指一次短接一个触点来检查故障的方法。仍以按下 SB2、KM1 不吸合为例，查找控制电路的故障点。

首先，将万用表转换开关置于交流电压 500V，测试 1—0 两点间的电压，若正常可进入下一步。然后，按图短接相邻点并记录情况。最后，若某处短接时，KM 吸合，则故障就在该处。根据局部短接法找出故障点的方法如表 5-16 所示。

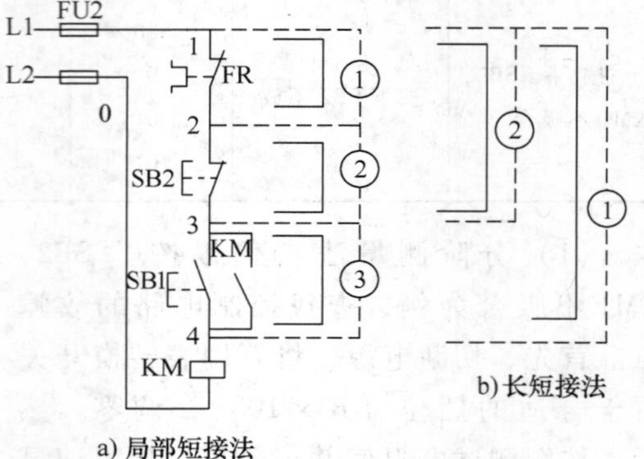

图 5-22　短接法

表 5-16　局部短接法查找故障点

故障现象	测试状态	短接点标号	KM 动作	故障点
按下 SB2，KM1 不吸合	按下 SB2 不放	1—2	KM 吸合	FR 常闭触点接触不良
		2—3	KM 吸合	SB2 常闭触点接触不良
		3—4	KM 吸合	SB1 接触不良

（2）长短接法　长短接法就是指一次短接两个或多个触点来检查故障的方法。

首先，将万用表转换开关置于交流电压 500V 挡，测试 1—0 两点间的电压，若正常可进入下一步。其次，按图短接两点并记录情况。最后，若某处短接时，KM 吸合，则故障范围就在该处。根据长短接法找出故障范围的方法见表 5-17。

表 5-17　长短接法查找故障范围

故障现象	测试状态	短接点标号	KM 动作	故障范围
按下 SB2，KM1 不吸合	按下 SB2 不放	1—4	KM 吸合	此段有故障
		1—3	KM 吸合	此段有故障

由上述分析，局部短接法和长短接法结合使用，效果最佳。

（3）注意事项

1）此法就是用手拿一根导线，将怀疑电路有断路的部位短接，因此，注意安全。

2）此法只适用压降小的触点、导线类断路故障。

3）此法在保证电气设备和机械部件不会出现事故情况下，方可使用。

5.7.3　典型机床控制线路的调试排故举例

（1）Z3050 摇臂钻床摇臂不能升降

1）故障现象。合上 QF1、QF3，按下 SB4 或 SB5，摇臂不能升降。

2）故障范围。KM2、KM3 线圈得电的公共部分。

3）故障查找。①断开电源，打开配电柜门，让 SQ5 断开。②用电压法，将万用表转换开关拨至交流 250V 挡。③合上 QF1、QF3，按下 SB4 或 SB5，测试 9、10 号线处对 0 号线处的电压。结果为：2 至 0 处，110V；4 至 0 处，110V；9 至 0 处，110V；10 至 0 处，0V。④经分析，10 至 0 处，应该为 110V，实际为 0V 电压，故为故障点。

4）排除故障。断开电源 QF1，调整及检修 SQ2。

5）通电试车。恢复 SQ5，关上配电柜门，通电，直至符合要求。

（2）Z3050 摇臂钻床立柱和主轴箱不能松开

1）故障现象。合上 QF1、QF3，按下 SB6，M3 能反转，但电磁铁 YA 不吸合，立柱和主轴箱不能松开。

2）故障范围。YA 线圈得电通路部分。

3）故障查找。①断开电源，打开配电柜门，让 SQ5、SQ3 断开，取下熔断器 FU1。②用电阻法，将万用表转换开关拨至 R ×1 挡并调零。③测试 2、4、29、0 号线处间的电阻。结果为：2 至 4 处，电阻值接近零；4 至 29 处，电阻值为无穷大；29 至 0 处，线圈阻值。④经分析，电阻值正常，则故障点为工作中 4 至 29 间的触点不能闭合。

4）排除故障。断开电源 QF1，更换及检修 KT2。

5）通电试车。恢复 FU1 、SQ5、SQ3，关上配电柜门，通电，直至符合要求。

思考题与习题

5.1　如何用查线读图法阅读机床电路图？

5.2　在 CA6140A 卧式车床中，为什么快速电动机 M3 不采用连续运转方式？

5.3　在 M7475B 磨床中，电力拖动及控制要求是什么？

5.4　在 M7475B 磨床中，电动机 M1 工作原理是什么？

5.5　在 Z3050 钻床中，电力拖动及控制要求是什么？

5.6　在 Z3050 钻床中，摇臂下降的工作原理是什么？

5.7　在 X62W 铣床中，主轴变速冲动控制的原理是什么？

5.8　在 X62W 铣床中，圆工作台进给运动工作原理是什么？

5.9　在 T68 镗床中，主轴电动机 M1 正反向低速转动控制的原理是什么？

5.10　在 T68 镗床中，主轴电动机 M1 不能高速正转如何检修？

5.11　在具有多齿盘回转台的单机组合机床中，若 M1 起停而 M2 不动的原理是什么？

5.12　在具有多齿盘回转台的单机组合机床中，分析具有延时停留—工进控制电路的工作原理。

5.13　电气控制电路故障检修的一般步骤是什么？

5.14　简述查找故障点的测量法。

第 6 章　桥式起重机的电气控制

6.1　绕线转子异步电动机控制电路

前面介绍的减压起动控制电路，虽然达到了减小起动电流的目的，但使得起动转矩大为减小。实际应用中希望起动转矩大且能较平稳调速的场合，常常采用三相绕线转子异步电动机。与笼型异步电动机不同，三相绕线转子异步电动机的转子回路可以通过滑环与外接电阻相串联，用来减小起动电流，提高转子电路的功率因数，增加起动转矩，并通过改变所串电阻的大小，改变电动机的机械特性，以达到平滑调速的目的。

6.1.1　转子绕组串电阻起动控制电路

绕线转子异步电动机转子回路中串入电阻起动，能限制起动电流，提高起动转矩。一般在转子回路中串入多级电阻，利用接触器的主触点分段切除电阻，使绕线转子异步电动机的转速逐级提高。当串接电阻全部切除，电动机达额定转速而稳定运行。

（1）时间原则短接电阻起动控制电路　图 6-1 所示为转子串入三级电阻按时间原则控制的起动控制电路。图中 KM1 为主电路接触器，KM2、KM3、KM4 为短接电阻接触器，KT1、KT2、KT3 为起动时间继电器。该电路是利用三个时间继电器和三个接触器的相互配合来依次自动切除转子绕组中的三级电阻的。

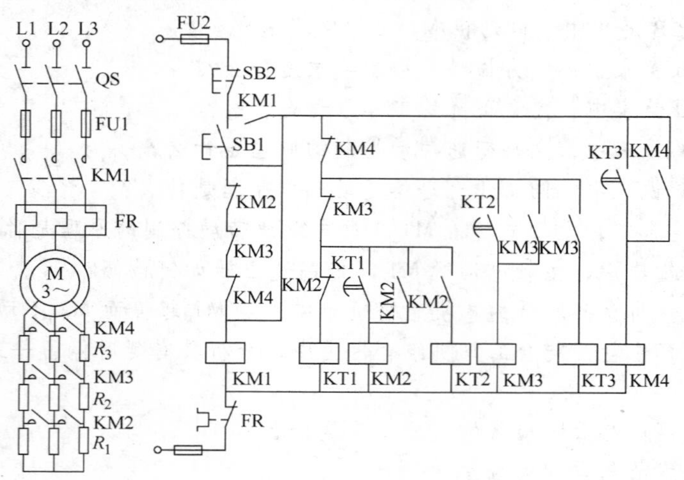

图 6-1　时间原则短接电阻起动电路

其电路工作原理如下：

先合上电源开关 QS，按下 SB1 按钮，接触器 KM1 线圈得电，辅助常开触点闭合自锁，主触点闭合使电动机 M 串入全部电阻起动。同时时间继电器 KT1 线圈得电，经过 KT1 整定的延时时间，KT1 延时常开触点闭合，接通 KM2 线圈回路，KM2 得电并自锁，主触点闭合切除第一级电阻 R1，电动机 M 串入第二、第三级电阻继续起动。KM2 的常闭触点切断 KT1 线圈电路，使 KT1 复位。KM2 的另一常开触点闭合，使时间继电器 KT2 得电，经过 KT2 设定的延时时间，KT2 常开触点闭合，接通接触器 KM3 线圈回路，KM3 得电并自锁，其主触点闭合切除第二级电阻 R2，电动机 M 串入第三级电阻继续起动。KM3 的常闭触点断开，使 KT2 和 KM2 均失电复位。（KM3 主触点闭合后，KM2 主触点的闭合与断开对切除转子电阻已无影响）。KM3 的另一辅助常开触点闭合，使时间继电器 KT3 得电，经过 KT3 设定的延时时间后，KT3 常开触点闭合，接通接触器 KM4 线圈回路，KM4 得电并自锁，其主触点闭合，将电动机 M 转子回路的第三级电阻切除，电动机 M 起动结束进行正常运行。KM4 辅助常闭触点断开，使 KM3 和 KT3 线圈均失电复位。按下停止按钮 SB2，各继电器、接触器全部复位，电动机停止运行。

值得注意的是，电动机起动结束进入正常运行时，只有 KM1、KM4 线圈长期通电，而 KT1、KT2、KT3 与 KM2、KM3 线圈的通电时间，均压缩到最低限度。这一方面是电路工作时，这些电器没有必要都处于通电状态，另一方面为节省电能，延长电器寿命，更为重要的是减少电路故障，保证电路安全可靠地工作。但电路也存在下列问题：一旦时间继电器损坏，电路将无法实现电动机的正常起动和运行。另一方面，在电动机的起动过程中，由于逐级短接电阻，将使电动机电流及转矩突然增大，产生较大的机械冲击。

图 6-1 中串在起动按钮 SB1 后面的接触器 KM2、KM3 和 KM4 辅助常闭触点的作用是保证电动机在转子绕组中接入全部外加电阻的条件下才能起动。

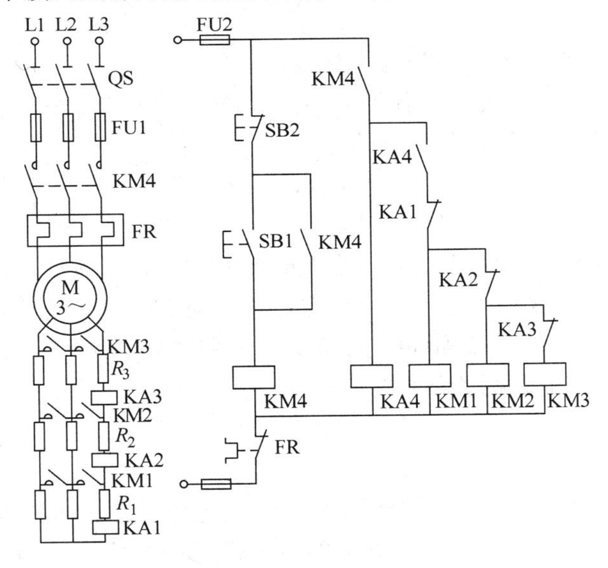

图 6-2 电流原则短接电阻起动电路

（2）电流原则短接电阻起动控制电路 图 6-2 所示为按电流原则短接电阻起动的控制电路，它是按照电动机在起动过程中转子电流变化来控制电动机起动电阻的切除的。图 6-2 中 KA1、KA2 和 KA3 为电流继电器，其线圈串接在电动机转子电路中，将它们的吸合电流调节到相同值，释放电流调节为不同值，且 KA1 释放电流最大，KA2 次之，KA3 释放电流最小。图中 KA4 为中间继电器。KM1、KM2 和 KM3 为短接电阻接触器，KM4 为主电路接触器。

电路的工作原理如下：先合上电源开关 QS，按下起动按钮 SB1，使接触器 KM4 线圈得电，其辅助常开触点闭合自锁，主触点闭合，使电动机 M 串入全部电阻起动。KM4 的另一辅助常开触点闭合，使中间继电器 KA4 得电，KA4 的常开触点闭合，为 KM1、KM2 和 KM3 的得电作准备。

由于电动机 M 刚起动时的转子电流很大，三个电流继电器 KA1、KA2 和 KA3 都吸合，它们接到控制电路中的常闭触点都断开，使接触器 KM1、KM2 和 KM3 的线圈都不能得电，接在转子电路中的常开触点都处于分断状态，所以全部电阻串在转子电路中。随电动机转速的升高，转子电流逐步减小，当减小到 KA1 的释放电流时，KA1 首先释放，使控制电路中 KA1 的常闭触点复位闭合，接触器 KM1 得电，其主触点闭合，短接切除第一级电阻 R_1。当 R_1 被切除后，转子电流重新增大，但随着电动机转速的继续升高，转子电流又会减小，当减小到 KA2 的释放电流时，KA2 释放，其常闭触点复位闭合，使接触器 KM2 的线圈得电，KM2 的主触点闭合，把转子回路中串接的第二级电阻 R_2 短接切除，如此继续下去，直到转子电路中的电阻全被切除，电动机起动完毕，进入正常运行状态。

图 6-3 所示为电流原则短接转子电阻时起动电流与转速的过渡过程曲线。图中 i_1、i_2、i_3 分别为 KA1、KA2 和 KA3 的释放电流，I_m 为限制的最大起动电流，I_{2N} 为电动机转子额定电流。n_1、n_2、n_3 为电动机转子电阻 R_1、R_2、R_3 短接时电动机达到的转速，n 为电动机的稳定转速，即起动后达到的转速。

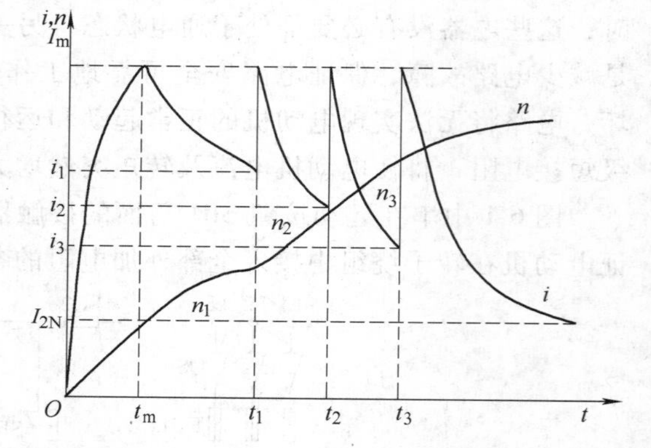

图 6-3　短接转子电阻起动电流与转速过度过程曲线

控制电路中的中间继电器 KA4 是为了保证起动时转子电阻全部接入而设置的。若无 KA4，则当电动机起动电流由零上升，在尚未达到其吸合电流时，电流继电器 KA1 ~ KA3 未吸合，将使接触器 KM1 ~ KM3 同时通电吸合，将转子电阻全部短接，电动机便进行直接起动。而设置了 KA4 后，当按下起动按钮 SB1，KM4 先通电吸合，然后才使 KA4 常开触点闭合，在这之前起动电流早已到达电流继电器的吸合整定值，并已动作，KA1 ~ KA3 的常闭触点已断开，并将 KM1 ~ KM3 线圈电路切断，确保转子电阻全部接入，避免了电动机直接起动。

6.1.2　凸轮控制器

凸轮控制器是一种较大型的手动控制电器。它主要用于起重设备和其他电力拖动装置，通过变换电路的接法或改变电路中串接电阻的阻值来控制这些设备中所用拖动电动机的起动、制动、调速、换向、停止和保护。

凸轮控制器主要有触点、转轴、手柄、凸轮、杠杆、灭弧罩及定位机构等组成。图 6-4 所示为凸轮控制器的结构原理图。其工作原理为：当转动手柄时，在绝缘方轴上的凸轮随之转动，从而使触点组按规定顺序接通或分断电路，改变了绕线转子异步电动机定子电路的接法和转子电路的电阻值，直接控制电动机的起动、调速、换向及制动。由于凸轮控制器直接控制电动机工作，故要求其触点容量大，且具有灭弧装置，所以其体积也较大，操作时比较费力。凸轮控制器的图形和文字符号及触点通断表示方法如图 6-5 所示。其操作位置分为零位，向左、向左挡位。具体的型号不同，其触点数目的多少也不同。图 6-5 中数字 1 ~4 表示触点号（或线路号），2、1、0、1、2 表示挡位（即操作位置）；用虚线表示操作位置，在不同的操作位置时，各对触点的通断状态表示于触点的下方与虚线相交位置，若触点下方有涂黑圆点，表示在对应操作位置时该触点接通，没有涂黑圆点的触点表示在该操作位置时断开。例如手柄处中间“0”位置时，触点 1、3、4 是接通的，而触点 2 是断开的。万能转换开关、主令控制器的图形符号及触点在各挡位通断状态的表示方法与凸轮控制器的类似。

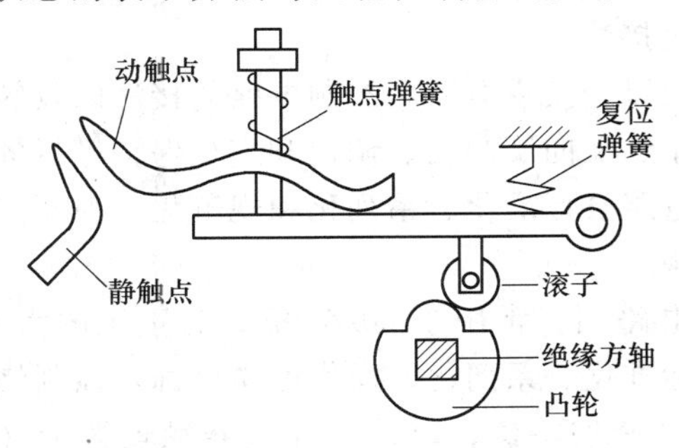

图 6-4　凸轮控制器的结构原理图

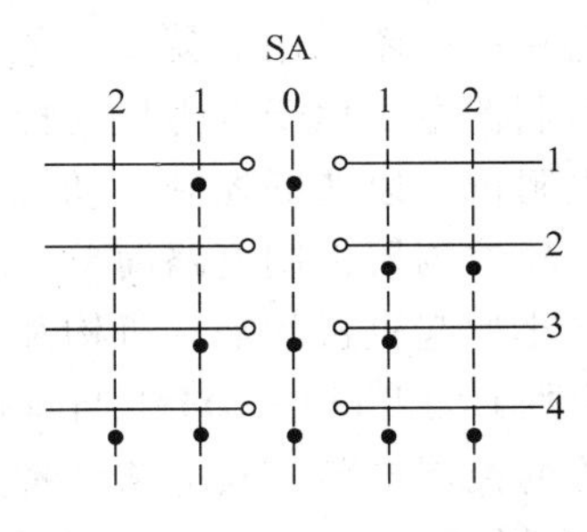

图 6-5　凸轮控制器的图形文字符号

凸轮控制器的型号及含义：

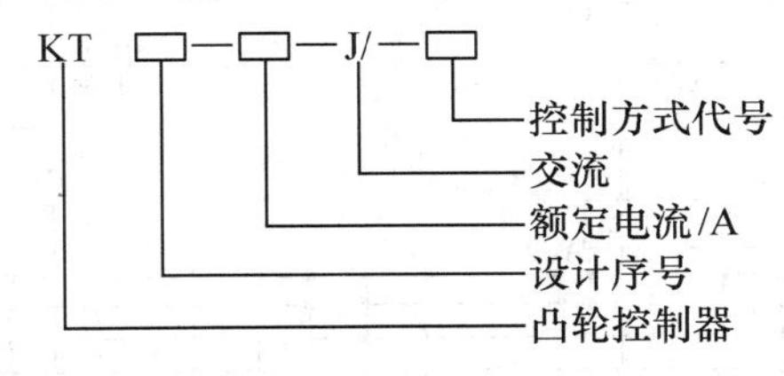

目前我国常用的凸轮控制器主要有 KT10、KT12、KT14 及 KT16 等系列。其中 KT14 系列交流凸轮控制器适用于交流 50Hz、电压 380V 及以下的电路，作起重机交流电动机的起动、调速和换向之用。此控制器具有可逆对称电路，适用于起重机的平移机构和升降机构，也能作为同类型性质电动机的起动、换向和调整之用。KT14 系列凸轮控制器的主要技术数据见表 6-1。

表 6-1　KT14 系列凸轮控制器主要技术数据

型　号	额定电压/V	额定电流/A	工作位置数		在通电持续率为 25% 时所能控制的电动机		额定操作频率/（次/h）
			向前（上升）	向后（下降）	转子最大电流/A	最大功率/kW	
KT14—25J/1	380	25	5	5	32	11	600
KT14—25J/2		25	5	5	32	2×5.5	
KT14—25J/3		25	1	1	32	5.5	
KT14—60J/1		60	5	5	80	30	
KT14—60J/2		60	5	5	80	2×11	
KT14—60J/4		60	5	5	80	2×30	

KT14—25J/1、KT14—60J/1 型凸轮控制器用于控制一台三相绕线转子异步电动机；

KT14—25J/2、KT14—60J/2 型凸轮控制器用于同时控制两台三相绕线转子异步电动机，并带有定子电路的触点；KT14—25J/3 用于控制一台三相笼型异步电动机；KT14—60J/4 用于同时控制两台绕线转子异步电动机，定子回路由接触器控制。

6.1.3 凸轮控制器控制电路

前面讨论的时间原则和电流原则短接起动电阻的控制电路，短接起动电阻的方法是三相电阻平衡短接法。还有三相电阻不平衡短接法，即每一相的各级起动电阻是轮流被短接的。凸轮控制器控制电路采用的就是三相电阻不平衡短接法。

凸轮控制器主要用于电力拖动控制设备中，用以变换主电路和控制电路的接法以及转子电路中的电阻值，以达到控制电动机的起动、停止、反向、制动、调速和安全保护等目的。

由于凸轮控制器控制电路简单、维护方便，电路已标准化、系列化和规范化，因而广泛应用于中、小型起重机的平移机构和小型提升机构。

图 6-6 所示为 KT14—25J/1 凸轮控制器控制电路图，常用于 20/5t 桥式起重机的大车、小车及副钩的控制电路，其电路的特点是电路已标准化、系列化，操作可逆对称。控制绕线转子异步电动机时，每相电阻不相等，并采用不平衡切除法，以减少控制器触点数量（中小容量电动机均采用该法）。

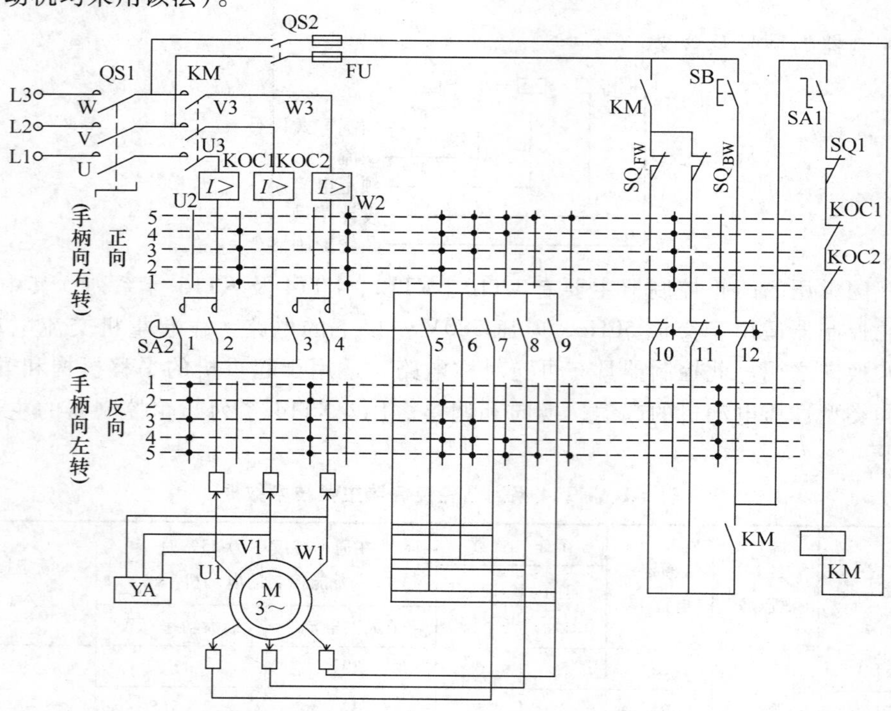

图 6-6 KT14—25J/1 凸轮控制器控制电路图

从图 6-6 看出，凸轮控制器有 12 对触点，分别控制电动机的主电路、控制电路及其安全、联锁保护电路，下面详细分析。

（1）电动机定子电路的控制　合上三相电源开关 QS1，三相交流电经接触器 KM 的主触点、电流继电器 KA、其中一相 V2 直接与电动机 M 的 V1 相连，另外二相 U2 和 W2 分别通过凸轮控制器的四对触点与电动机 M 的 U1、W1 相连。当控制器的操作手柄向右转动时

（第1—5挡），凸轮控制器的主触点 2、4 闭合，使（U2—U1）和（W2—W1）相连。电动机 M 接正相序正转。当控制器的操作手柄向左转动时，凸轮控制器的另外二对触点 1、3 闭合，即（U2—W1）、（W2—U1）相连，电动机 M 接反相序反转。通过凸轮控制器的四对触点的闭合与断开，可实现电动机的正转、反转和停止控制。四对触点均装有灭弧装置，以便在触点通断时，能更好熄灭电弧。

（2）电动机转子电路的控制　凸轮控制器有五对触点（5—9）控制电动机转子电阻接入或切除，以达到调节电动机转速的目的。

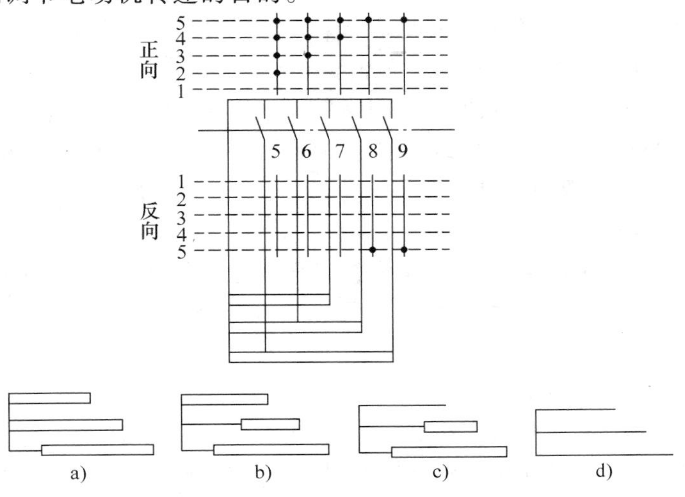

图 6-7　凸轮控制器转子电阻切除情况

凸轮控制器的操作手柄向右（正向）或向左（反向）转动时，五对触点通断情况对称。转子电阻接入与切除如图 6-7 所示。当控制器手柄置于第一挡时，转子加全部电阻，电动机处于最低速运行，当分别置于“2”、“3”、“4”及“5”位置时，转子电阻被逐级不平衡切除，如图 6-7 所示，电动机的转子转速逐步升高，可调节电动机转速和输出转矩，图 6-8 所示为凸轮控制器控制电动机的机械特性，从其特性曲线上可充分反映上述的特点。当转子电阻被全部切除后，电动机将运行在自然特性曲线“5”上。

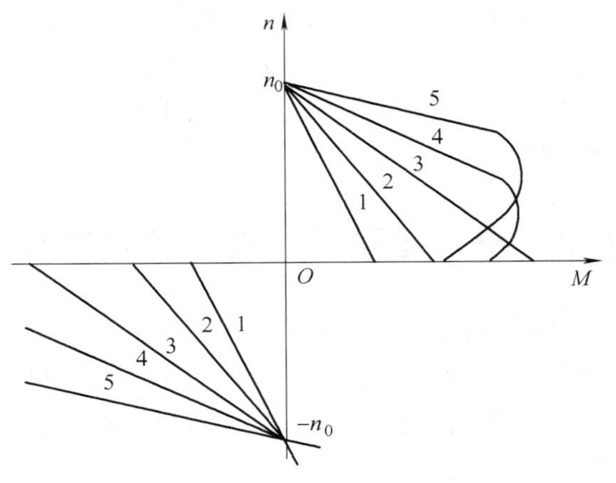

图 6-8　用 KT14—25J/1 凸轮控制器控制电动机的机械特性

（3）凸轮控制器的安全联锁触点　在图 6-6 中凸轮控制器的触点 12 用来作零位起动保护，零位触点 12 只有控制器手柄置于“0”位时处于闭合状态，按下起动按钮 SB，接触器 KM 才能通电并自锁，M 才能进行起动，其他位置均处于断开状态。运行中如突然断电又恢复时，M 不能自行起动，而必须将手柄回到零位重新操作。联锁触点 10、11 在“0”位均闭合，当凸轮控制器手柄置于反向时，联锁触点 11 闭合、触点 10 断开；而手柄置于正向时，联锁触点 10 闭合，触点 11 断开。联锁触点 10、11 与正向和反向限位开关 SQ_{FW}、SQ_{BW} 组成移动机构（大车或小车）的限位保护。

（4）控制电路分析　在图 6-6 中，合上三相电源开关 QS1，凸轮控制器手柄置于“0”位，触点 10—12 均闭合，合上紧急开关 SA1。如大车顶无人，舱口关好以后（即触点 SQ1 闭合），这时按下起动按钮 SB，电源接触器 KM 通电吸合，其常开触点闭合，通过限位开关触点 SQ_{FW}、SQ_{BW} 构成自锁电路。当手柄置于反向时，联锁触点 11 闭合、10 断开，移动机构运动，限位开关 SQ_{BW} 起限位保护。当移动机构运动（例如大车向左移动）至极限位置时，压下 SQ_{BW}，切断自锁电路，线圈 KM 自动失电，移动机构停止运动，这时，欲使移动机构向另一方向运动（例如大车向右移动），则必须先将凸轮控制器手柄回到“0”位，按下按钮才能使接触器 KM 重新通电吸合（实现零位保护），并通过 SQ_{FW} 支路自锁，操作凸轮控制器手柄到正向位置，移动机构即能向另一方向运动。

当电动机 M 通电旋转时，电磁抱闸线圈 YA 同时通电，松开电磁抱闸，运动机构自由旋转。当凸轮控制器手柄置于“0”位或限位保护动作时，电源接触器 KM 和电磁抱闸线圈 YA 同时失电，使移动机构准确定车。

本电路具有以下保护：

过电流继电器 KA1、KA2 实现过电流保护；事故紧急开关 SA1 实现紧急保护；舱口安全开关 SQ1 实现只有关好窗口（大车桥架上无人）压下舱口开关，触点闭合才能开车的安全保护。

综上所述，凸轮控制器有如下作用：

1）控制电动机的正向、停止或反向。

2）控制转子电阻大小，调节电动机的转速，以适应桥式起重机工作时不同速度的要求。

3）适应起重机中的电动机较频繁工作的特点。

4）有零位触点，实现零位保护。

5）与限位开关 SQ_{FW}、SQ_{BW} 联合工作，可限制移动机构的位移，防止越位而发生人身设备事故。

6.2 桥式起重机的电气控制电路

起重机是具有起重吊钩或其他取物装置（如抓斗、电磁吸铁、集装箱吊具等），在空间作垂直升降和水平运移重物的起重设备。它广泛应用于工矿企业、车站、港口、仓库及建筑工地等场所，用于提升或下放重物，在短距离内将重物作水平移动，完成各种繁重的搬迁任务，减轻人们的体力劳动，是现代化生产中不可缺少的重要设备。起重机工作的特点是：工作频繁，具有周期性和间歇性，要求工作可靠并确保安全。

起重机俗称天车、行车、吊车等。根据使用场所不同。起重机的结构、形式也不同，有桥式起重机、塔式起重机、门式起重机、旋转起重机及绳索起重机等。其中桥式起重机的应用具有一定的典型性和广泛性。本章着重介绍桥式起重机，并对其电气控制进行分析。

6.2.1 桥式起重机的主要结构及运动方式

桥式起重机通常由大车（又称桥架）、大车行移机构、小车及小车行移机构、提升机构、驾驶室、主滑线与辅助滑线等部分组成。桥式起重机总体结构示意图如图 6-9 所示。

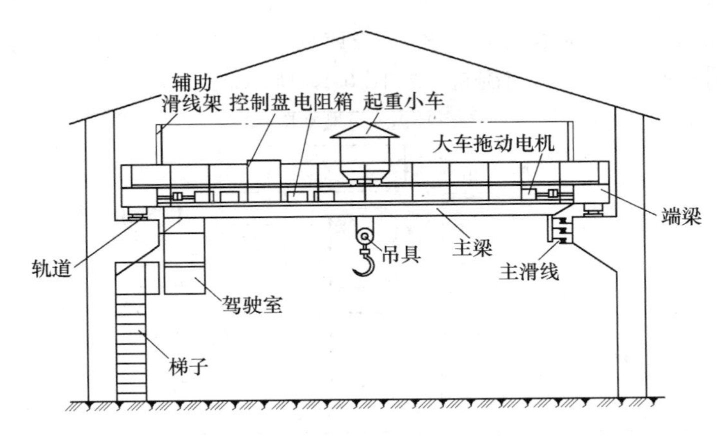

图 6-9　桥式起重机的结构示意图

（1）大车（桥架）　桥架由主梁、端梁、走台等部分组成，主梁跨架在跨间上空，有箱形结构、桁架结构、腹板结构及圆管结构等结构形式。主梁两端有端梁，在两主梁外侧设有走台，并附有安全栏杆。在主梁一端的下方安有驾驶室，在驾驶室一侧的走台上装有大车移行机构，在另一侧走台上装有辅助滑线，以便向小车电气设备供电。在主梁上方铺有导轨以供小车在其上面移动。整个桥式起重机，在大车移行机构的拖动下，沿车间长度方向的轨道作来回水平移动。

（2）大车行移机构　大车行移机构由大车拖动电动机、传动轴、联轴器、减速器、车轮及制动器等部件构成。其安装方式有集中拖动与分别拖动两种。如图 6-10 所示，图 6-10a 所示为集中拖动，由一台电动机经减速机构拖动两个主动轮；图 6-10b 所示为分别拖动，由两台电动机分别拖动两个主动轮。由于后者自重轻、安装调试方便，实践证明使用效果良好，故获得广泛应用。

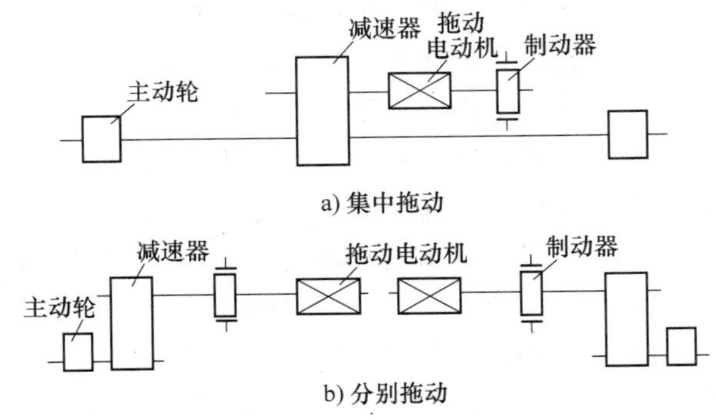

图 6-10　大车行移机构简图

（3）小车　小车安放在桥架轨道上，可沿车间宽度方向水平移动。

小车主要由小车架、小车行移机构、提升机构等组成。

小车行移机构由小车电动机、制动器、联轴器、减速器及车轮等组成。小车电动机经减速器拖动小车主动轮，使小车沿导轨移动。由于小车主动轮相距较近，故由一台小车电动机拖动。如图 6-11 所示。

（4）提升机构　提升机构由提升电动机、减速器、卷筒、制动器等组成。提升电动机经联轴器、制动器与减速器连接，减速器的输出轴与缠绕钢丝绳的卷筒相连接，钢丝绳的另一端装有吊钩，吊钩随钢丝绳在卷筒上的缠绕或放开而提升或下放。对于15t及以上起重机，备有两套提升机构，即主钩与副钩，如图6-11所示。

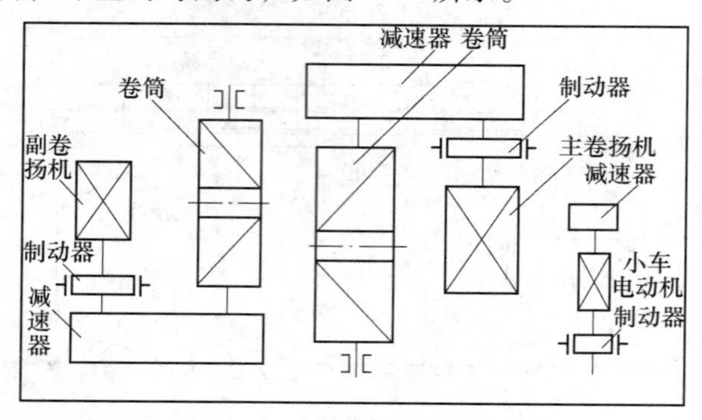

图6-11 小车机构与提升机构示意图

由上可知，重物在吊钩上随着卷筒的旋转获得上下运动，随着小车在车间宽度方向获得左右移动，随着大车在车间长度方向作前后运动。这样可将重物移至车间的任一位置，完成起重和搬运的任务。

(5) 驾驶室 驾驶室是控制起重机的吊舱。其内装有大小行移机构的控制装置，提升机构的控制装置和起重机的保护装置等。

驾驶室固定在主梁的一端，也有装在小车下方随小车移动的。驾驶室上方开有通向走台的舱口，供检修人员上下用。

6.2.2 桥式起重机的主要技术参数

桥式起重机应用广泛，为了减少设计与制造的困难，起重机的主要部件及控制设备均已标准化，由起重机生产厂家按不同工作要求生产各种类型、标准规格的起重机。选购起重机时，应根据工作要求按其主要技术参数选购。桥式起重机的主要技术参数有起重量、跨度、起升高度、起升速度、运行速度和工作级别等。

(1) 起重量 指被提升重物的重量，有为额定起重量和最大起重量两个参数。

额定起重量是指起重机允许吊起的重物连同吊具重量的总和；最大起重量是指在正常工作条件下允许吊起的最大额定重量，其值在国家标准GB/T 783—1987中作出规定。通常小型起重机为5~10t，中型起重机为10~15t，重型起重机为50t以上。

(2) 工作类型 分为轻级、中级、重级和特重级几种。

轻级：起重机停歇时间较长，工作次数少，很少满负载工作，适用于装配、修理车间等场所。

中级：起重机经常处于不同负载下工作，工作次数中等，适用于机械工厂中金工车间等场所。

重级：起重机经常处于满负载情况下工作，工作次数频繁，常用于建筑工地等场所。

特重级：起重机基本上处于满负载情况下工作，工作次数更频繁，环境温度高，常用于冶金生产车间。

(3) 跨度 跨度是指起重机主梁两端车轮中心线间的距离，即大车轨道中心线间的距离。常用起重机的跨度有10.5m、13.5m、16.5m、19.5m、22.5m、25.5m、28.5m和

31.5m 等规格。

（4）提升高度　吊具或抓取装置上极限与下极限位置之间的距离，常用起重机的提升高度有 12m、16m、12/14m、12/18m、16/18m、19/21m、20/22m、21/23m、22/26m、24/26m 等，其中分子为主钩提升高度，分母为副钩提升高度。

（5）工作速度　桥式起重机的工作速度包括提升速度和大、小车运行速度。提升速度是指吊物在稳定运行状态下，额定载荷时的位移速度。中、小型起重量的起重机提升速度一般为 8～20m/min，具体以货物性质和重量而定。

小车运行速度为小车稳定运行状态下的运行速度，一般为 30～50m/min。跨度大的取较高值，跨度小的取较低值。

大车运行速度为起重机稳定运行状态下的运行速度，一般为 80～120m/min。

（6）工作级别　起重机的工作级别是按起重机利用等级和载荷状态划分的，它反映了起重机的工作特性。应按起重机的工作级别来使用起重机，这样才可安全、有效地利用起重机。关于起重机的工作级别可参阅 GB/T　3811—1983 中的有关规定。

6.2.3　桥式起重机电气控制的要求和特点

1）起重机的工作条件十分恶劣，经常处于多粉尘、高湿、高温及工作负载经常变化的短时重复工作制。因此，要选用为起重机而设计的专用电动机，有交流异步电动机 JZR（绕线转子）及 JZ（笼型）两种，直流电动机有 ZZK 及 ZZ 两种。起重机专用的电动机应具有较高的机械强度和较大的过载能力，为了减小起动与制动时的能量损耗，电动机的电枢做成细长形，以减小其转动惯量，同时又能加快起动与制动的过渡过程。由于电动机工作频繁，电枢温度高，要求电动机绕组的热能品质指标高，以适应其工作要求。

2）提升机构的电力拖动与控制要求。要求空钩能快速升降，轻载的提升速度应大于额定负载时的提升速度，以减少辅助工作时间。

提升机构应具有一定的调速范围，对于普通起重机的调速范围一般为 3:1，要求较高的起重机调速范围可达 5:1～10:1。

提升工作开始或重物下降至预定位置附近时，都要求低速，在 30% 额定速度内应分为几挡，以便灵活操作。若能采用无级调速时，宜尽量采用无级调速。高速向低速过渡时应能连续减速，保持平稳运行。

提升的第一级是为了消除传动间隙，使钢丝绳张紧，以避免过大的机械冲击，起动转矩不应太大，一般限制在小于二分之一额定转矩之内。

物体下降时，根据负载大小，拖动电动机可运行在电动状态（强力下放）、倒拉反接制动状态、再生发电制动状态或单相制动状态，以满足不同下降速度的要求。

为确保设备和人身安全，采用电气和电磁机械双重制动，不但可以减少机械抱闸的磨损，还可防止因电源停电而使重物自由下落的事故发生。

3）大车、小车的移动机构，只要求具有一定的调速范围和分几挡控制。起动的第一级也应具有消除传动机构间隙的作用。为了起动平稳和准确停车，要求能实现恒加速和恒减速控制。停车应采用电气和电磁机械双重制动。

4）制动器是保证起重机能否安全工作的重要部件。制动器的种类很多，其工作情况基本相同，要求电动机通电时，制动电磁铁也通电，闸靴松开，电动机旋转。当电动机停止工作时，制动电磁铁同时失电，制动瓦块紧抱在制动轮上，达到断电制动的目的。

起重机上的电磁铁分直流和交流两类，交流电磁铁的线圈可以接成星形或三角形，与电动机定子并联。每一类电磁铁从结构上又分为长行程和短行程两种，长行程电磁铁适用于要求较大制动转矩的提升机构上。短行程电磁铁则适用于要求制动的转矩较小的大车和小车的传动机构中。

交流电磁铁的接通次数与它的行程长短、牵引力的大小有关。当电磁铁刚通电时，起始气隙大，冲击电流大，可达额定电流的 10～20 倍。因此，在实际工作中，若要增加接通次数，必须调小最大行程，以降低冲击电流，否则线圈温升会超过允许值。对于采用直流供电的电磁铁，其线圈匝数多，电感量大，动作时间长，因此影响动作速度。若采用线圈匝数少的电磁铁，其线圈串接于电动机电枢回路中，线圈电感小，动作快，但它的吸力受电动机负载电流大小的影响，很不稳定，所以它只适用于负载变化较小的大车与小车运行机构中。

起重机的制动器，除了采用电磁铁式制动器外，还有液力推杆式制动器，其特点是动作平稳、接通次数较高，但其结构复杂。我国生产的起重机多采用电磁式制动器。

5）起重机的供电方式。起重机工作时是经常移动的，故不能采用固定连接的供电方式。常用的供电方法，一种是用软电缆供电，起重机移动时，软电缆也随着伸展与叠卷，此种供电方法仅适用小型起重机。另一种供电方法是采用滑线和集电器（电刷）传送电能。滑线一般采用圆钢、角钢或轻轨做成。接上车间低压供电电源，沿车间长度方向敷设的滑线为主滑线，通过集电器将主滑线上的电能引入到大车上的保护框内，为安装在大车上的电控设备供电。对于小车和提升机构的电动机及其他电器的用电，则由沿大车桥架敷设的辅助滑线和小车上装置的集电器来完成。

6.2.4 15/3t 中级桥式起重机电气控制

15/3t 中级桥式起重机电气控制电路如图 6-12 所示。该起重机有两个卷扬机构，主钩起重量为 15t，副钩起重量为 3t。电路由两大部分组成。凸轮控制器控制大车、小车、主副钩等五台电动机的电路；用 GQR-GECDD 型保护柜保护五台电动机正常工作的保护控制电路。

（1）主电路　M1 为主钩拖动电动机，由 1SA（用 KT14—60J/1 型）凸轮控制器操纵。M2 为副钩拖动电动机，由 2SA（用 KT14—25J/1 型）凸轮控制器操纵。M3 为小车移行机构拖动电动机，由 3SA（用 KT14—25J/1 型）凸轮控制器操纵。M4、M5 为大车移动机构拖动电动机，采用两台电动机驱动主动轮，具有自重轻、安装和维修方便等优点。目前国内生产的桥式起重机的大车大多采用两台电动机驱动方式，但两台电动机应选用同一型号，且应用同一型号控制器控制以实现其同步工作。它们由 4SA（用 KT14—25J/2 型）凸轮控制器操纵。为了能同时控制两台电动机，其换接转子的电阻触点应有两套，可以同时切换两台转子的电阻。为了减少转子电阻的段数及控制转子的电阻的触点数，均应采用凸轮控制器，控制绕线转子电动机转子串接的不对称电阻，且又能实现可逆运转的对称控制电路。控制器 1SA 控制状态见表 6-2，控制器 2SA、3SA 控制状态见表 6-3，控制器 4SA 控制状态见表 6-4。

图 6-12 中 YB1、YB2、YB3、YB4、YB5 为制动电磁铁线圈，分别与 M1、M2、M3、

M4、M5 五台电动机定子绕组并接，以实现通电松闸、断电抱闸的制动作用。

图 6-12 中 R_1、R_2、R_3、R_4、R_5 分别为五台电动机转子的串接电阻，常采用 RQ 系列铸铁片式电阻箱。

（2）控制保护电路　起重机要安全可靠地工作，要求电气控制电路具有完善的保护和联锁环节。对于用凸轮控制器操纵的机构，其控制系统一般通过保护箱（或保护柜）来实现。

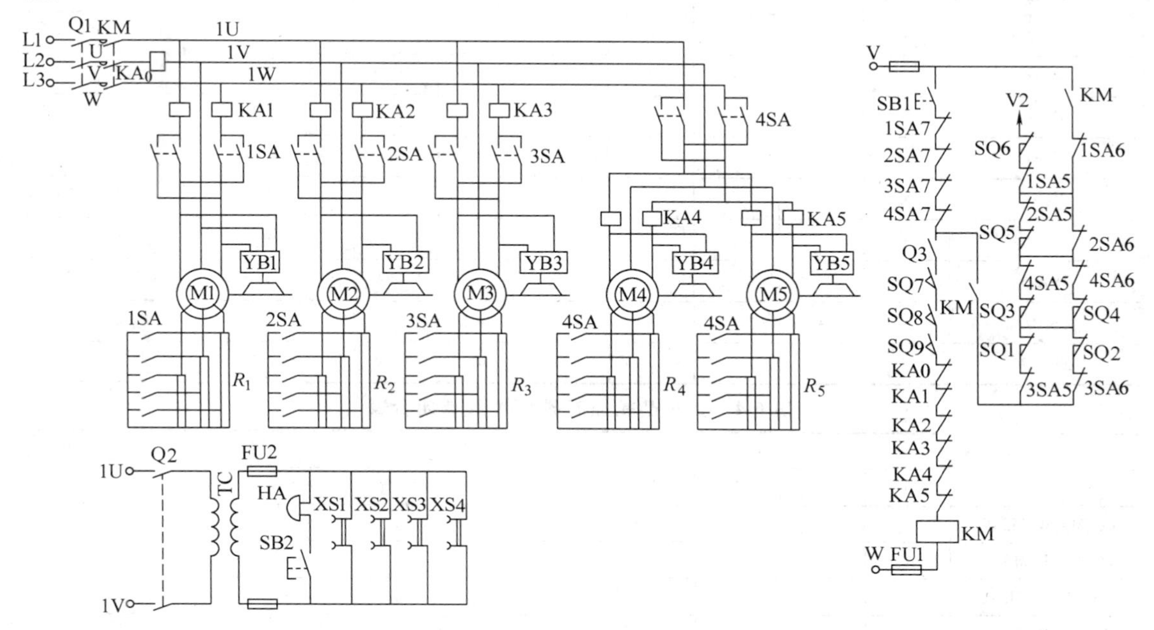

图 6-12　15/3t（中级）桥式起重机电气控制电路

表 6-2　主卷扬凸轮控制器 1SA 触点表

	下降					零位	上升				
	5	4	3	2	1	0	1	2	3	4	5
1U-M1-W							+	+	+	+	+
1U-M1-U	+	+	+	+	+						
1W-M1-U							+	+	+	+	+
1W-M1-W	+	+	+	+	+						
R_1-1	+	+	+	+				+	+	+	+
R_1-2	+	+	+						+	+	+
R_1-3	+	+								+	+
R_1-4	+										+
R_1-5	+										+
1SA-5						+	+	+	+	+	+
1SA-6	+	+	+	+	+	+					
1SA-7						+					

表 6-3 副卷扬、小车凸轮控制器 2SA、3SA 触点闭合表

	下降					零位	上升				
	5	4	3	2	1	0	1	2	3	4	5
1U-M2-W							+	+	+	+	+
1U-M2-U	+	+	+	+	+						
1W-M2-U							+	+	+	+	+
1W-M2-W	+	+	+	+	+						
R_2-1	+	+	+	+				+	+	+	+
R_2-2	+	+	+						+	+	+
R_2-3	+	+								+	+
R_2-4	+										+
R_2-5	+										+
2SA-5						+	+	+	+	+	+
2SA-6	+	+	+	+	+	+					
2SA-7						+					

表 6-4 大车凸轮控制器 4SA 触点闭合表

	下降					零位	上升				
	5	4	3	2	1	0	1	2	3	4	5
1U-M4-W M5-W							+	+	+	+	+
1U-M4-U M5-W	+	+	+	+	+						
1W-M4-U M5-U							+	+	+	+	+
1W-M4-W M5-W	+	+	+	+	+						
R4-5	+	+	+	+				+	+	+	+
R4-4	+	+	+						+	+	+
R4-3	+	+								+	+
R4-2	+										+
R4-1	+										+
R5-5	+	+	+	+				+	+	+	+
R5-4	+	+	+						+	+	+
R5-3	+	+								+	+
R5-2	+										+
R5-1	+										+
4SA-5						+	+	+	+	+	+
4SA-6	+	+	+	+	+	+					
4SA-7						+					

保护箱由刀开关、接触器、过电流继电器、熔断器、变压器等电器组成。

由图 6-12 中看出，刀开关 Q1 为总电源开关，KM 为线路接触器，从主电路中分析，只有它们接通后，操纵各凸轮控制器，各台电动机才能工作，否则无法工作。过电流继电器 KA 为各传动机构拖动电动机的过电流保护用继电器，用以实现短路和过载保护。熔断器 FU1 实现接触器线圈控制电路的短路保护。FU2 实现照明、电铃等电路的短路保护。

从电路图中还可看出，KM 线圈控制电路中 Q3 为紧急开关，用于紧急事故情况下断开电源，使各拖动机构均停止工作。SQ7 为舱口门开关。SQ8、SQ9 为大车架上横梁门开关，只有在驾驶室与大车架上舱口门关好，才允许 KM 线圈得电，接通电源，实现安全门保护。1SA-7、2SA-7、3SA-7、4SA-7 分别为主卷扬机构、副卷扬机构、小车、大车凸轮控制器的零位触点，实现零位保护。终端开关 SQ1、SQ2 与小车 3SA 凸轮控制器的限位保护触点串并联，实现小车的终端限位保护。而 SQ3、SQ4 与大车 4SA 凸轮控制器的限位保护触点串并联，实现大车的终端限位保护。SQ5 与 2SA 并联实现副卷扬机构上升限位保护。SQ6 为实现主卷扬机构上升限位保护。SQ6 一端接 V2 滑线上是为了节省滑线，同时主副卷扬机构下降至地面，可不设限位保护。SB1 为起动按钮。

开关 Q2 控制 TC 变压器提供安全照明和电铃电源。SB2 为控制电铃 HA 的按钮，XS1 ~ XS4 为接插手提灯、电风扇等的插座。

起重机上常用的过电流继电器有 JL12 与 JL15 系列，其中 JL15 系列为瞬动元件，只作起重机电动机的短路保护。JL12 系列过电流继电器有两个线圈串接于电动机定子绕组的两相电路中，线圈中各有可吸上的衔铁，当流过线圈的电流超过一定值时，衔铁吸上，顶住微动开关使其动作，实现过电流保护。由于该衔铁置于阻尼剂（201—100 甲基硅油）中，当衔铁在电磁吸力作用下向上运动时，必须克服阻尼剂的阻力，所以只能缓缓向上移动，直至推动微动开关动作。正因为有硅油的阻尼作用，继电器才具有反时限的保护特性，同时也防止了电动机起动时由于起动电流较大引起的误动作。

但是硅油的粘度受周围环境温度的影响，使用时应根据环境温度调整衔铁上下位置，以达到反时限特性的要求。

（3）主接触器 KM 的控制　在起重机投入运行前应当将所有凸轮控制器的手柄置于“零位”，零位联锁触点 1SA-7，2SA-7、3SA-7、4SA-7 处于闭合状态，合上紧急开关 Q3，关好驾驶室上方舱门及横梁栏杆门，使开关 SQ7、SQ8 和 SQ9 也处于闭合状态。然后，操作人员按下保护控制柜上的起动按钮 SB1，主接触器 KM 线圈获电吸合，三对常开主触点 KM1 闭合，使两相电源线（1U、1W）进入各凸轮控制器，一相电源线经过流继电器 KA0 后，（1V）直接进入各电动机定子接线端，以及接到 SQ6 的一端，作为 KM 线圈的又一通路的电源。此时，由于各凸轮控制器的手柄均在零位，故电动机不会运转。主接触器 KM 的两辅助常开触点闭合自锁，当松开起动按钮 SB1 后，主接触器 KM 线圈从另一通路获电。通路电源 V→KM（自锁触点）→1SA-6→2SA-6→4SA-6→SQ4→SQ2→3SA-6→KM（又一自锁触点）→Q3→SQ7→SQ8→SQ9→KA0→KA5→KA4→KA3→KA2→KA1→KM（线圈）→电源 W。

（4）凸轮控制器的控制　从主电路已知，桥式起重机的大车、小车和主钩、副钩拖动电动机，均采用凸轮控制器控制。其中大车行移机构拖动电动机采用两台同一型号的电动机拖动，现以大车为例说明控制过程。由于大车是用两台电动机同时拖动，故大车凸轮控制器 4SA 比其他凸轮控制器多了五对转子电阻控制触点，以供切除第二台电动机的转子电阻用。由图 6-12 可以看出，大车凸轮控制器 4SA 共有 11 个操作位置，中间位置是零位，左边五个位置、右边五个位置分别控制电动机 M4 和 M5 的正转和反转（即大车的前移或后移动）。四对主触点控制电动机 M4 和 M5 的定子绕组电源，并实现正反转（1U→M4-W、M5-W，1W→M4-U、M5-U；1U→M4-U、M5-U，1W→M4-W、M5-W）。10 对转子电阻控制触点分别切换电动机 M4 和 M5 的转子电阻 R4 和 R5。另有三对辅助触点为联锁触点，其中 4SA-5、

4SA-6 为电动机正反转联锁触点，4SA-7 为零位联锁触点。

其操作过程为：当合上电源总开关 Q1 后，并要使主接触器 KM 线圈也获电运行，让电源供到各电动机和各凸轮控制器。

扳动凸轮控制器 4SA 的操作手柄向后置于 1，主触点 1U→M4-U、M5-U 接通，1W→M4-W、M5-W 接通，正反转联锁触点 4SA-5 接通，4SA-6 断开，4SA-7 断开，电动机 M4、M5 接通三相电源，同时电磁铁 YB4、YB5 获电，使制动器松闸，此时电动机转子回路串入全部附加电阻起动，故电动机有较大的起动转矩，较小的起动电流，以最低速度旋转，大车慢速向后移动。

扳动凸轮控制器 4SA 的操作手柄向后置于 2，转子电阻控制触点 R4-5、R5-5 接通，电动机 M4、M5 转子回路中的附加电阻 R_4、R_5 各切除一段电阻，电动机转速略有升高。当手柄置于位置 3 时，控制触点 R4-4、R5-4 接通，转子回路中的附加电阻又被切除一段，电动机转速进一步升高。这样将凸轮控制器 4SA 手柄从位置 2 循序转到位置 5 的过程中，控制触点依次闭合，转子电阻逐段被切除，电动机转速逐渐升高，当电动机转子电阻全部被切除时，转速达到最高速。

当凸轮控制器 4SA 的操作手柄扳至向前时，通过主触点将电动机电源换相，主触点 1U→M4-W、M5-W 接通，1W→M4-U、M5-U 接通，电动机反方向旋转，大车向前运动。另外，正反转联锁触点 4SA-5 断开，4SA-6 接通，其操作和工作过程与向后时完全一样。

由向后操作转为向前操作时，手柄在向后位置逐一扳回至零位，再扳至向前的位置。在手柄扳至零位（或电源突然停电时）电动机电源断电，电磁铁线圈也断电，制动器将电动机制动。(停电时起到保护作用)。

（5）起重机构电路的工作过程　分析主卷扬机构提升重物时起重机电路的工作过程。首先合上电源开关 Q1，操作凸轮控制器 1SA ~ 4SA 手柄于零位，接通零位触点，紧急开关 Q3 合上，各过电流继电器 KA0 ~ KA5 常闭触点闭合，按下起动按钮 SB1，线路接触器 KM 线圈得电，主触点接通主电路，常开辅助触点与各运行机构终端限位保护的行程开关及凸轮控制器的限位保护联锁触点串联形成自锁回路，KM 一直处于接通状态，此时操作主卷扬凸轮控制器 1SA 于上升 1 位置，1SA 零位触点断开，而 1SA1、1SA3 触点接通电动机 M1 的两相电源，另一相直接接在接触器主触点上。电动机 M1 定子绕组接正序电源，同时 YB1 得电松闸，主卷扬机构电动机转子串入全部电阻，电动机正转，卷扬机构开始提升。若要加快提升速度，可操作 1SA 于上升 2 至 5 位置，即可获得不同提升速度。提升到位，将 1SA 扳回零位，电动机停转。若提升到极限位置撞开 SQ6，则 KM 自锁回路切断，KM 线圈断电，切断总电源，主卷扬机构停转。此时，应将 1SA 手柄扳回到零位，重新按下起动按钮 SB1，使 KM 重新得电。若要卷扬机构下降，操作手柄于下降位置方可进行工作。其他各运行机构的工作情况类同不再叙述。

6.3　交流桥式起重机电气部分工作情况现场参观

1. 现场参观目的要求

1）了解交流桥式起重机的基本结构、运行方式和电气系统的构成。

2）观摩桥式起重机的运行过程，以加深对其电气控制原理的理解。

3）观摩有关电气设备的外观和结构，加深对其工作原理的理解。

2. 参观内容及要求

（1）现场参观桥式起重机运行过程及要求

1）在现场观察桥式起重机的外形，了解桥式起重机的类型和主要技术参数（如属于轻型、中型还是重型，吊钩的数量、起重量、跨度、提升速度等），了解桥式起重机的用途。

2）观察桥式起重机的运行，注意观察吊钩、小车、大车的运行情况，吊钩起吊和下放重物的过程及速度变化情况。

3）观察起重机供电的滑线、电刷等装置。

4）如有条件，在现场技术人员的带领指导下，在桥式起重机的上方观察起重机的运行情况，观察桥架上小车、提升机构和电气设备的安装位置、结构等。

5）遵守纪律，听从指挥，不准随意乱动乱摸，对观察的装置、了解的参数及时做好记录。

（2）参观驾驶室及要求

1）在现场技术人员的带领下，分批进入驾驶室，听取讲解，观察起重机驾驶室的环境、控制和保护电器设备的布置，观察驾驶员操作凸轮控制器（或其他控制电器）使起重机运行的过程。

2）观察保护配电箱（柜），认识箱（柜）内的各类电器，了解电器的型号、规格和用途。

3. 注意事项

1）参观时一定要注意安全。在参观现场前，必须进行安全教育，强调绝对不能触摸、碰动任何电器、设备。在组织参观前，带队教师先要了解现场环境，安排好参观位置，不能影响生产。参观时组织好学生以防止发生事故。

2）由于参观现场条件限制，应分批分组进行参观，各组人数视实际情况确定。如果参观起重机的驾驶室，每批只能 1～2 人进入驾驶室。在起重机开动时，不准走动。上、下梯子进出驾驶室一定要注意安全。参观过程中，必须遵守纪律，不要拥挤，更不能推搡和打闹。

3）在观察配电箱（柜）内的电器时，应在断电的情况下进行。

4. 参观报告要求

1）所参观的桥式起重机是什么类型的？有多少个吊钩？由多少台电动机拖动？大车是采用集中驱动还是分别驱动？如有可能，请列出起重电动机、驱动电动机、凸轮控制器的型号和主要参数。

2）根据观察，说明桥式起重机的大车、小车是如何运行的？吊钩在起吊和下放重物时的速度是如何变化的？

3）根据在驾驶室的观察，说明驾驶员是如何操作凸轮控制器操纵起重机的？

4）书写现场参观的收获和体会。

思考题与习题

6.1 绕线转子异步电动机与笼型异步电动机有什么不同？

6.2 时间原则短接电阻起动控制电路有何特点？存在哪些问题？

6.3 起动电阻的短接方法有哪几种？各用于什么场合？

6.4　凸轮控制器控制电路有什么特点？

6.5　凸轮控制器在控制电路中有哪些作用？

6.6　15/3t 桥式起重机电气控制中，通过哪些电器实现什么保护？

6.7　叙述副钩于上升 5 位置时，提升电路的工作过程。

6.8　安装 15/3t 桥式起重机电气控制电路中，总共采用几根滑线？

6.9　15/3t 桥式起重机电气控制电路中，具有哪些电气保护环节？

6.10　桥式起重机电路中，主卷扬电动机 M 的过电流继电器 KA 动作后，电路会出现什么现象？要重新工作应如何操作？

6.11　桥式起重机电路中，大修后试运行中发现小车移行到（左、右）终端位置撞开 SQ1、SQ2 后不会自动停车，分析其原因。应如何处理？

6.12　起重机上电动机为何不采用熔断器和热继电器进行保护？

第7章　电气控制线路的设计

7.1　设计的基本原则和内容

7.1.1　设计的基本原则

在设计电气控制线路时，应遵循下面原则：

(1) 应最大限度地满足机械设备对电气控制线路的控制要求和保护要求。在设计时，电气控制线路的启动、调速、反转、制动、停止、联锁和顺序等控制功能及短路、过载、过电流、过电压、失电压和弱磁等保护环节，能够满足机械设备的要求。

(2) 在满足生产工艺要求的前提下，力争使控制线路力求简单、经济及合理。在设计时，连接导线的数量、长度及电器元件的品种、规格、数量、触点的数目、通电数量等都要最少化。也就是在允许的情况下，用最少的成本达到目的。

(3) 保证控制的安全性和可靠性。在设计时，从控制的安全性和可靠性出发，处理好电器线圈与触点的连接、触点的通断能力、寄生回路、电器的触点“竞争”现象、机械联锁和电气联锁的共同使用等问题。

(4) 操作与维修方便。为了操作方便，选择适当的电器。为了检修方便，应设有保证安全的隔离电器。为了调试方便，应设有手动、多处点动控制等功能。

7.1.2　设计的内容

1. 任务书

设计前要深入现场收集资料，对生产机械的工作情况作全面了解，并对已有的同类或相近的生产机械所用的电气控制线路进行调查、分析，综合制定出具体、详细的工艺要求，在征求机械设计人员和现场人员的意见，制定出电气控制线路设计的依据。

2. 电力拖动方案确定

根据任务书的要求，从电力拖动方式、调速方式的选择、电力拖动与负载特性的匹配三个方面，确定经济、可行的电力拖动方案。

3. 电动机的容量（功率）

电动机的容量的大小，关系到电气系统的安全性和经济性。若电动机的容量过小，电动机将过载运行，缩短电动机寿命或烧毁电动机；若电动机的容量过大，电动机将在轻载下运行，造成电力浪费。根据电动机的工作方式，确定电动机的容量。

4. 控制电路原理图

根据生产工艺要求，首先确定主电路触点的接法。其次，确定接触器的动作要求。最后，设计控制电路。若有许多基本控制电路供选择，则设计过程相对简单。

5. 元件选择及清单

根据控制电路原理图及相关参数，确定合适的元件，列出清单。

7.2 电力拖动方案确定和电动机选择

7.2.1 电力拖动方案确定

根据设计要求，一般从电力拖动方式、调速方式的选择、电力拖动与负载特性的匹配三个方面，确定经济、可行的电力拖动方案。

1. 电力拖动方式

若运动部件少，可以考虑一台电动机拖动（即单电动机拖动），既简化了中间传动机构，提高了效率，又可充分利用电动机的调速性能；若运动部件很多，可以考虑一台电动机拖动一个运动部件（即多电动机拖动），既简化了中间传动机构，提高了传动效率，又容易实现自动控制，提高劳动生产率。在实际中，多电动机拖动方式应用广泛。

2. 调速方式的选择

常用调速有：机械调速和电气调速。机械调速是人为改变机械装置的传动比来达到调速的目的，适用调速不频繁的场合；电气调速是通过改变电动机的机械特性达到调速的目的，适用对调速要求高的场合。直流调速适宜大范围内平滑调速或需要大起动转矩的场合。随着技术的发展，交流电动机变频技术逐步成熟，调速性能可以与直流调速相媲美，应用范围扩大到工业生产的各个领域。

3. 电力拖动与负载特性的匹配

电动机的机械特性应与负载特性相匹配。在满足生产机械的要求时，首先考虑三相交流电动机。在三相交流电动机中，异步电动机优于同步电动机，异步电动机中笼型异步电动机优于绕线转子异步电动机。在多速异步电动机中，△-YY双速异步电动机适合恒功率负载；Y-YY双速异步电动机适合恒转矩负载。在较大范围内平滑调速及需准确定位时，可考虑并励或他励直流电动机。在起动转矩大、机械特性较软的生产机械中，可考虑串励直流电动机。

7.2.2 电动机的选择

电动机的选择指电动机的额定功率、额定电压、额定转速、种类及结构形式的选择。其中以电动机额定功率的选择最为重要。

1. 电动机额定功率的选择

从电气系统的安全性和经济性来看，电动机的功率选择不能太大或太小，正确合理地选择是很重要的。一般根据电动机的工作方式有三种：长期工作制（或连续工作制）、短期工作制、周期性断续工作制，根据它确定电动机的容量。

（1）长期工作制电动机额定功率的选择　此种情况，电动机连续工作时间很长，可以使温升达到规定的稳定值，如泵、风机都属于此类。这种情况的负载可分为恒定负载和变化负载两类。

1）恒定负载电动机额定功率的选择。在实际中，很多的生产机械是在恒定的或变化很小的负载下工作。选择时，电动机的额定功率等于或略大于生产机械所需的功率。即：

$$P_N \geqslant P_L$$

通常电动机额定功率是按照周围环境为 40°C 确定的。绝缘材料最高允许温度与 40°C 的差值称为允许温升，各级绝缘材料允许温升见表 7-1。环境温度不同时，可以修正电动机的功率。不同温度下电动机功率的修正值见表 7-2。

表 7-1 各级绝缘材料允许温升

绝缘等级	Y	A	E	B	F	H	C
允许温升/°C	50	65	80	90	115	140	>140

表 7-2 不同温度下电动机功率的修正值

环境温度/°C	≤30	35	40	45	50	55
功率增减百分数/%	+8	+5	0	-5	-12.5	-25

2）变化负载电动机额定功率的选择。在变化负载时，电动机必须进行发热校验。就是检查电动机在整个运行过程中所达到的最高温升是否接近并低于允许温升。根据实际，计算出负载的平均功率 P_L，再按 $P_N \geqslant (1.1 \sim 1.6) P_L$ 预选电动机。最后对预选电动机进行发热、过载能力及起动能力校验，合格即可。

（2）短期工作制电动机额定功率的选择　此种情况，电动机连续工作时间很短，运行时可以使温升未达到规定的稳定值。如吊车、车床的夹紧装置。

为满足需求，有较大过载能力的短时工作制电动机，其标准工作时间有 15min、30min、60min 、90min 四种。若时间符合标准，电动机的额定功率等于或略大于生产机械所需的功率，即 $P_N \geqslant P_L$。

（3）周期性断续工作制电动机额定功率的选择　此种情况，电动机工作与停止交替进行。运行时可以使温升未达到规定的稳定值。如很多起重设备及某些切削机车。

为满足需求，有周期性断续工作制交流电动机 YZR 和 YZ 系列。其标准负载持续率 FC（负载工作时间与整个周期之比称作负载持续率）有 15%、25%、40% 和 90% 四种，一个周期的时间规定不大于 10min。

若负载持续率符合标准，电动机的额定功率等于或略大于生产机械所需的功率，即 $P_N \geqslant P_L$。需要强调的是，负载持续率 $FC \leqslant 10\%$，按短期工作制电动机额定功率的选择；负载持续率 $FC \geqslant 70\%$，按长期工作制电动机额定功率的选择。

2. 电动机额定电压的选择

电动机的额定电压应该与实际供电电压等级相符。若额定电压高于实际供电电压，电动机有可能电压过低不能起动，或虽能起动但因电流过大而减小其使用寿命，甚至被烧毁；若额定电压低于实际供电电压，电动机因电流过大而被烧毁。

一般而言，中小型交流电动机额定电压为 380V，大型交流电动机额定电压为 3kV、6kV。直流电动机的额定电压为 220V。

3. 电动机额定转速的选择

电动机额定转速的选择关系到电动机的价格、能量损耗及生产机械的生产效率等各项技术指标和经济指标。额定功率相同的电动机，转速越高，价格越低。因为生产机械的工作速度一定且较低（30 ~ 900r/min），则传动机构越复杂。选择额定转速时，应全面考虑。一般，电动机的额定转速选在 750～1500r/min 为宜。

4. 电动机种类的选择

在满足生产机械的要求时，依次考虑三相交流电动机（笼型电动机、绕线转子电动机、同步电动机）、直流电动机（按照要求确定并励、他励、串励电动机）。在不要求调速和起动性能要求不高时，应选择笼型电动机。在起动、制动转矩较大且操作频繁、又有一定调速要求时，应选择绕线转子电动机。在要求大功率、恒转速和改善功率因素时，应选择同步电动机。在较大范围内平滑调速及需准确定位时，可选择并励或他励直流电动机。在起动转矩大、机械特性较软的生产机械中，可选择串励直流电动机。

5. 电动机形式的选择

电动机按工作方式分为连续工作制、短期工作制、周期性断续工作制三种。原则上，电动机应与生产机械的工作方式一致，但也可用连续工作制电动机来代替。

电动机按防护形式分为开启式、防护式、防爆式和封闭式四种。为了防止电动机本身故障引起的危害及周围媒介质对电动机的损坏，根据环境的实际情况选择适当的防护形式。在干燥、清洁的环境中选择开启式电动机。在比较干燥、灰尘不多、无腐蚀性及无爆炸性气体的环境中选择防护式电动机。在易燃、易爆气体的环境中选择防爆式电动机。封闭式电动机又分为密闭式、自扇冷式和他扇冷式。在水中选择密闭式电动机。在潮湿、尘土多、有腐蚀性气体、易受风雨侵蚀及易引起火灾的环境中选择后两种电动机。

7.3 继电—接触器控制系统设计的一般要求

1. 控制电路力求简单、经济

1）尽量减少电气元件的品种、规格与数量。同一用途的器件尽可能选择相同品牌、型号的产品。

2）尽量减少连接导线的数量和长度。设计时，应考虑各电器元件的实际接线，尽量减少连接导线的数量和缩短连接导线的长度。减少各电气元件的实际接线如图 7-1 所示。

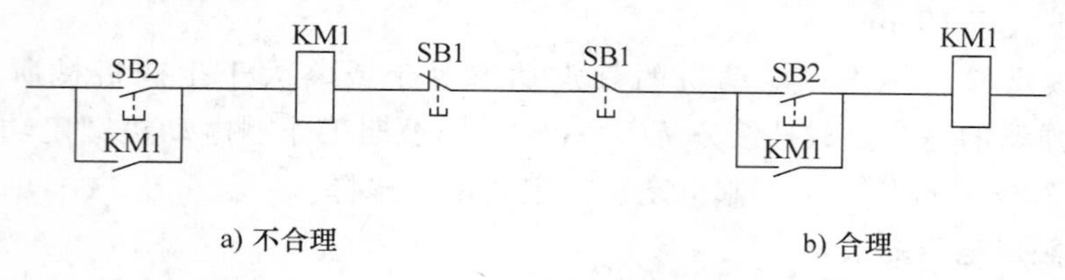

图 7-1 元器件的接线

3）尽量减少电气元件触点的数目。设计时，应尽量减少器元件触点的数目，提高线路的可靠性。合并同类触点如图 7-2 所示，可将图 7-2a 简化为图 7-2b。

4）尽量减少通电元器件的数量。从节能、延长元器件寿命及减少故障来看，应尽量减少通电元器件的数量。实践中，电动机起动时有些电器工作。电动机运行时，这些电器则失电停止，减少电器不必要的通电时间，并能节约电能。如图 7-3 所示。

2. 保证控制线路工作的安全和可靠性

（1）正确连接电器的触点　设计时，分布在线路不同位置的同一电器触点应接在电源的同一相上，以免在电器触点处引起短路。触点的连接如图 7-4 所示。

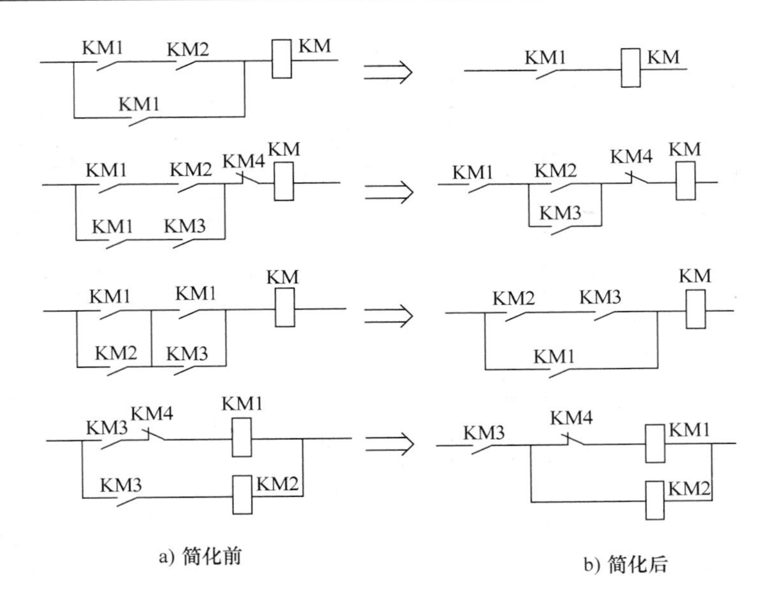

图 7-2　减少电气元件触点的数目示意图

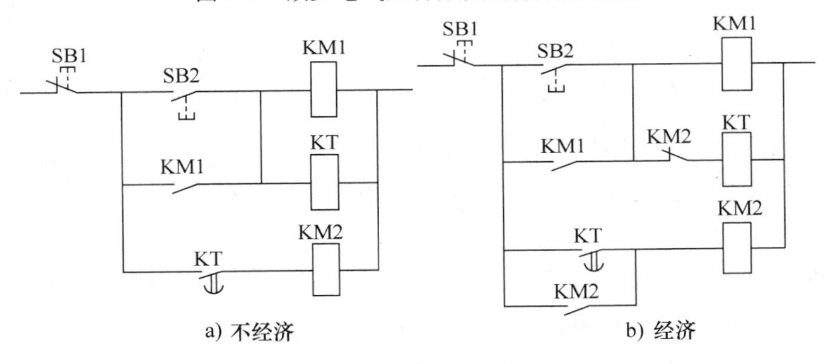

图 7-3　减少通电元器件数量示意图

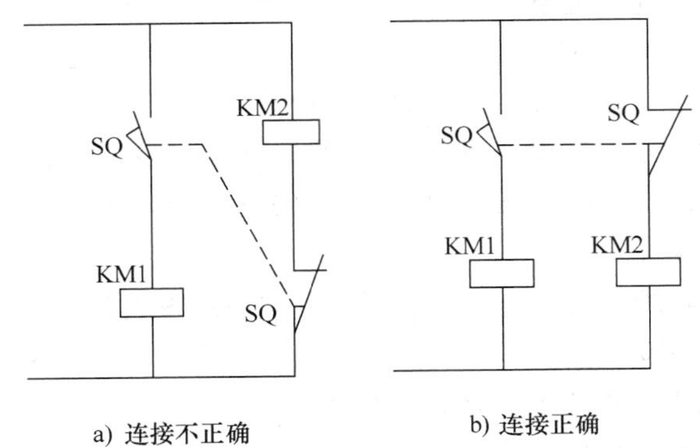

图 7-4　保证控制电路工作的安全、可靠

（2）尽量避免许多电器的触点依次接通　若其中一个电器的触点接线不牢，电路就不能正常工作。触点的合理布置如图 7-5 所示。

（3）正确连接电器的线圈　在交流控制电路中，同时动作的两个电器线圈不能串联，必须并联连接。两电感值相差悬殊的直流电压线圈不能并联连接，防止断电时造成小电感值线圈的电器误动作。

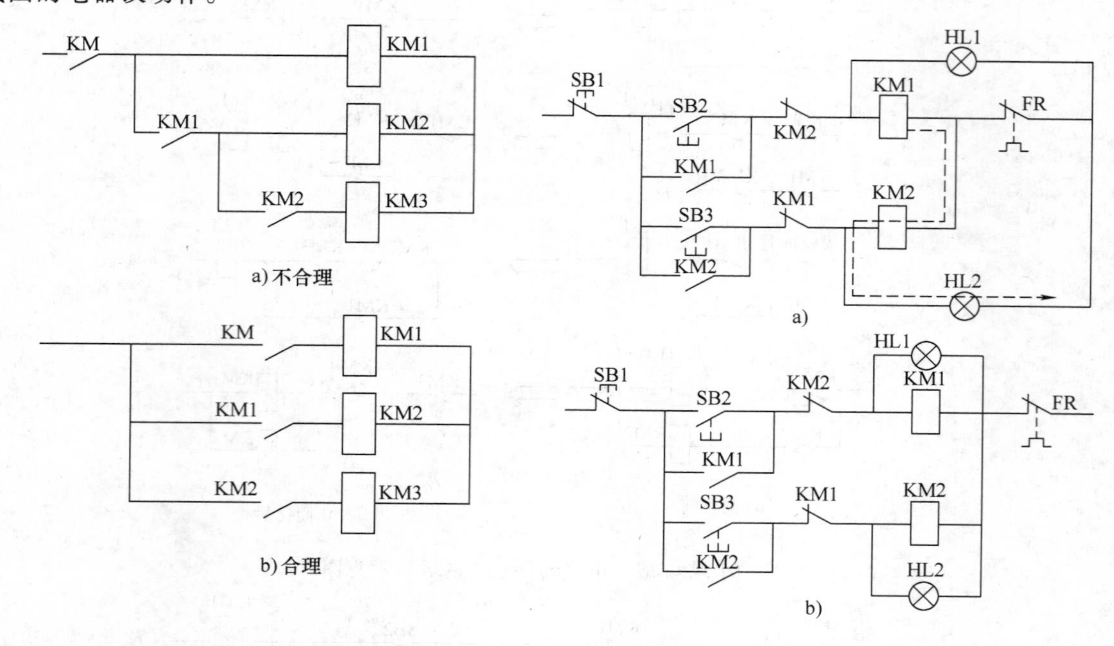

图 7-5　避免电器触点依次连接　　图 7-6　防止寄生回路

（4）考虑触点的通、断能力　若容量不够，可在电路中增加中间继电器，或增加电路中触点的数目。若需增加接通能力，采用多触点并联方式；若需增加分断能力，采用多触点串联方式。

（5）避免发生电器的触点“竞争”现象　电气元件总有一定的固有动作时间，往往会发生不按预定时序动作的情况，触点争先吸合，发生振荡，这种情况称为电路的触点“竞争”现象。若电气元件的固有动作时间影响到控制电路的动作程序时，就需时间继电器配合，明确动作关系，消除竞争现象。

（6）防止寄生回路　在控制电路的动作过程时，非正常接通的线路叫寄生回路。设计中，应避免出现寄生回路。防止寄生回路如图 7-6 所示。

（7）考虑机械联锁和电气联锁　为了控制的安全性，对频繁操作的可逆控制电路，不仅有机械联锁，而且有正、向反接触器的联锁，以避免误操作带来的危害。

3. 应有完善的保护环节

在设计时，电气控制线路的安全主要靠短路、过载、过电流、过电压、失电压和弱磁等保护环节来保证。保护环节应工作可靠，在事故情况下准确、可靠动作。

4. 要考虑操作、使用、维修与调试的方便

为了操作方便，在操作回路数较多时，应采用主令电器，而不用按钮。为了检修方便，应设隔离电器，保证安全。为了调试方便，应设有手动、多点点动控制功能。

7.4　电气控制电路设计举例

电气控制线路设计最常用的方法有经验设计法和逻辑设计法。本课就简单易学的经验设计法做一下介绍。

1. 经验设计方法的基本步骤

（1）根据生产工艺要求提出的起动、制动、调速及反向等功能，设计主电路。

（2）根据主电路设计控制电路的基本环节，满足功能要求。

（3）根据各部分运动要求的配合和联锁关系，确定控制参量并设计控制电路的特殊环节。

（4）分析电路中可能出现的故障，设计必要的保护环节。

（5）全面审查，仔细检查控制线路动作是否有误，关键环节可通过实验求证，并使控制线路进一步的完善和简化。

2. 横梁升降机构控制线路设计

在龙门刨床上装有横梁机构，当加工工件位置的高低不同时，则横梁需要先放松，然后沿立柱上、下移动，最后横梁夹紧在立柱上。横梁的升降由横梁升降电动机经传动装置来实现。其放松、夹紧由夹紧电动机经夹紧装置来实现。具体工艺要求为：

（1）横梁上升时，首先使横梁自动放松。然后放松到一定程度时，自动转换到向上移动。最后上移到一定位置后，横梁自动夹紧。即上升时，横梁自动按照放松→上升→夹紧的顺序动作。

（2）为了保证加工精度，防止横梁歪斜，消除横梁的丝杆与螺母的间隙，横梁下降后应有回升装置。即下降时，横梁自动按照放松→下降→回升→夹紧的顺序动作。

（3）夹紧后电动机自动停止运动。

（4）具有上下行程的限位保护。

3. 具体设计过程

（1）设计主电路　用两台异步电动机分别拖动横梁升降和横梁夹紧放松。为了满足上下移动和夹紧放松的要求，电动机必须能正反转，因此采用 KM1、KM2、KM3、KM4 四个接触器分别控制升降电动机 M1 和夹紧电动机 M2 的正反转，如图 7-7 所示。

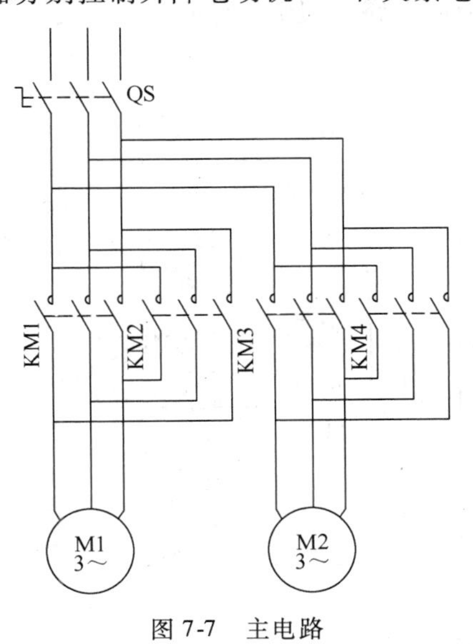

图 7-7　主电路

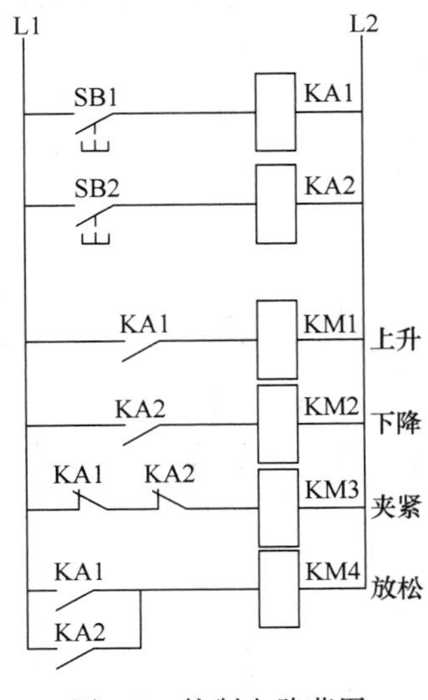

图 7-8　控制电路草图

（2）设计控制电路基本环节　由于横梁升降属于调整运动，故采用点动控制。一个点动按钮只能控制一种方向运动，因此横梁的上升和下降需用两个点动按钮控制，而控制横梁的升降夹紧需有四个接触器，所以引入两个中间继电器 KA1 和 KA2 控制。同时，SB1 为横梁上升控制按钮，SB2 为横梁下降控制按钮。设计出控制电路草图如图 7-8 所示。

（3）设计控制电路的特殊环节　①横梁上升时，必须使夹紧电动机先工作，将横梁放松后，发出信号，使夹紧电动机停止工作，同时使升降电动机工作，带动横梁上升。按下上升控制按钮 SB1，中间继电器 KA1 线圈通电动作，接触器 KM4 通电吸合，夹紧电动机工作，横梁开始放松；横梁放松的程度采用行程开关 SQ1 进行控制，当放松到一定程度，用行程开关 SQ1 的常闭触点控制接触器 KM4 的线圈的断电，SQ1 常开触点控制接触器 KM1 的线圈的通电。②升降电动机带动横梁上升至所需位置时，松开上升按钮，接触器 KM1 先断电释放，升降电动机停止工作；接触器 KM3 后通电吸合，夹紧电动机开始夹紧。在夹紧过程中，行程开关 SQ1 复位，因此 KM3 应加自锁触点，当夹紧到一定程度后时，发出信号切断夹紧电动机电源。这里采用电流继电器控制夹紧的程度，即当电流继电器 KA3 线圈串在夹紧电动机主电路某一项中，当横梁夹紧时，相当于电动机工作在堵转状态，此时电流必定很大，将电流继电器的动作电流整定在额定电流的两倍左右，当夹紧后电流继电器动作，用其常闭触点控制接触器 KM3 的断电。

横梁的下降仍按先放松再下降的方式控制，不同的是在下降后需有短时间的回升运动。该回升运动可采用断电延时型时间继电器 KT 进行控制。KT 线圈由下降接触器 KM2 常开触点控制，KT 断电延时断开的常开触点与夹紧接触器 KM3 常开触点串联后并接于上升电路中间继电器 KA1 常开触点两端。这样，当横梁下降时，时间继电器 KT 线圈通电，其断电延时断开的常开触点瞬时闭合，为回升电路工作做好准备。当下降至所需位置，松开下降按钮 SB2，时间继电器 KT 线圈先断电，夹紧接触器 KM3 线圈后通电，开始夹紧。此时，上升接触器 KM1 通过闭合的时间继电器 KT 常开触点及 KM3 常开触点而通电，横梁开始回升。经一段时间延时，延时断开的常开触点 KT 断开，回升运动结束，而横梁还在进行夹紧，夹紧到一定程度，电流继电器动作，夹紧运动停止。其控制电路如图 7-9 所示。

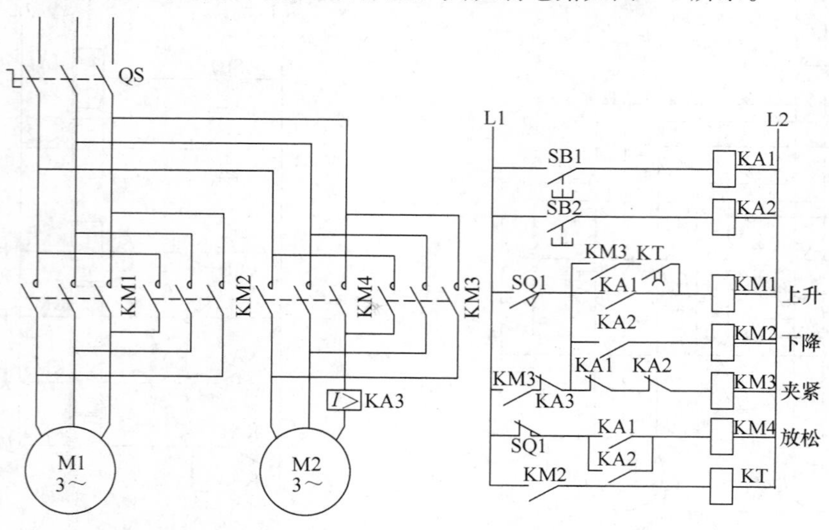

图 7-9　控制电路

（4）设计联锁保护环节　图 7-9 所示电路基本上满足工艺要求，但电路还没有最后设计完毕。在控制电路中还应加入短路保护、各种联锁和互锁保护。

升降电动机短路保护由熔断器 FU1 来实现，夹紧电动机短路保护由熔断器 FU2 实现，控制电路的短路保护由熔断器 FU3 实现。横梁上升限位保护由行程开关 SQ2 来实现，下降限位保护由行程开关 SQ3 来实现；上升与下降的互锁、夹紧与放松的互锁，均由中间继电器 KA1 和 KA2 的常闭触点来实现。

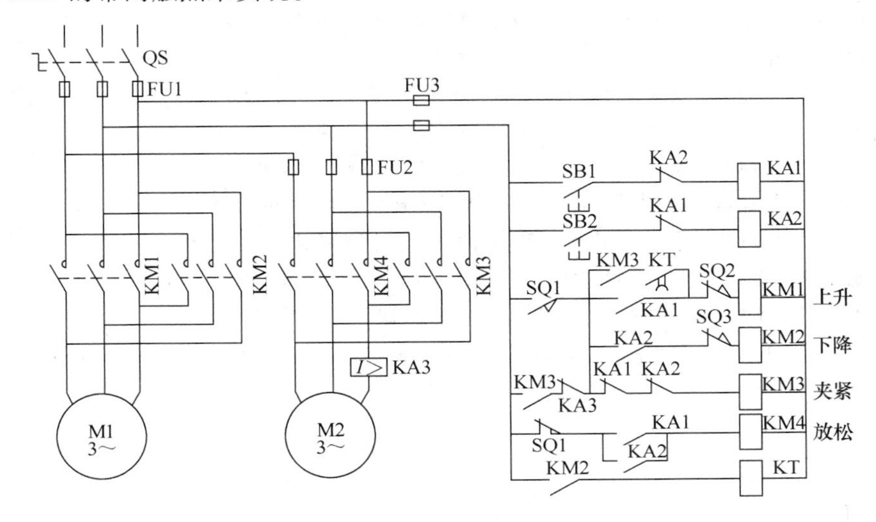

图 7-10　横梁升降机构完善控制线路

横梁升降机构完善控制电路如图 7-10 所示。

思考题与习题

7.1　电气控制电路设计的基本原则是什么？

7.2　如何确定电力拖动方案和选择电动机？

7.3　继电—接触器控制系统设计的一般要求是什么？

7.4　经验设计方法的基本步骤是什么？

7.5　设计三台电动机顺序起动、逆序停止控制，且有短路、过载、欠电压、失电压保护。

7.6　设计点动与连续控制的正反转控制电路，能异地控制，有短路、过载、欠电压、失电压保护。

参考文献

[1] 张爱玲，李岚，梅丽凤. 电力拖动与控制［M］. 北京：机械工业出版社，2003.
[2] 余波. 常用机床电气设备维修［M］. 北京：中国社会劳动保障出版社，2006.
[3] 谭维瑜. 电机与电气控制［M］. 北京：机械工业出版社，2006.
[4] 齐保林. 电工快速识图［M］. 福州：福建科学技术出版社，2005.
[5] 李敬梅. 电力拖动控制线路与技能训练［M］. 北京：中国劳动社会保障出版社，2001.
[6] 陈海魁. 车工技能训练［M］. 北京：中国劳动社会保障出版社，2005.
[7] 许翏. 工厂电气控制设备［M］. 2 版. 北京：机械工业出版社，2000.
[8] 王炳实. 机床电气控制［M］. 北京：机械工业出版社，1998.
[9] 余雷声. 电气控制与 PLC 应用［M］. 北京：机械工业出版社，1998.
[10] 赵承荻. 电机与电气控制技术［M］. 北京：高等教育出版社，2002.
[11] 连赛英. 机床电气控制技术［M］. 北京：机械工业出版社，1996.
[12] 周文森，陆业铣，郑景山. 简明电工手册［M］. 北京：机械工业出版社，1997.